武器事典

市川定春 著

林哲逸、高胤曉 譯

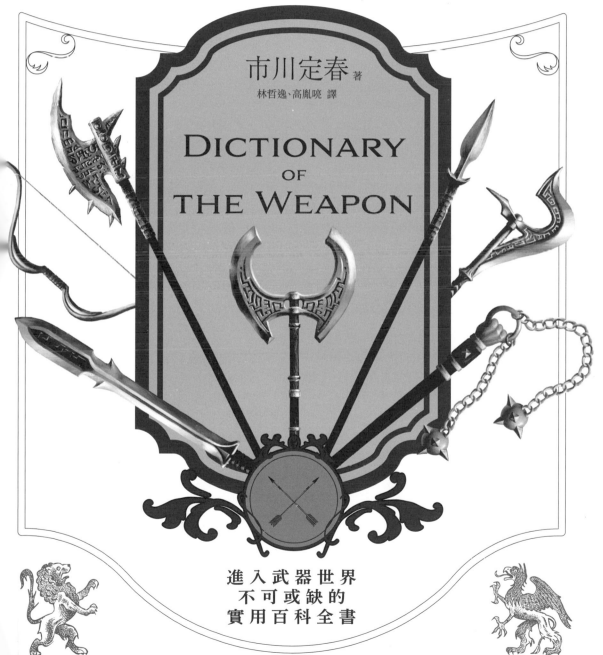

DICTIONARY
OF
THE WEAPON

進入武器世界
不可或缺的
實用百科全書

作者

市川定春

　　昭和 38 年（1963）1 月 21 日生。現居於神奈川縣。著書：《幻想中的戰士》、《武勳之刃》、《武器與防具‧西洋篇》。

譯者

林哲逸

　　專職譯者。譯作有《惡魔事典》、《武器事典》等。

高胤喨

　　輔仁大學日本語文學系畢業。譯作有《吸血鬼獵人 D1：吸血鬼獵人 D》、《吸血鬼獵人 D2：D－迎風而立》、《吸血鬼獵人 D3：D－妖殺行》、《吸血鬼獵人 D4：D－死街譚》、《吸血鬼獵人 D7：D－北海魔行》（上）（下）、《吸血鬼獵人 D8：D－薔薇姬》、《吸血鬼獵人 D9－1：D－蒼白的墮天使》、《惡魔事典》、《武器事典》等。

本書的讀法

本書《武器事典》是一本介紹古代到近代之間，各種兵器的書。只不過，由於篇幅的關係，當然不可能介紹全部的武器，因此精選了六百項做解說。另外，介紹的項目也限定在「武器」這個範疇內。

各個分類中介紹的所有「武器」，於該分類中以英文Ａ～Ｚ的順序排列。至於武器名稱，若是中國的武器，就以中國的漢字表記，並附上漢語拼音。而日本的武器也以漢字表記，並附上讀法。其他武器（如西洋或南亞）的武器則一律以適當中文譯名表示，並附上原文，盡可能用當地的語言的念法來表示。

如果想找的武器不知屬於那個分類的話，請參考附於書末的索引。

關於本書的閱讀方法，請注意下列幾點：

【1】關於分類

本書把武器分為「刀劍」「匕首」「長柄」「打擊」「射擊」「投擲」「特殊」「大型兵器」等8項來介紹。至於各武器應屬於哪類則是根據著者個人的解釋，因此與其他文獻之間的分類方式或許多有歧異。

各項目的分類條件的基準基本上如下：

1. 刀劍　具有適合切斬或突刺用的刃部或鋒，並且前提是以這些部位來攻擊敵人的武器。

2. 匕首　刀身（或劍身）比刀劍類還短的武器，用法上與「刀劍」大同小異，不過主要是作為突刺用的武器。

3. 長柄　具有長柄的武器。

4. 打擊　可造成「毆打」或類似效果的武器。

5. 射擊　可做出「射擊」或類似效果的武器。與投擲類別最主要的差異在於，不「直接使用人力」。不過本項目中唯一的特例是「吹箭」。

6. 投擲　攻擊方式為「投擲」或類似行動的武器。

7. 特殊　用途、用法、形狀、手段等很特殊的武器。

8. 大型兵器　以大型的射出式武器為主。

【2】關於資料

本書各武器的資料上均記有「長度」「重量」「年代」「地區」四個項目。日本與中國的武器在年代上與西歐的兵器以「～世紀」的方式不同，以該國歷史上的時代區分爲主，並追加西元年使其看起來更具體。但必須注意的是，這是爲了能讓讀者們更清楚地把握該武器大約是何時的物品而特意追記的，並非該武器首度出現的正確年代。

在內文遇有別項武器，會標明中文（英文，別項分類，頁數項位），例如：軍刀（sabre，別項刀劍56④）即是可以在本書第56頁第④項找到屬於刀劍類的軍刀項目的介紹。

【3】關於插圖

插圖上的武器繪有虛線的部分代表該部位爲鋒刃所在，並不表示武器本身有虛線。

基本上本書各分類中的插圖都以統一比例繪成（比例尺置於上方，一格代表10cm），不過有些尺寸過小的武器若依實際尺寸繪製的話，其細部會不明顯，因此一旁還會附上放大後的版本。

【4】武器特有部位名稱

武器隨其種類不同，各特有部位之名稱亦不同。只是，同一部位除了日本的稱法外，東洋（日本以外）與西洋也各不相同。因此在本文中出現的名稱究竟指的是武器的哪一部位，請參照章末的各部名稱的部分。

【5】最古與最新之武器

本書中記載的最新武器是撞擊式槍機步槍（percussion lock gun，パーカッション・ロック・ガン），最古老的則是棍棒（club，クラブ）。

目次

1

刀劍

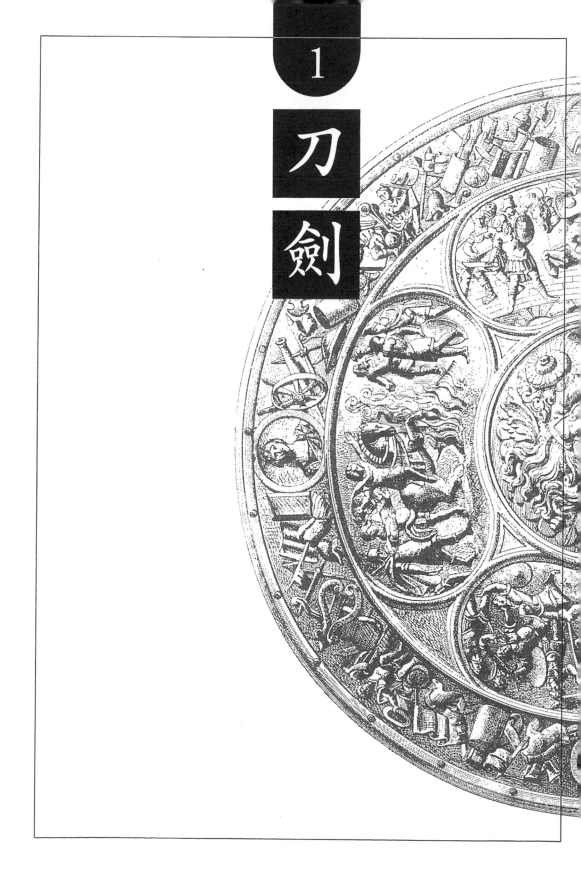

雅達禮劍 ada
アダ

■ 14～17世紀
西非

長度：80～100cm　重量：1.5～2.0kg

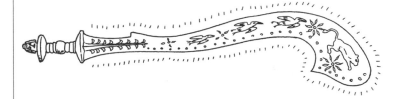

阿善提（Ashanti）
貝寧（Benin）
阿波美（Abomey）

阿善提彎刀 afena
アフェナ

■ 17世紀末～20世紀初
西非

長度：80～90cm　重量：1.5～2.0kg

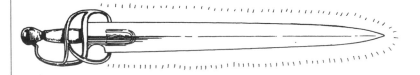

阿波索地（abosodee）

天叢雲劍 amenomurakumo-no-tsurugi
あめのむらくものつるぎ

■ 年代不詳
日本

長度：70cm（推測）　重量：0.6kg（推測）

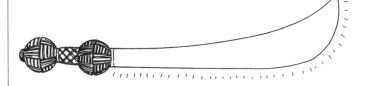

義大利闊劍 anelace
アネラス

■ 15～16世紀
西歐

長度：70～95cm　重量：1.8～2.0kg

雅達禮劍是十四到十七世紀間，於西非繁盛一時之貝寧王國（位於今奈及利亞南部）中族長在儀式中使用的刀劍。種類豐富，完全不具統一性，其充滿獨創性的刀身上裝飾有各式各樣的花紋。雅達禮劍的特色正是這些以該民族神話爲主題的美麗花紋，象徵著「奧基索（ogiso）」與「宇宙的統治者」。所謂的奧基索其實就是祖靈神，而宇宙一詞代表著國家。簡言之，王族乃神之子孫，不單是個統治者，而其所統有的則是國家此一小型的宇宙。持有雅達禮劍的國王，代表他是個擁有統領國家權力的聖人。

阿善提彎刀是十七世紀末到二十世紀初，掌控了迦納（Ghana）的森林地帶之阿善提（Ashanti）王國人使用的刀劍。王國中的核心國原是個弱國，在其國王奧賽·圖圖（Osei Tutu）學習軍事與財政的技術，靠著火器的威力使鄰國服從，統領了黃金海岸西方的森林地帶。且其勢力還延伸至海岸地帶，藉著對外貿易更增強了國力，一時之間甚至還能與英國相抗衡，不過最終還是在二十世紀初時敗給英國。據說當時他們使用的刀劍就是阿善提彎刀。

本武器在外表上並無特別之處，不過刀鞘上均附有稱作阿波索地（abosodee）的裝飾品，造型各有特色，各族統一使用一種。

天叢雲劍乃是日本神話中的名劍之一，因爲本劍是由雲氣繚繞的大蛇[1]尾巴中取得，故亦稱爲叢雲（或稱村雲）之劍。發現者素盞嗚尊（Susanoo-no-mikoto）[2]將之獻給天照大神（Amaterasu-omikami）[3]，後來日本武尊（Yamatotakeru-no-mikoto）[4]奉命前往東征前，由倭姬命（Yamatohime-no-mikoto）[5]手中拜領此劍。途中，遭逢賊人用火攻，用此劍薙除亂草，並且打倒賊人，因此本劍又稱爲草薙劍（kusanagi-no-tsurugi）。由於天叢雲劍爲神器，只有少數人得以拜見。刀工羽山圓眞（Hayama Enshin）仿造草薙劍時曾記載其形，據說劍身具雙刃且色白，護手爲鐵鑄一體成型，劍柄形狀扁平且中空。由劍身無鏽且色白這點看來，其材質應該是錫銅合金。

[1] 即八岐大蛇（yamata-no-orochi），日本神話中盤據於出雲國的八頭八尾大蛇，爲素盞嗚尊所殺。
[2] 日本神話中出雲系神統之祖，伊邪那岐（Izanaki）、伊邪那美（Izanami）兩尊神所生，亦是日本皇室祖神之天照大神之弟。因性格粗暴，觸怒天照大神，而被流放到根之國（災厄之國），中途來到出雲國因而引發此段故事。
[3] 日本皇室之祖神，亦是太陽神。
[4] 傳說中的英雄，景行天皇之子。奉父命西征、東征，對朝廷之統一有很大功勞。
[5] 景行天皇之妹、伊勢神宮（祭祀天照大神之神社）中的巫女。

義大利闊劍爲義大利特有的闊劍（broadsword，別項刀劍16①），因其劍身之寬而被稱作「眞正的闊劍」。本武器的造型據說是由有名的五指短劍（cinquedea，別項匕首88①）而來。不過比起主要用作貴族裝飾用的五指短劍，本武器改良得粗糙且更實戰性的多了。而且比起歸類於匕首或小型劍類的五指短劍而言，義大利闊劍上帶有護手（knuckle guard）這點，就已經顯示出其用途與匕首類大相逕庭。

雖不見義大利闊劍在實戰上使用且發揮威力之記錄，但由其劍身寬度與重量看來，威力應該相當強大才是。

鹿角劍 antler sword
アントラー・ソード

BC9〜BC5世紀
歐洲（奧地利中部）

長度：70〜90cm　重量：0.9〜1.1kg

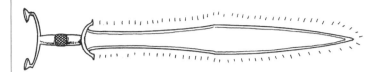

印度闊身刀 ayda katti
アジャ・カティ

17〜19世紀
印度

長度：60〜70cm　重量：1.5〜1.8kg

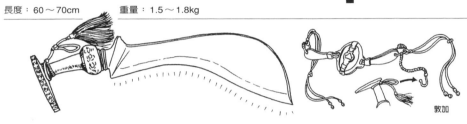

敦加

騎兵直刀 backsword
バックソード

17世紀
西歐

長度：60〜80cm　重量：0.7〜1.0kg

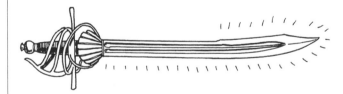

英國內戰（English Civil Wars）

　　這場內亂從一六三九持續到一六五一年。爆發的原因是英王查理一世專政，長達十一年不召開國會，因此蘇格蘭的臣民發動反抗。蘇格蘭軍擊敗查理一世的軍隊，因此達成議會重新召開的協議。但也因此導致王黨（Royalist）與議會派（Parliamentarian）對立，戰亂亦因而延長。當時，歐陸也發生神聖羅馬帝國與法國或瑞典間的戰爭（三十年戰爭）。瑞典國王古斯塔夫二世（Gustav II Adolf）運用的騎兵戰術與砲兵隊在英國這裡也發揮了強大的效果。特別是議會派中以嚴明的軍紀聞名的克倫威爾（Oliver Cromwell，1599〜1658）鐵甲軍（Ironside）更是強悍。

鹿角劍為古代歐洲原住民的塞爾特人（Celt）[6]創造出的武器，以歐洲初期鐵器文明著稱的哈爾施塔特文化（Hallstatt Culture）[7]時代的物品。「鹿角劍」一詞其實是後來的研究者根據其形狀命名的，並非當時人們如此稱呼此劍。形狀上的特徵是柄頭上有往兩邊延伸的獸角狀物。所謂「antler」的意思是「牡鹿之犄角」，造型上確實是與之十分相似。

由於塞爾特文化並無文字，因此這樣特殊的裝飾究竟只是單純的裝飾，抑或代表了什麼神話傳說，至今已不得而知了。

6 古代印歐民族之一支，西元前2千年～西元前1世紀散居於歐洲各地。

7 西歐及中歐之早期鐵器文化，因奧地利的哈爾施塔特遺址而得名，該文化存在時間約爲西元前1000年～前450年。

印度闊身刀是位於印度西南的庫格地方（Coorg：今卡納塔克（Karnataka）邦之一縣）的特有刀劍。其特徵是彎曲寬闊的刀身與粗大的柄頭。位於彎曲內側的刃部狀似鐮刀，有效地能在砍下時同時靠重量切碎對手。柄頭以銀製成，一般均飾有美麗的花紋，能持有這種兵器的只有地位難以撼動的貴族或王族而已。

同時，這種刀劍上，通常還附有一種稱作「敦加（dunga）」的特殊腰帶，設置在腰帶上的鉤狀物可用來鉤住刀柄尾部的裝飾繩。

騎兵直刀是十七世紀左右在馬上的士兵們使用的單刃刀劍。刀刃銳利，鋒部有如長槍狀，刀身筆直，因此在馬上刺向敵人時可發揮強大的威力。

騎兵直刀最早於三十年戰爭（Thirty Years' War, 1618～1648）[8]登場，緊接著英國內戰（English Civil Wars, 1638～1651, 10④）中則是作爲騎兵部隊的常備武器使用。

騎兵部隊拔起直刀直直伸向前方，對準敵人衝鋒。威力雖然不及騎兵長矛（lance，別項長柄140①），但是卻可以達到相近的效果。而且在衝鋒結束後的亂戰中，也可以當作一般的刀劍使用是其優點。

8 這是一場因宗教、王朝、領土、與商業競爭等多重原因造成的在歐洲各地斷續進行的戰爭。全面戰爭是由神聖羅馬帝國與荷蘭等擁護新教的國家之間進行。三十年戰爭造成了原本的勢力平衡瓦解，法國成爲西歐強權。

勒班陀戰役（Battle of Lepanto）

一五三三年成立的法國—鄂圖曼土耳其同盟與敵對的基督教同盟之間展開了一場激烈的海戰。兩軍艦隊均是以槳帆船組成，這場戰役可說是運用槳帆船戰艦的最大也是最後的一場戰役。時間是一五七一年十月七日，基督教聯盟聯合艦隊總指揮官奧地利的唐·胡安（Don Juan de Austria）率領了208艘槳帆船、6艘三桅帆槳砲艦（galleass），總計84000人的部隊。相對於此土耳其則是派出了210艘槳帆船、小型槳帆船63艘，總計88000人的軍隊來對抗。兩軍在希臘勒班陀近海集結火拼，不過擁有壓倒性多數大砲的基督教聯合軍始終具有優勢，在經過三小時多的激戰後，土耳其的戰艦大多數沉沒，最後以基督教聯合軍的勝利告終。

水手用闊刃彎刀 **badelaire** バデレール

16〜17世紀
西歐

長度：50〜60cm　重量：1.2〜1.5kg

貝卡特瓦劍 **bakatwa** ベカトワ

11?〜20世紀
非洲南部

長度：15〜90cm　重量：0.5〜2.0kg

巴隆刀 **barong** バロング

14?〜20世紀
東南亞

長度：30〜60cm　重量：0.4〜0.8kg

巴賽拉劍 **baselard, basilard** バゼラード

13〜15世紀
西歐

長度：50〜60cm　重量：0.6〜0.7kg

「badelaire」在法文中為「彎刀」的意思。**水手用闊刃彎刀**是十六世紀登場的刀身寬闊但不長的彎刀。以切為主要運用目的，因此重量頗大，但是為了能適用於槳帆船（galley）[9]上狹窄空間的作戰，因此刀身略短。水手用闊刃彎刀外型上的特徵是一方朝向鋒部一方朝向柄頭彎曲的刀護手（quillon）。這種形狀的刀護手今日稱為「S」形護手。目前尚存的水手用闊刃彎刀中，最為出名的是勒班陀戰役（Battle of Lepanto, 11④）中，率領基督教聯軍的奧地利的唐・胡安（Don Juan de Austria）[10]用過的物品，今日收藏於紐約的大都會美術館（Metropolitan Museum of Art）中。

9 一種以槳為主要推進動力的船艦。遠自古埃及、克里特人、腓尼基人就開始使用。自斜掛的大三角帆與尾舵發明後，這種船就不再用在通商上，但一直到16世紀槳帆船在軍事上還是有其重要性。

10 神聖羅馬帝國皇帝查理5世的私生子，生卒年1547～1578。在勒班陀海戰中擔任指揮官。

貝卡特瓦劍是居住於今日莫三比克到辛巴威一帶的修納人使用的刀劍。特徵是劍身筆直且寬闊，鋒部銳利。而該族的短劍型式完全一樣，因此不論長短，「貝卡特瓦」也是這種型式武器的統稱。

修納人是古代修納王國的後代，在周圍恩德貝勒人（Ndebele）、祖魯人（Zulu）、馬賽人（Masai）、甚至英軍等強敵圍攻下依舊英勇不屈強悍部族。他們用的貝卡特瓦劍雖是一種沒有什麼裝飾，很質樸的劍，但同時也叫說是完全以實戰為取向，好用順手的刀劍。

巴隆刀是民答那峨群島（Mindanao）與婆羅洲（borneo）[11]北部的刀劍，主要是蘇祿群島（Sulu Archipelago）[12]上摩洛人（Moro）[13]支族薩瑪勞族（Sama Laut）使用。通常為單刃，刀身寬達近8cm，柄頭向鋒側彎曲。柄頭與刀身的設計其實下了相當的苦心，用起來的平衡度非常好。因此使用巴隆刀的人能不受刀刃的重量影響，輕鬆地切斷目標物。

一般說來，巴隆刀為單刃，但是也有部分的做成另一邊的三分之二也有刀刃，以適合刺擊。刀鞘設計很單純，完全以方便攜帶為目的。

11 東南亞最大島嶼、世界第三大島—加里曼丹（kalimantan）的舊稱。北部屬馬來西亞與汶萊，南部為印尼領土。

12 菲律賓南部島嶼。

13 菲律賓南部信仰伊斯蘭教的民族，約佔菲律賓人口5％。在人種上並非與菲律賓人截然不同，但卻因宗教信仰之不同而經常受到迫害。

巴賽拉劍是十三～十五世紀在歐洲各地均可見蹤影的刀劍，屬短劍（short sword，別項刀劍62④）的一種。這種把短劍當作刀劍使用的武器叫做斯道達（storta）式刀劍。

巴賽拉劍起源據說與瑞士西北萊因河畔的城市巴賽爾（Basel）有關。但是根據另一有力說法則是，巴賽拉劍最早是在德國以刀劍製造聞名的城市佐林根（Solingen）[14]誕生。不過後者的說法或許只是剛好巴賽拉誕生與佐林根開始興盛的時期相同而來的吧。但是不管怎麼說，光靠名字相近這點，就想證明巴賽拉劍是造於巴賽爾畢竟還是有困難的。

14 位於德國西部，自古以生產刀具聞名的城市。

混用劍　**bastard sword**
バスタード・ソード

15～16世紀
西歐

長度：115～140cm　重量：2.5～3.0kg

義大利柴刀　**beidana**
ベイダナ

15～18世紀
西歐

長度：50～75cm　重量：0.8～1.3kg

小型西洋劍　**bilb**
ビルボ

16～17世紀
歐洲

長度：60～70cm　重量：0.6～0.8kg

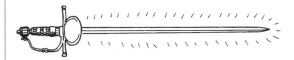

豬牙劍　**boar spear sword**
ボア・スピアー・ソード

16～18世紀
歐洲

長度：90～100cm　重量：1.4～1.6kg

混用劍是既適合切砍也適合突刺的刀劍。切砍時用單手，刺擊時用雙手，因此劍柄也做得比一般單手用劍稍長了點。誕生於十五世紀的瑞士，記錄上最早使用於一四二二年貝林佐納（Bellinzona）[15]的戰鬥中。當時傭兵們對這種刀劍印象是，切刺兩方面都適合。當時刀劍根據用途分成兩種，適合切砍的屬日耳曼系，適合突刺的屬拉丁系，或許這種刀劍就像是承襲了兩方的血統一般，所以才會叫做「bastard（類似、混合之意）」吧。

15 瑞士南部提契諾（Ticino）州首府。

義大利柴刀是義大利的農夫們從很久以前就開始使用的單刃刀劍。由劍柄附近往前方緩緩變闊，寬度甚至達10cm左右，基本上用在日常生活中砍柴等用途上。但是每當動亂發生，農民起身革命時，這種柴刀剛剛好就是一把好用的武器。歷史上留下的記錄中，最有名的一次便是十六～十七世紀阿爾卑斯山中央一帶的農民暴動時，當時農民組成的反抗團體中，有一組人馬就以「Beidana」為其名號。當然，他們手裡握著的正是義大利柴刀。

小型西洋劍是十六世紀時西、南歐盛行的一種刀劍，除了「bilb」外，也稱作「small rapier」。因為這正是把西洋劍縮小而成的，主要用於決鬥中的刀劍。

小型西洋劍的登場時期是十六世紀，地點是德國北部，早期製造出的小型西洋劍中以勃蘭登堡之劍（Brandenburg Sword）為最佳。不過這種小型西洋劍的劍身並不像後來擊劍比賽中使用的刀劍那般柔軟，而是雙鋒且具有血溝[16]的強韌刀劍。但是另一方面，也不像戰爭中使用的武器那

般強固，而是專門設計用來面對不著鎧甲的對手。

16 刀、劍身上的凹槽，多見於主突刺的刀劍上。這是為了能使刀劍刺入敵人體內時，讓血排得更快，減少阻力，得以刺得更深的設計。

豬牙劍有時也叫做野豬劍（boar sword）。刀劍名稱由來從形狀來看一目了然，正是野豬利牙的形狀。十六世紀中葉的德國開始使用，德文名稱是「sauschwerter」，多半是貴族們狩獵時隨身攜帶。狩獵野獸時必須要全力刺入，致死後又必須把劍用力拔出，因此劍柄做得夠長，可雙手持用。

歐洲的王宮貴族們盛行狩獵，因此豬牙劍的使用也隨之流行，但是在火器發達，槍枝的操作變得更容易之後，特意冒著危險用這種刀劍來狩

獵的情形也變得沒有必要，豬牙劍也就因而消失在歷史的舞台上。

```
0                    5                         10
```

闊劍 **broadsword**
ブロード・ソード

長度：70～80cm　重量：1.4～1.6kg

17～19世紀
西歐

坎比蘭刀 **campilan,kampilan**
カンピラン

長度：70～110cm　重量：0.9～1.6kg

16?～20世紀
東南亞

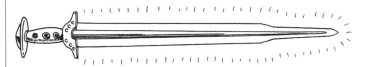

鯉舌劍 **carp's tongue sword**
カープス・タン・ソード

長度：60～90cm　重量：0.7～1.0kg

BC9～BC5世紀
歐洲

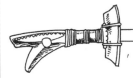

魚排劍 **chaqu**
チャークー

長度：約70cm　重量：1.0kg

16～17世紀
印度

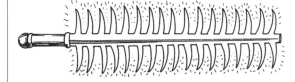

闊劍是十七世紀誕生的雙鋒切砍用刀劍。類別上屬於軍事用重劍（heavy military sword）。與黑暗時代或中世紀初期的刀劍相比，闊劍的劍身絕對稱不上「闊」。但是以刺擊為主的細長刀劍時代中，闊劍的劍身算是十分寬闊了，因此這是在該時代中相對性的稱呼。

但是後來，除了步兵以外，連騎兵也開始使用闊劍，於拿破崙橫掃歐陸的十九世紀初期，許多騎兵部隊都裝備了闊劍。不過並非於馬上衝鋒突刺時使用，而是在與對手交鋒的瞬間揮下砍殺。

坎比蘭刀是婆羅洲（borneo）[17]上的原住民——達雅克人（Dyak,Dayak,Dajak：正確來說是達雅克諸族）中，一般稱作海上達雅克人的伊班族（Ibans）特有的刀劍。不過此刀劍的起源應該可以追溯到居住於民答那峨群島（Mindanao）西南的蘇祿群島（Sulu Archipelago）[18]上的摩洛人（Moro）[19]。這是因為坎比蘭刀的特殊的彎曲柄頭與摩洛人使用的巴隆刀（barong，別項刀劍12③）非常近似。

伊班人十九世紀時向馬來西亞的沙勞越（Sarawak）擴張其領土，因而引起種族上的衝突。該族有獵人頭的習慣，靠著寬刃單刃的坎比蘭刀砍下的無數人頭，視之為莫大的戰功。

17 東南亞最大島嶼、世界第三大島——加里曼丹（kalimantan）的舊稱。北部屬馬來西亞與汶萊，南部為印尼領土。
18 菲律賓南部島嶼。
19 菲律賓南部信仰伊斯蘭教的民族，約佔菲律賓人口5％。在人種上並非與菲律賓人截然不同，但卻因宗教信仰之不同而經常受到迫害。

鯉舌劍是歐洲早期塞爾特人（Celt）開創的鐵器文化—哈爾施塔特文化（Hallstatt Culture）[20]中發掘出來的刀劍。該劍名稱乃考古學者依其形狀命名的，實際上塞爾特人不見得就是這麼稱呼。劍的特徵在於形狀，靠近鋒部的一段特別細長，而靠近柄側的一段則較寬，但並非越來越寬，而是維持一定寬度，恰似舌頭的形狀。至於稱作「鯉舌」是否恰當雖無從判斷，但是確實給人「舌頭」般的印象倒是沒錯。

20 西歐及中歐之早期鐵器文化，因奧地利的哈爾施塔特遺址而得名，該文化存在時間約為西元前1000年～前450年。

「chaqu」，英語名**魚排劍**（fish spine sword）。這是歐美的學者直接根據第一眼印象命名的。確實，這種形狀說是「魚的背骨」沒人會反對吧。

這麼奇怪的刀劍其實是十六世紀時統治印度的蒙兀兒帝國（Mughal dynasty）[21]中，名君阿克巴（Akbar）[22]編纂的「阿克巴法典（Aini-I Akbari）」裡頭提到的。原本這個字的意思是「檔格用短劍」。這種梳子狀的複雜劍身是專為能在戰鬥中檔格住對手的武器並且進而折斷它而設計。也就是說，魚排劍是以防禦為主的刀劍。

21 或譯莫臥兒王朝，16世紀初～18世紀後半（1501～1775）統治印度北部絕大部分地區的伊斯蘭教王朝，統治者為成吉思汗的後裔。
22 全名 Abu-ul-Fath Jalal-ud-Din Muhammad Akbar，一般尊稱其為阿克巴大帝（Akbar the Great）。生卒年1542～1605。為蒙兀兒王朝最偉大的皇帝，不僅在領土擴張上有貢獻，對藝術文化的發展也不遺餘力。

蘇格蘭闊刃大劍

claymore
クレイモアー

15～18世紀
西歐

長度：100～190cm　重量：2～4.5kg

克里希馬德式禮劍

colichemarde
コリシュマルド

17～18世紀
西歐

長度：70～100cm　重量：0.8～1.0kg

無尖劍

curtana
カーテナ

13～20世紀
西歐

長度：120cm　重量：1.5kg

水手用軍刀

cutlass
カットラス

15?～19世紀
西歐

長度：50～60cm　重量：1.2～1.4kg

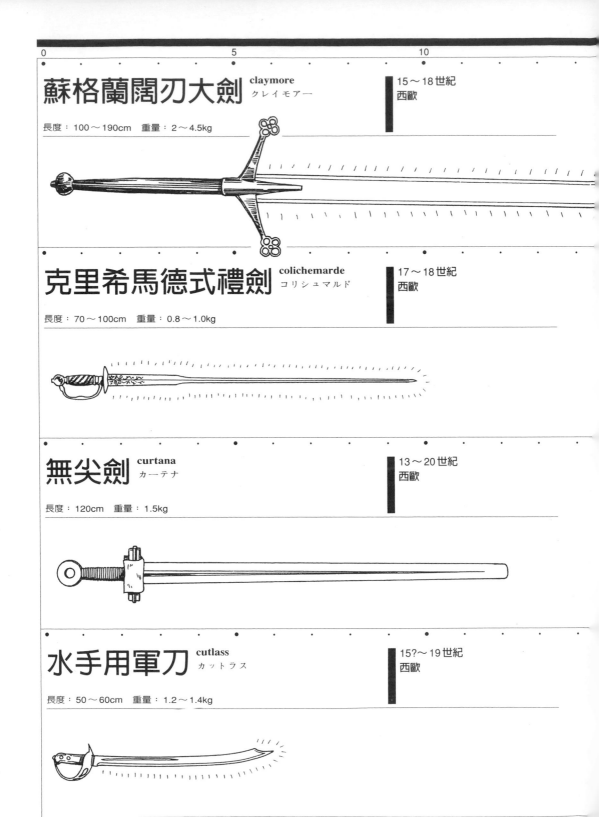

雙手劍當中特別有名的便是蘇格蘭的大劍——**蘇格蘭闊刃大劍**了。大體說來蘇格蘭闊刃大劍屬於雙手劍的一種，但是大小不一而足，從1m到接近2㎡的都有。刀身頗寬，造型單純。毫無裝飾味的十字形劍柄、緩緩向鋒部方向傾斜的護手，以及護手頂端的數個圈狀的裝飾，是蘇格蘭闊刃大劍共通的特徵。「Claymore」的語源來自蓋爾語（Scottish Gaelic）[23]中，表示「巨大的劍」意思的「claidhemoha mor」一詞。

使用本刀劍最有名的便是蘇格蘭的精銳部隊——蘇格蘭高地人（highlander）。

[23] 蘇格蘭北部塞爾特人所使用的語言，與愛爾蘭與相近，16世紀時蘇格蘭當地使用蓋爾語的人佔約50％，但到了20世紀僅存1.5％不到。

這是法國國王路易十四世的名將蒂雷納（Viscount de Turenne）[24]的部下肯尼斯馬伯爵（Count Otto Wilhelm von Konningsmark）發明的刀劍。他改良義大利或西班牙的擊劍學校中使用的擊劍以適合己用。因爲當時的突刺專用劍多半是雙手劍，又重又長，不適合單手持用。因此經過肯尼斯馬改良過後的劍，劍身比原本的還細，尖端更銳利，劍柄縮短，單手也能輕易揮舞。因此，後來這種劍便冠上其名，叫做「**克里希馬德**（colichcmarde，也就是konnigsmark的法文念法）」了。

[24] 法國名將，生卒年1611～1675。長於智略，於三十年戰爭中表現出色。1643年升爲元帥，最後死於戰場上，被法國人尊爲歷史上最偉大的將領之一。

無尖劍是英王加冕時，作爲慈悲的象徵捧持於其面前的無刃部與鋒部的刀劍。別名慈悲之劍（sword of mercy）。這把劍名稱是由法蘭克國王查理曼（Charlemagne）[25]的聖騎士之一的歐基爾（O'gier）[26]的配劍「可坦納（Cortana）」而來。這把Cortana同時也是與中世紀著名的法國英雄，騎士文學代表作的「羅蘭之歌（La chanson de Roland）」的主角羅蘭的名劍「杜朗達勒（Durandana）」以同一片鋼製成的。羅蘭被敵人包圍時，爲了不使名劍落入敵人手裡，便用力向岩石一揮，結果鋒部斷裂[27]，留下這麼一則無尖之劍的傳說。

[25] 附帶一提，查理曼的意思就是查理大帝（Charles the Great），拉丁文作「Carolus Magnus」，名字是查理，曼爲大帝之意。因此常見之「查理曼大帝」其實應算誤譯。（大英，維基JP）
[26] 通稱Ogier the Dane，意思是「丹麥人歐基爾」。
[27] 不過根據譯者查證，羅蘭薩拉森人包圍時，死前本欲將寶劍擊毀，但是寶劍太堅固，不僅沒有缺損，反而彈向空中。譯者查證根據的是國內的光啓社（1978）與人民文學出版社（2000）《羅蘭之歌》此2版本中第173段，且網路上搜尋結果論及無尖劍的由來是此則故事者亦多根據武器事典而來，故不知本文中缺損之說出自何處？疑原文有誤。

水手用軍刀是十八到十九世紀間水手們使用的刀劍。拉丁文中「小刀」之意的「culter」轉化爲法語中的「cutelas」一詞，後來成爲水手用軍刀的語源。據說十五世紀左右水手用軍刀的原型就已經存在，但是該年代上與闊劍（broad sword，別項刀劍16①）有所重疊，因此實際上水手用軍刀使用的歷史應該沒那麼長。主要目的是切斷用，但是爲了適於狹小船上的亂戰，因此做得很短，另外也有不少在尖端部分備有假刃（false edge），以利突刺攻擊。同時刀幅亦做得很寬，這是爲了能耐得住激烈砍殺的設計。

大馬士革劍 **damascus swords**
ダマスカス・ソード

7〜18世紀
印度

長度：70〜110cm　重量：1.4〜1.8kg

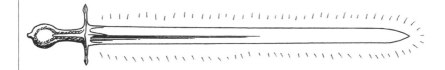

達歐（阿薩姆樣式） **dao**
ダオ（アッサム風）

15〜20世紀
南亞

長度：100〜130cm　重量：3.0〜4.0kg

達歐（那伽樣式） **dao**
ダオ（ナガ風）

16〜20世紀
南亞、東南亞

長度：50〜80cm　重量：0.7〜1.0kg

緬甸刀 **dha**
ダー

16〜20世紀
東南亞

長度：80〜90cm　重量：0.9〜1.0kg

　　大馬士革劍外型上與中東一帶常見的種種刀劍並無二致。那是因爲這種刀劍的重點在於劍身的材質，這是以大馬士革鋼（Damascus steel）[28]做成的刀劍。大馬士革鋼是約西元7世紀左右發明的鋼材，於十字軍時代傳到西歐。這是一種非常優秀的材料，以此製成的刀劍就算砍到鎧甲刃部也不會缺損。大馬士革鋼的特色就是做出來的刀劍表面上會浮現水波般的刃紋，十九世紀時各國熱心於研究大馬士革鋼，以造出更優秀的鋼材。但是隨著近代科學的研究發明了更進步的鋼材後，大馬士革鋼的改良競爭也就隨之沒落了。

28 大馬士革鋼基本上是專用來生產刀劍的一種鋼材。其生產過程是把多層鐵片放在爐裡反覆錘打成一體，由此做成的刀劍有異常的硬度，且因原本由多層鐵片構成，各片的含碳量不一，因此表面會有水紋狀的花樣。

　　達歐（阿薩姆樣式）是印度東北部阿薩姆丘陵地帶的卡西人（khasi）使用的雙手劍。卡西人曾於十六世紀繁榮一時，爲酋長制的民族。自十九世紀末英國人的統治時期到現在，依舊保有25個行政區。他們使用的這種雙手劍具有鋒部，兩面有刃，而且握柄相當長。握柄上有兩道護手，恰好區隔成劍身、握柄、柄頭三部分。這同時也是這把刀劍的最大特色。握柄及末端的柄頭故意做得很長是爲了能讓揮舞時維持其平衡的設計。由此看來，達歐比外型給人的印象要來的好用多了。

　　達歐（那伽樣式）是那伽諸族（naga）或卡欽人（Kachin）使用的刀劍。那伽人是住在印度阿薩姆州的平地人對該族的稱呼，其實那是由好幾族所構成，有羅塔族（Lhota）、安伽米（Angami），色馬（Sema）、阿歐（Ao）、瑞古瑪（Reguma）科晶克（Konyak）等族。而另一方面，「卡欽（Kachin）」的意思是「野蠻人」，該族的自稱其實是「金波（Jinghpow）」。他們使用的達歐與阿薩姆的平地人使用的並不同。長度短得多，且不止當作武器，是一種多用途的用具。在部落間的戰爭中，他們會砍下敵人首級作爲自己的功勳，此時用的也是達歐這種武器。

　　緬甸刀是緬甸特有的刀劍。除了單刃直身這些共通點以外，樣式其實繁多。雖以切砍爲主，但是如刀護手或護手之類的防禦性設計完全沒有。刀身上多有精美的裝飾與紋樣，握柄爲圓桶型，材質主要是木材或象牙，其上鑲有白金或浮雕等裝飾。刀鞘爲木製，上頭普遍都有浮雕，有的在鞘口上還用金或銀裝飾。鞘有些做得比刀身還長，這種的刀鞘通常多出來的部分會向刃部方向彎曲。這純粹只是裝飾意義，並無其他的作用。

裝飾劍 **dress sword** ドレス・ソード

18〜20世紀
歐洲

長度：60〜70cm　重量：0.5〜0.6kg

杜薩克彎刀 **dusack** ドゥサック

16〜19世紀
歐洲

長度：50〜70cm　重量：1.5〜1.7kg

耳柄劍 **ear sword** イヤー・ソード

15〜16世紀
西歐

長度：80〜90cm　重量：1.2〜1.5kg

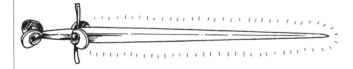

圓頭大刀 **entōtachi** えんとうたち

古墳〜奈良
（BC238〜AD784）
日本

長度：70〜110cm　重量：0.6〜0.9kg

裝飾劍是歐洲十八世紀以後宮廷貴族們隨身攜帶，主要用在禮儀性目的（決鬥）上的刀劍。當時發展出一種叫做「劍的對話（Phrase D'Armes）」的劍術，為（自稱騎士的）貴族們必學的科目。這個時代的劍術基本上是一對一，面對對手的攻擊必須要攻擊回去是這種劍術的基本精神，因此強調的不是一擊必殺的攻擊，而是反覆刀刃相交的檔格技術。因此這個時代的劍造得又輕又細，就是為了配合劍術精神的需要。

不過後來裝飾劍實際使用的機會越來越少，上頭鑲的花紋或寶石越來越豪華，完全成了社交用的裝飾品了。

杜薩克彎刀是波西米亞（bohemian）[29] 人的刀劍，因此別名波西米亞彎刀（bohemian falchion）。約十七～十九世紀時用於軍事上，同時期俄羅斯也有相同的刀劍，名叫特薩克（tessak，意思是切肉用的大型菜刀）。到了火器發達的時代則是作為步槍（musket）及步槍上的刺刀（bayonet，別項匕首82④）都不能用時的備用兵器使用。因此隨著用途的改變，長度也逐漸變短，最後變得有如短刀一般。與杜薩克彎刀同時的刀劍有軍刀（sabre，別項刀劍56④），但是壓倒性的大多數步兵的配備是這種沒有任何裝飾，輕巧泛用的杜薩克彎刀。

[29] 歷史上的王國。在德國的哈布斯堡王朝統治下直到1918年。二次大戰時德國以境內大多數為日耳曼裔之理由入侵，戰後被劃為捷克斯洛伐克之一省。1993年東歐解體時成為捷克共和國的一部分。

耳柄劍是文藝復興時期繁華一時的都市威尼斯（Venice）特有的刀劍。特徵為柄頭與護手之間設有圓形鐵片，傾斜固定於兩側，由側面觀之，正像是耳朵（ear）一般。這圓形鐵片的實際作用應該是，護手上的可以在與敵人交鋒時保護手頭，柄頭側的則是用於突刺敵人時，以拇指托住以利深入刺穿敵人用。可惜留存至今日之耳柄劍均為儀式用的，未曾於實戰中使用過。不過，若由劍柄的形狀看來，其實比較接近匕首類。

圓頭大刀是古墳時代到奈良時代間使用的刀劍，構造上十分質樸。為一直身單刃，專為切斬使用的刀劍。柄頭的部分呈圓球狀，其名稱也是今日的考古學家根據柄頭的形狀所命名的。不過雖說是圓球狀，也僅是略微膨起，與頭椎大刀（kabutsuchitachi，別項刀劍34③）的相比可說是小巫見大巫。有些圓頭大刀的柄頭上鑲有銀質的華麗紋飾，可推測應該是貴族的使用物。大部分的圓頭大刀的柄頭切面形狀都是簡單的圓卵型，但是極少數中則附有用來穿上刀繩的孔洞。不久這種刀劍不再用於實戰，而專用於儀式中了。

23

　0　　　　　　　5　　　　　　　10

鋭剣 **epee** エペ

17世紀末〜現代
西歐

長度： 100〜110cm　重量： 0.5〜0.8kg

刺剣 **estoc** エストック

13〜17世紀
歐洲

長度： 80〜130cm　重量 0.7〜1.1kg

斬首剣 **executioner's sword** エグゼキューショナーズ・ソード

17〜18世紀
西歐

長度： 100〜120cm　重量： 0.8〜1.3kg

西班牙鈎刀 **falcata** ファルカタ

BC6〜AD2世紀
古羅馬

長度： 35〜60cm　重量： 0.5〜1.2kg

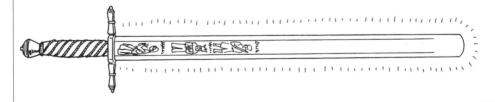

　　「epee」在法語中就是「劍」的意思，這是一把實用性的刀劍，與鈍劍（fleuret，別項刀劍28③）為同時期的刀劍。特徵為半球狀的護手，這種護手有個專有名稱，叫做杯狀護手（cup guard）。這原本是十七世紀到十八世紀時，西班牙用於西洋劍（rapier，別項刀劍56①）的護手。

　　銳劍主要用於貴族（或者是騎士）間為了守護其名譽而進行的決鬥中。在這些為了名譽的決鬥中，一方負傷而死，甚至雙雙死亡的情形都很常見。當時騎士制度已經逐漸式微，但是這種以突刺為主的決鬥能使人感到騎士道的餘暉尚在，因此貴族們十分崇尚，從而銳劍也得以興盛。

　　十三世紀時，劍術開始發展與變化，而**刺劍**就是在這種時期登場的突刺戰法專用刀劍。劍身細長，兩面有刃，橫剖面為菱形。原本是騎兵間對抗用的單手持用武器。如果是鎖子甲（chain mail）[30]之類鏈甲，刺劍甚至能將之穿透。到了十六世紀時，發現讓步兵使用也相當有效。這多半是因為火器的發達後，戰士輕裝化所致。十七世紀以後傳入東歐，波蘭或俄羅斯的士兵叫這種武器做knochar。

[30] 以細小金屬環串起編織成的貼身鏈甲，其歷史約可追溯到羅馬時代，直到14世紀中期以後逐漸消失。優點是輕便且可籠罩全身，對於防禦切砍的攻擊十分有效，但是對刺穿的攻擊，如弓箭、十字弓等效果就較差，對於長矛或銳劍這種突刺能力很強的武器則幾乎無效。

　　「executioner」的意思就是「死刑執行者」，這把劍正如其名，專為斬首而使用。因為不是用在戰爭中，而是用於斬首，因此這把武器鋒部並不銳利，而是帶有弧度的平頭。且雖然是兩手用劍，但是柄的部分卻做得很短。這是因為為了讓斬首者只揮一次下，盡可能地出盡全力的設計。會處以斬首刑的對象，通常是武將或是身份高貴的人，因此在裝飾上多半也都很精美。

　　斬首劍使用的時代只有十七到十八世紀之間，現存的幾乎都是德國製的。

　　西班牙鉤刀是刃部位於彎曲內側的刀劍。短，但銳利，主要用於接近戰時。原本是希斯巴尼亞（Hispania，西班牙的古稱）製的刀劍。後來羅馬軍也正式採用。原型據說是來自希臘鉤刀（kopis，別項刀劍42①）或希臘短刀（machaira，別項刀劍46①）。但是在哈爾施塔特文化（Hallstatt Culture）[31]中也發現了類似的短劍，因此到底起源於那邊目前還無法下結論。特徵是彎曲的刀身與形狀特別的柄。柄頭有兩種造型，一是象徵彎曲的鳥頭，另一是象徵馬低下頭。

　　今日由考古遺物中繪在陶壺上的圖畫可得知，西班牙鉤刀的用法是由下往上揮斬，十分獨特。

[31] 西歐及中歐之早期鐵器文化，因奧地利的哈爾施塔特遺址而得名，該文化存在時間約為西元前1000年～前450年。

圓月砍刀

falchion, fauchon
ファルシオン

長度：70～80cm　重量：1.5～1.7kg

10～17世紀
歐洲

達契亞雙手鐮

falx
ファルクス

長度：120cm　重量：4.0kg

1～2世紀
古羅馬

闊刃大鉤刀

faussar, faussal, faus
フォセ

長度：100～120cm　重量：3.0～4.0kg

12～14世紀
歐洲

菲朗機刀

firangi, phirangi, farangi
フィランギ

長度：110～150cm　重量：1.6～2.0kg

17～18世紀
印度

圓月砍刀是一種單刃、刀身寬大的彎刀，短且沉重，切砍專用的刀劍。刃部的部位呈和緩的弧形，大部分的圓月砍刀刀背都是筆直的，不過也有一部分略帶有弧度。形狀上或許會讓人聯想到近東一帶的彎刀，但是從外型特徵上看來，圓月砍刀的起源應是北歐傳來的薩克遜小刀（sax，別項匕首106③）。西方類似圓月砍刀這種類型的單刃刀劍在黑暗時代到文藝復興時期的繪畫、美術品或遺跡中經常可以發現。起源除了十三世紀北歐傳來以外，也有人認為這是模仿阿拉伯諸國的刀劍製成的。

達契亞雙手鐮是一種一體成形的S形金屬刀劍，刃部在呈鐮刀狀彎曲的內側。使用這種武器的是居住於多瑙河下游，今日羅馬尼亞中部的達契亞（Dacia）人。這種武器的用法是，如毆打般揮向對手，藉著鉤住對方的反動力切砍造成傷害。

羅馬人與達契亞人自古就有貿易往來，但是羅馬人害怕達契亞人，因此再三出兵侵略達契亞。但是達契亞人的雙手鐮部隊威力太強，當時的羅馬皇帝圖雷真（Tranjan）[32] 甚至不得不研究這種武器，並改進自軍裝備應付。

32 羅馬皇帝，羅馬名 Marcus Ulpius Traianus，生卒年 53 ～ 117。第一位出生在義大利以外的皇帝。疆域擴張方面，把達契亞、美索不達米亞（Mesopotamia）與安息（Parthia，今伊朗東北部）納入版圖內。

「faussar」的意思是「彎曲物」，另外也叫做「汜」，意思是「鐮刀」。不管是那個名字，其實都指出這把刀劍的**劍身彎曲，近似鐮刀狀**。今天我們知道這種刀劍存在主要是因為馬基喬斯基聖經（Maciejowski Bible）[33] 的插畫畫出來之故，另外在英、法國的古文獻中也經常提及這個單字。使用法主要是扛在肩上，為了在這種姿勢下猛力揮擊能發揮最大威力，劍身做得非常厚重。只有鋒部附近具有雙鋒，刀背側做成尖刺狀，可鉤住敵人後再行斬殺，另外也能橫劈、刺擊，甚至砍斷馬腳，用法很多樣。

33 這是13世紀中葉完成的聖經，內容為舊約聖經的第一部，不過特別受到注目的原因是書中附有大量波斯美術家繪製的精美插圖，成為今日研究該時代器物的重要資料。

菲朗機刀是十七世紀蒙兀兒帝國（Mughal dynasty）[34] 統治印度的末期，動搖帝國根本、促進帝國崩盤有功，以勇猛聞名的馬拉塔人（Maratha）[35] 所使用的刀劍。名稱由「frank」轉化的「feringi」而來，意思是「外來的」。如此命名的理由是筆直的劍身與護手、柄頭的形狀等處，均與西歐的刀劍有相通之處。

馬拉塔人短小精悍，居住於印度德干高原西半部，擁有自己的武器文化。菲朗機刀就是該族特有的武器，在當時他族的印象裡，甚至可以說菲朗機刀就是馬拉塔族的象徵。

34 或譯莫臥兒王朝，16世紀初～18世紀後半（1501～1775）統治印度北部絕大部分地區的伊斯蘭教王朝，統治者為成吉思汗的後裔。

35 印度北部的主要民族，17世紀初對撼動蒙兀兒帝國的統治有功，蒙兀兒帝國名存實亡後組成馬拉塔聯盟（Maratha confederacy）對繼之而來的大英帝國繼續反抗，但於1818年被摧毀。

焰形禮劍 **flamberg**
フランベルク

17～18世紀
西歐

長度：70～80cm　重量：0.8～0.9kg

焰形雙手大劍 **flamberge**
フランベルジェ

17～18世紀
西歐

長度：130～150cm　　　　重量：3.0～3.5kg

鈍劍 **fleuret**
フルーレ

17世紀～現代
西歐

長度：100～110cm　重量：0.3～0.5kg

弗里沙細劍 **flissa, flyssa**
フリッサ

18～20世紀
非洲北部

長度：90～120cm　重量：1.4～1.8kg

焰形禮劍是德國製造的刀劍，算是初期型的焰形雙手大劍（flamberge，別項刀劍28②）。在德國刀劍的型式學上面，「flamberg」這個字指的並不是有名的焰形雙手大劍，而是一種鋒刃呈波浪狀的西洋劍。

十七世紀中葉的西歐，特別是以西班牙爲中心興起一種擊劍術，連帶地也讓刀劍的形狀產生了顯著的變化，刀劍除了戰鬥用以外，也開始有了裝飾性的意義。原本騎士們就把刀劍視爲身體的一部分，因此在受到種種影響後，焰形禮劍就這麼出現了。後來出現的儀式中專用的焰形雙手大劍，由於比這種禮劍的時間還晚，因此在劍身的形狀相信受到焰形禮劍不小的影響。

焰形雙手大劍的語源由法文意思是「火焰形狀的」的「flamboyant」一詞而來。原本是指十四世紀到十五世紀盛行的法國後期歌德式建築的一種，到了十七、十八世紀時，也成了這種刀劍的名稱。但是目前留存最早記錄上的據說是八世紀時騎士雷諾德・蒙特班（Renaud de Montauban）[36]的所有物。

這種焰形劍身能有效地讓傷口裂開，在美麗的外表下隱含著殘暴的　面。

當雙手大劍退出戰場後，焰形雙手大劍因其裝飾性而用在儀式上，也因此還得以流傳至今。

36 查理曼（Charlemagne）麾下的猛將，雖不是12聖騎士之一，但據說也是非常驍勇善戰的戰士。

鈍劍一詞最早在一六三○年代出現，文獻中指的是一種具實用性劍柄的刀劍。當時的騎士們作爲個人的修養，必須學習學問、音樂、舞蹈等，當然熟練的劍術更是不可或缺的項目。但是如果拿實戰用的刀劍練習的話，尖銳的鋒與刃部總是會帶來危險，最糟糕的情形是甚至會因而受到失明等致命傷。因此，約一七五○年左右時，練習專用的鈍劍就這樣登場了，這種鈍劍去掉了銳利的鋒部，並且把劍刃磨平。因此不用擔心危險也能好好練習劍術，隨之這種刀劍也廣泛地流傳了起來。直到今日的擊劍項目中仍然有鈍劍這一項目。

弗里沙細劍是住在阿爾及利亞（Algeria）東北部是柏柏爾語族（Berber languages）中的卡比爾族（Kabyle）使用的刀劍，也有的是短劍。單刃，鋒部銳利且長，劍身中間部分略寬，有如波浪般的弧線，這種設計可以讓刃部的銳利度增加。

關於弗里沙細劍的起源有兩種說法，一是土耳其的土耳其細身鉤刀（yatagan，別項刀劍76①），另一說是從希臘鉤刀（kopis，別項刀劍42①）演變而來。前者的時代約十六世紀左右，後者則是紀元前。兩種說法間的年代差距頗大，但是這三者都是環地中海的區域，或許從中可發現什麼共通性也說不定。

0　　　　　5　　　　　10

羅馬戰劍 **gladius**
グラディウス

BC7〜AD4世紀
西歐

長度：50〜75cm　重量：0.9〜1.1kg

達荷美彎刀 **gubasa**
グバサ

17〜19世紀
西非

長度：70〜80cm　重量：1.1〜1.3kg

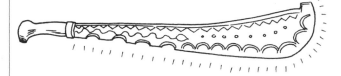

一手半劍 **hand and half sword**
ハンド・アンド・ハーフ・ソード

13〜17世紀
西歐

長度：110〜150cm　重量：2.2〜3.5kg

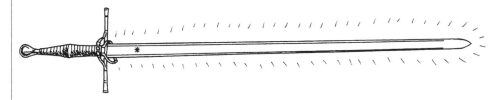

配劍 **hanger**
ハンガー

16〜19世紀
西歐

長度：50〜70cm　重量：1.2〜1.5kg

「gladius」在拉丁語中是「劍」的意思，因此該詞泛指**羅馬時期的所有刀劍**。但是經常是特指一種步兵配戴的短劍。鋒部尖銳，備有兩刃，劍柄由護手（guard）、握柄（grip）、柄頭（pommel）三個部分所構成。後世西方的刀劍可說大多脫不了這個造型。劍身根部有柄舌（tang），穿過護手、握柄，固定於柄頭。握柄上有環節狀，因此使用起來好握更順手，可以窺見設計者的用心。劍柄一般以木材、象牙、獸骨等材質做成。

十七世紀時，位於貝寧（Benin）南部豐人（Fon）建立的阿波美（Abomey）王國併吞掉附近的小國後改名達荷美王國（Dahomey kingdom），**達荷美彎刀**就是該國使用的刀劍。本刀劍與阿善提人使用的阿善提彎刀（afena，別項刀劍8②）非常類似。劍上描繪紋飾的主題是該族信仰的約魯巴（Yoruba）[37]神話。雕花紋是為了祈求鐵匠之神—鐵神「古（Gu）」附在戰士或獵人們的武器上。他們向創世神手·利沙（Mauw-Lisa）祈禱，並且把刀供奉在歐根（Ogun）的聖堂裡。准許配戴達荷美彎刀的人僅限於軍事與政治的官職者，是一種地位的象徵。

[37] 約魯巴人為今奈及利亞境內兩大種族之一，人口達2000萬。約魯巴民族雖擁有相同的語言文化，但歷史上未曾有過單一的統治單位，在各地建立過大大小小的王國，因此神話也十分廣泛地影響周遭各民族。

一手半劍原本是單手用的刀劍。但是握柄做得略長，約多了2、3根手指的長度。這是因為在把劍身加重以增加威力的同時，也得顧及使用時的平衡性，不得不延長劍柄來達到目的。

十三世紀左右登場，德國與瑞士一帶一直到十七世紀都還在使用。因為使用長達4個世紀，因此形狀上也多采多姿，劍身的寬度也不一。後期的有些鋒部做得特別銳利，相信這是受到了混用劍（bastard sword，別項刀劍14①）的影響。

配劍名稱之語源其實是由阿拉伯小刀（khanjar，別項匕首94①）而來。是一種主切砍的步兵用刀劍，特別是經常在狩獵時會用到。因此與其說是軍用刀劍不如更像是一般市民使用的物品。而用途上比起戰鬥，不如說更適合日常生活。

特徵是大概整個鋒部部分為雙鋒，約佔整個刀身三分之一左右。這在刀劍專門用語中稱為假刃（false edge），是為了行突刺戰法的設計。因為雖然配劍是以切砍為主的刀劍，但是在亂戰之中有時也需要以突刺方式來攻擊。

蠍尾鉤 **harpe** ハルパー

BC7〜BC3世紀
希臘

長度：40〜50cm　重量：0.3〜0.5kg

方頭大刀 **hōutōutachi** ほうとうたち

古墳〜奈良
（BC238〜AD784年）
日本

長度：70〜110cm　重量：0.6〜0.9kg

達荷美禮刀 **hwi** ハウィ

17〜19世紀
非洲北部

長度：60〜70cm　重量：0.8〜0.9kg

羚頭劍 **ilwoon** イルウーン

16〜20世紀
中非

長度：60〜80cm　重量：0.9〜1.2kg

蠍尾鈎亦翻譯作鐮劍，從形狀上來看確實正是如此。這種武器廣泛地流傳於上古地中海一帶，特別是希臘使用最盛。特徵是刀身呈鐮刀狀，彎曲幅度甚大。以切斷爲主要用途，刃部在彎曲的內側。刀身與刀柄一體成形，握柄配合手指形狀刻有波浪狀溝槽。由鐮狀的外型判斷，這種刀劍的使用法以鈎住對手進而切砍最有效。

附帶一提的是，希臘神話中，伯修司（Perseus）[38]斬下戈爾貢（Gorgon）三姊妹之一的蛇髮女妖梅杜沙（Medusa）的頭，用的就是蠍尾鈎。

[38] 希臘神話中的英雄，爲宙斯（Zeus）與達那厄（Danae）的兒子。有預言説伯修司長大後會殺死外祖父，因此達那厄之父，也就是阿戈斯（Argos）國王便把母子裝入一個大箱子丟進海裡。不料母子均獲救。長大後伯修司被派去殺死梅杜沙，成功歸來途中打倒海獸，救了安德洛墨達（Andromeda）公主並娶爲妻。回國後在一次意外中不幸殺死阿戈斯國王，預言果然成真。

方頭大刀是日本古墳時代到奈良時代使用的直身單刃刀劍，以切砍爲主要用途。與同一時期的圭頭大刀（keitōutachi，別項刀劍38②）及圓頭大刀（entōutachi，別項刀劍22④）在型式上可說如出一轍，特別是與後者的區別更是困難。要辨認出兩者的差別有幾個方法，第一是看柄頭的形狀，幾乎完全是圓桶狀，且前端略圓而已的是方頭大刀。另外則是幾乎所有的方頭大刀的柄頭上都開了要穿上手貫緒的小洞。由這兩點特徵就可分出兩者的區別了。另外奈良時代做的方頭大刀因爲受到中國文化的影響，因此也有略微突出的護手（中國稱作「格」），不過這時候做的方頭大刀主要已經是用於儀式上了。

十七世紀時，今日貝寧共和國（Benin）南部地區的民族豐人（Fon）建立的阿波美（Abomey）王國併吞掉附近的小國後改名達荷美王國（Dahomey kingdom），**達荷美禮刀**就是該國官員專用刀劍。達荷美王國的大臣身旁跟著稱作克普西（kposi）的女官，負責記憶謁見國王時大臣的進言，並且事後回報國王內容。達荷美禮刀就是克普西攜帶的刀劍。附圖的是給象狩獵官的達荷美禮刀，這種奇特形狀的有好幾把。這些跟在大臣身旁的女官被尊稱爲「母親」，在宮廷之中，她們的地位甚至比大臣還高。除了官員以外，達荷美王國也有全由女性組成的精銳部隊，可知在該國文化中，女性具有高貴且重要的身份。

羚頭劍是巴庫夫人（Bakufu，亦稱庫巴（Kuba）人）使用的刀劍。該族在薩伊（Zaire）[39]中央開賽河（Kasai river）與桑庫魯(Sankuru)河沖積而成的三角洲地區建立了布兄（Bushong）王國。柄頭似皿，劍身如同琴撥子般由柄向鋒部方向逐漸變寬，爲本武器外觀上之最大特徵。這種特殊的刃部據說是模仿羚羊（形似鹿之偶蹄類）設計而成，劍全體刻有幾何學圖樣之紋飾。該武器有金屬製與木制兩種劍身，前者爲戰爭用，後者爲儀式用。儀式用之羚頭劍上雕刻了繁複的幾何學紋飾，因此這類木器今日成爲研究布兄王國的重要資料。

[39] 舊稱薩伊共和國（Republic of Zaire, 1971～1997），今日國號爲剛果民主共和國（Democratic Republic of the Congo）。

裝飾獵刀 jagdplaute
ジャドプラーテ

長度：50〜70cm　重量：0.6〜0.8cm

17〜19世紀
歐洲

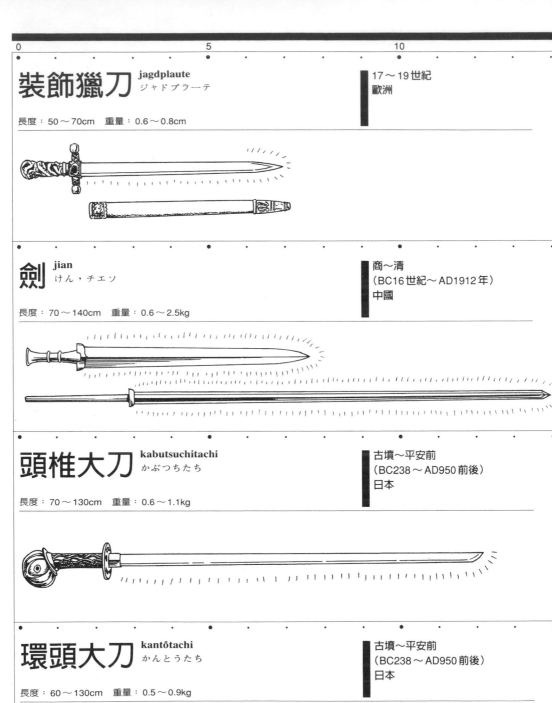

劍 jian
けん，チエソ

長度：70〜140cm　重量：0.6〜2.5kg

商〜清
（BC16世紀〜AD1912年）
中國

頭椎大刀 kabutsuchitachi
かぶつちたち

長度：70〜130cm　重量：0.6〜1.1kg

古墳〜平安前
（BC238〜AD950前後）
日本

環頭大刀 kantōtachi
かんとうたち

長度：60〜130cm　重量：0.5〜0.9kg

古墳〜平安前
（BC238〜AD950前後）
日本

土耳其彎刀是十七世紀時，鄂圖曼土耳其帝國（Ottoman Empire）使用的刀劍，波斯、印度、北非、東歐一帶亦曾使用過。土耳其彎刀的特徵在於劍柄的部分，劍柄略帶弧度，靠近小指的部分陡然直角向前彎曲，並呈圓球狀。這種柄頭被稱做鷹頭（Eagle's head）。

十八世紀末，法國的拿破崙一世將之引進歐洲，一時之間受到矚目。後來雖消失在西歐的舞台，但到了十九世紀時，成為波蘭的代表性刀劍，形狀上也有了多種變化，一直到二十世紀初都還持續生產來作為軍用刀劍。

飾劍，也寫作「飾劍」或「飾太刀（kazaridachi）」，原本是奈良時代使用的唐大刀（karatachi），到了平安時代變成公家（kuge）[42]的儀禮用刀劍。所謂的唐大刀正如其名，為唐代中國傳入日本裝飾華麗的刀劍，到了平安時代，更增其裝飾性，而名稱也改做飾劍了。理所當然地，隨著擁有者的地位攀升，飾劍的裝飾也更顯豪華。刀身細長，因此也被稱做細太刀，相信在實戰中並沒有實用性。

各官位[43]的裝飾有明確規定，大臣用金飾，大納言以下則是用銀飾。

---

[42] 侍奉朝廷的身份高貴的大臣。也是相對於武將的一般朝臣稱呼。

[43] 關於日本古代官位制度，基本上是模仿中國唐代的律令制而成，太政官（朝廷的政事官）當中，最高位的是太政大臣，以下依序是左大臣、右大臣、內大臣、大納言等。大納言為止是正三位或從三位（類似中國的品官制度，共分9個位階，但同一位階尚細分正從上下等等。）由此可知准許配戴飾劍者地位極為崇高。

卡斯卡拉長劍是位於撒哈拉沙漠南端，面對蘇丹（Sudan）、查德（Chad）的一帶的達爾富爾（Darfur）王國[44]或巴吉爾米（Baguirmi）王國[45]使用過的直身刀劍。兩王國為十六世紀左右成立的伊斯蘭教國家，位於撒哈拉沙漠上貿易路線的重要據點。卡斯卡拉長劍多半就是隨著宗教與貿易越過紅海來到達爾富爾，接著傳入巴吉爾米的。因為卡斯卡拉長劍與阿拉伯人從十世紀左右開始就始用的刀劍外型非常相似，幾乎可說是同一種武器。卡斯卡拉長劍的刀鞘以鱷魚或蜥蜴的皮做成，並且上附有寬幅的帶子，以便於掛在肩上攜帶。

---

[44] 西元前2500年左右就存在的古王國，10～13世紀為一基督教國家，但後來16世紀時因伊斯蘭教的擴張改宗。1916年成為蘇丹的一省。

[45] 亦作Bagirmi。非洲的舊王國，位於今日查德南部，16世紀建國，因販賣奴隸而興盛，19世紀後歸法國統治。

斯里蘭卡獸頭刀是斯里蘭卡（Sri Lanka）特有的刀劍。單刃，長短不一，且有直刀與彎刀兩種類，兩者的主要用途都是切斬用。本刀劍的最大特徵在於握柄的部分，柄頭做成怪獸的模樣，因此十分有名。柄頭有木製的或黃銅製的，但豪華的甚至以金或銀製成且鑲上寶石。護手的部位一樣雕有花飾，但以鋼鐵製成，十分重視實用性。刀鞘同樣也鑲嵌金銀寶石做裝飾。尖端部位與柄頭一樣雕有怪獸的形象。

獸頭刀後來由荷蘭東印度公司帶回介紹而為西歐人所知。

德式鬥劍 **katzbalger** カッツバルゲル

15～17世紀
西歐

長度：60～70cm　重量：1.4～1.5kg

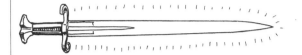

圭頭大刀 **keitōtachi** けいとうたち

古墳～奈良
（BC238～AD784年）
日本

長度：70～110cm　重量：0.6～0.9kg

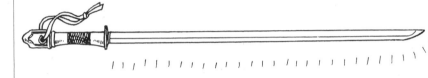

毛拔形太刀 **kenukigatatachi** けぬきがたたち

平安～南北朝
（784～1392年）
日本

長度：80～100cm　重量：0.9～1.1kg

義大利戰爭（Italian Wars）

　　這是法王查理八世為了收回因西班牙勢力入侵而使得法國勢力漸消的拿波里（Napoli，義大利南部港市，英文名那不勒斯（Napolis））所發動的一連串戰爭（一四九四～一五五九）。一開始的戰場是在義大利，後來擴及西班牙國境或尼德蘭（Netherlands，荷蘭（Holland）的正式國名）。德國、義大利諸國、西班牙、英國、教皇國等國組成種種同盟與法國對抗，也使得戰事拉長。查理八世早逝，後繼者路易十二繼承遺志繼續作戰。最終法國在各方面均失利而告敗，損失了大量的士兵。

德式鬥劍是十五世紀到十六世紀初義大利戰爭（Italian Wars，38④）中活躍的德國平民傭兵（landsknecht，39④）們愛用的刀劍。造型單純的劍柄與正前方看起來正好是個S字形的護手為其特徵。「katzbalger」一詞由來有兩種說法，一說是俗語中「吵架用的」46意思而來，另一則是傭兵們經常以毛皮代替劍鞘，把劍包捆起來帶著走，而貓科動物的毛皮寫作「katzenfell」47，由此轉化而來。

文獻記載中，最早使用這種刀劍的人物是維

也納的守備隊長烏力克·馮·雪倫保（Ulrick von Schellenberg），時間是一五一五年。

46 今日德文口語中的打鬥、吵架寫作「katzbalgen」。
47 德文的貓為「katze」，毛皮為「fell48 或譯莫臥兒王朝，16世紀初～18世紀後半（1501～1775）統治印度北部絕大部分地區的伊斯蘭教王朝，統治者為成吉思汗的後裔。

圭頭大刀是日本古墳時代到奈良時代使用的刀劍，造型十分樸質。直身單刃，以切斬為主要用途。

所謂的「圭」是中國周朝天子賜予諸侯的一種上尖下方的寶玉。圭頭大刀便是因為其柄頭狀似圭玉，日本考古學家因之命名的，因此並非古代人對此種刀劍的稱法。柄頭上有穴，可穿上刀繩。刀繩是後世儀式用刀劍的重要特徵，但圭頭大刀上的其實是著重於防止掉落的實用性。

毛拔形太刀是日本平安朝時期登場的柄與刀身一體化的刀劍。別名「野劍（nodachi）」，特色在於握柄與柄頭上的鏤空雕刻。劍柄與劍身帶有彎曲，一般認為這是受到關東地方蕨手刀（warabite-no-katana，別項匕首110②）的影響。不過彎曲的劍身也可說是適合越來越多騎馬作戰的設計。原本只限武官配戴，不過公卿在閱兵時也會配戴。

由於是實戰用的武器，因此平日收藏在叫做尻鞘的皮袋裡。武人為了顯示自己的威風，尻鞘

經常以虎或豹的毛皮製成。

德國平民傭兵（landsknecht）

字面上的意義是在自己國內（lands）應皇帝徵召的雇傭者（knecht）。這群人是十六、十七世紀時，令瑞士人十分畏懼的傭兵。外表裝飾得非常華麗（或說醜惡？）並因此著稱，這是因為神聖羅馬帝國皇帝馬克西米連一世（Maximilian I）認為「他們經常要深入險地，喜歡在裝扮上弄得華麗，這麼點小小的興趣也是無可厚非的」而下了准許的裝扮。德國傭兵

在法德西三國交戰的義大利戰爭中特別活躍。

犍陀刀 khanda
カンダ

長度：110～150cm　重量：1.6～2.0kg

17～19世紀
印度

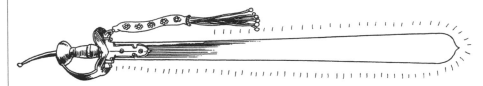

土耳其軍刀 kilij, kilig, qillij
キリジ

長度：80～90cm　重量：1.1～1.5kg

16～19世紀
中、近東／東歐

克雷旺刀 klewang, lamang
クレワング

長度：60～70cm　重量：0.8～1.0kg

16～20世紀
東南亞

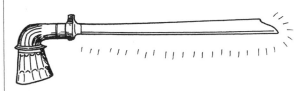

小烏 kogarasu
こがらす

長度：約100cm　重量：0.8kg

平安後期
（900?～1185年）
日本

犍陀刀是十七世紀蒙兀兒帝國（Mughal dynasty）[48]統治印度的末期，動搖帝國根本、促進帝國崩盤有功，以勇猛聞名的馬拉塔人（Maratha）[49]所使用的刀劍。鋒部並不尖銳，因此用來斬擊比刺擊更有效。由馬拉塔人右手持劍，左手持圓盾的戰鬥方式來看，這把劍應該只用來突刺或切斬等攻擊上。因此，護手的設計非常簡單，只有一條弓狀護手，看得出來並沒在防禦面上下功夫。不過，後期出現的犍陀刀則有所改進，有的還帶有籃狀護手。

48、49 印度北部的主要民族，17 世紀初對撼動蒙兀兒帝國的統治有功，蒙兀兒帝國名存實亡後組成馬拉塔聯盟（Maratha confederacy）對繼之而來的大英帝國繼續反抗，但於 1818 年被摧毀。

土耳其語中表示「劍」之意的「kilic」一詞為本刀劍之語源，其原型可追溯至十六世紀。流傳到歐洲是十七世紀之時，隨同鄂圖曼土耳其（Ottoman Empire）的領土擴張傳入鄰國。

這種彎刀的特徵與波斯彎刀（shamshir，別項刀劍60④）相仿，用法也幾乎相同。有些**土耳其軍刀**上靠近鋒部的部分長約劍身的四分之一至三分之一的部分帶有假刃（false edge），這部分他們稱做「yalman（或jelman）」。

土耳其軍刀在帝俄時期深受哥薩克（Cossack）軍隊歡迎，之後傳至南俄或烏克蘭（Ukraine），改稱做「klych」，長期受該地軍隊愛用。

蘇拉維西島（Sulawesi）[50]北部的哥隆塔洛（Gorontalo）平原上居住著叫做利瑪‧帕哈拉（Lima Pahala）的部族，**克雷旺刀**是以該族活動區域為中心使用的刀劍。另外不止蘇拉維西，蘇門達臘等地也可見到類似刀劍的蹤影。

特徵是直身單刃，握柄底部向前彎曲，為典型的切砍用刀劍。握柄為木製，上有雕刻，有些也會以鳥羽裝飾。不止作為武器，也常用在其他用途上。

50 又稱西里伯斯（Celebes），為印尼所屬島嶼。

小烏為日本平家（Heike）[51]代代相傳的名劍，特徵是靠近尖端側約佔刀身一半部位備有兩刃，這種型式的刀劍稱作鋒兩刃作（kissakimorohadukuri）。刀柄與刀身略微彎曲，不僅適合切砍，因尖端備有兩刃，所以也適合突刺。這種特徵在西洋的刀劍中也常見，相信設計目的也是相同。

據說此刀為傳說中最早的刀匠天國（Amakuni）所造，不過實際上應該是平貞盛（Taira no Sadamori）時製作的。小烏據說只傳平家的嫡子，不過在壇浦合戰[52]後不知去向。之後，鋒兩刃作的刀劍也稱作小烏丸太刀（kogarasumaru-no-tachi）。

51 平家（Heike）與源氏（Genji）一樣屬天皇家系的子孫。如出自桓武天皇者稱「桓武平氏」，文德天皇者稱「文德平氏」等。桓武平氏後代平清盛（Taira no Kiyomori，1118～1181）創立之武士政權。平氏的專政後來引發各地討伐的聲浪，以源賴朝（Minamoto no Yoritomo，1147～1199）為首的源氏一族聲勢最大，故史稱源平之戰。

52 1185 年。源平之戰中的最後一戰，平氏政權於此戰後正式滅亡。

希臘鉤刀 **kopis**
コピス

BC10～BC2世紀
古希臘

長度：50～60cm　重量：0.9～1.0kg

埃及鐮劍 **kopsh, khopesh**
コピシュ

BC20～BC10世紀
中、近東

長度：40～60cm　重量：0.8～1.2kg

尼泊爾鉤刀 **kora, cora, khora**
コラ

9～19世紀
尼泊爾

長度：70cm　重量：1.4kg

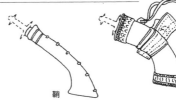

鞘

龍形短劍 **kris naga**
クリス・ナーガ

16～20世紀
東南亞

長度：60～70cm　重量：0.7～0.8kg

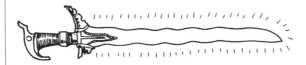

希臘鉤刀是古希臘全以金屬製成的單刃水手用鉤刀。向前彎曲，刀刃位於彎曲內側，典型的S型刀劍。這種刀劍的起源可溯及黑暗時代。[53] 語源由希臘文中，代表「切」意思的「kopto」而來。顯而易見地，以此為名的希臘鉤刀用途就是切斷。但是希臘鉤刀並非希臘特有的發明，而是多次外來的侵略戰爭中帶進來的刀劍。而且希臘也僅是當中的一個中繼點，後來透過希臘傳入腓尼基（Phoenicia）[54]，再由腓尼基人傳到地中海周邊各地。

53 譯注：一般黑暗時代所指是中古世紀，但是古希臘理應遠比黑暗時代更早的多，古希臘的武器為何會起源於黑暗時代？疑原文有誤。
54 古國名，相當於今日黎巴嫩、以色列一帶。腓尼基人是西元前10世紀時地中海區最著名的商人。後陸續被多國征服、統治，最後併入羅馬帝國的一省。

古埃及的單刃刀劍，與亞述鐮劍（sapara，別項刀劍58③）造型近似，均為S型刀劍。不過劍柄部分不同，**埃及鐮劍**為木製，刀刃部位呈「C」字形彎曲，也有呈圓形的。這種刀劍統稱鐮劍（sickle sword），目前已知最早的鐮劍是西元前二十世紀青銅器時代中期的遺物，以後這類型的刀劍均以此為名。刀身短小，適合亂軍之中使用，且切斷時兼具優秀的毆打效果，因此埃及古王朝的軍隊擅長一手持盾一手持鐮劍的短兵作戰。

尼泊爾鉤刀是尼泊爾的廓爾喀人（Ghurka）使用的刀劍，被視為希臘鉤刀（kopis，別項刀劍42①）轉化而來的武器。異常發達的前端相信是為了增加砍下時之破壞力的設計，威力非同小可。尖端有兩段小弧度的部位也有刀刃，因此乍看之下很像斧頭，但是依類型的不同，也有無刃的，因此在設計上應該不是用來攻擊的。

見到這麼奇特的造型，想必對於如何裝進刀鞘裡很好奇吧。基本上刀鞘有兩種，一種是與刀身同形狀的皮製刀鞘，收藏時像鞋子般把刀包起來。另一種則是單純地以扣子扣在皮帶上攜帶而已。

龍形短劍是爪哇、馬都拉島（Madura）、峇里島（Bali）、南蘇拉維西島（South Sulawesi）[55]、馬來半島等地使用的波形短劍（kris，別項匕首96④）中，被認為是最美的一種。這把刀劍的劍身的根部做成龍形（naga）[56]，由此得名。刀身有如波浪一般，其中心配合波浪的線條有鑲金的紋路。紋路連接劍身根部的龍形，象徵著龍尾。龍尾以外還有以特殊的打造技術造出的美麗花紋。柄的造型繁多不一。當然，這麼美麗的龍形短劍並不用在戰鬥中，而是作為裝飾或用在宗教儀式上。

55 以上均是印尼所屬的島嶼。
56 那伽（naga），印度教中的蛇龍。原為惡魔，但後來被濕婆神（Shiva）收服。

0　　　　　　　5　　　　　　　10

爪哇棒劍

kudi tranchang
クディ・タランチャグ

15～20世紀
東南亞

長度：60～70cm　重量：1.5～1.7kg

黑作大刀

kurodukuri-no-tachi
くろづくりのたち

奈良（710～784年）
日本

長度：70～80cm　重量：0.7～0.8kg

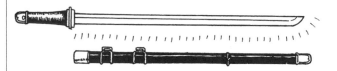

長劍（前期）

long sword
ロング・ソード（前期）

1050～1350年
西歐

長度：80～90cm　重量：1.5～2.0kg

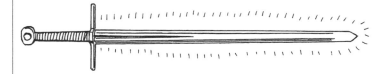

長劍（後期）

long sword
ロング・ソード（後期）

1350～1550年
西歐

長度：80～100cm　重量：1.5～2.5kg

爪哇棒劍是爪哇或馬來半島上可見的一種刀身極爲特殊的刀劍。劍柄十分的長，因此由此可知其主要用途爲切砍。與其說是切砍，其實更像是揮舞棒子。但是由沉重的劍身帶來的毆打、切斷效果相信還是具有十分的威力。而且棒狀武器的使用方法簡單，不管是什麼人來用都可以發揮十分的威力。有些爪哇棒劍具有尖端，因此也能發揮突刺的效果。時至今日，這種刀劍仍常被當作工具使用。

黑作大刀也念作「kokusakutachi」，日本奈良時代的直身單刃刀劍。這把刀劍是由餝劍（kasadachi，別項刀劍36②）原型之唐大刀（karatachi）而來，只不過除去了唐大刀的一切裝飾性，柄與護手以鐵或銅做成，刀鞘塗上黑漆，外型黝黑樸質，因而得名。

古墳時代的刀劍基本上型式都相同，且並無儀式用或實戰用之區別，一直要到奈良時代才開始區分。在那之前裝飾性的武器流行使用中國傳來的劍鞘劍柄上有華麗裝飾的唐大刀，但是唐大刀不適合用在實戰中，因此專用於實戰的黑作大刀便如此誕生了。

長劍（前期）的特徵是劍身厚度厚，甚至連刃部也高達 3～5cm。這是因爲當時技術還不能製造鋼鐵，只能靠淬火（quenching）[57] 的技術強化。這種技術是當時使鐵硬化最受歡迎，且最先進的技術。但是由於淬火只能使金屬表面強化，還沒辦法連劍芯也硬化，因此在刀劍相交之際，硬化的皮膜就會崩裂，強度也逐漸減弱。這是當時刀劍最大的缺點。而且由於劍芯材質只是普通的鐵，長期作戰下來並不會折斷而是彎曲。因此爲了彌補這種種的缺點，當時的劍多半造得很厚。

57 金屬冶鍛的一種技術，指當金屬成形後，將之放入低溫的油或水中使急速冷卻，可使金屬產生高堅硬度。

長劍（後期）不僅受到刀劍冶鍛技術進步的影響，也隨著使用需求而產生進化。技術的進步指的是鋼鐵製作技術的誕生。刃部與前期的長劍相比變得難以置信的薄，因此同時劍整體的重量也隨之減輕。因此劍身也能做得更加細長。這種變化同時也是爲了符合馬上作戰的騎士們的需要。另外，最顯著的是，鋒部變得銳利了。這顯示出作戰方式由原本以切砍爲主轉變成以刺擊爲主，而後期的長劍正是因應這些需求而生。

希臘短刀 **machaira**
マカエラ

長度：50〜60cm　重量：1.1〜1.2kg

BC9〜BC2世紀
古希臘

阿茲特克石刃刀 **macuahuitl**
マクアフティル

長度：70〜100cm　重量：1.0〜1.5kg

12?〜16世紀
南美

阿贊德鐮狀鉤刀 **mambeli**
マムベリ

長度：80〜110cm　重量：1.5〜2.2kg

17?〜20世紀
非洲北部

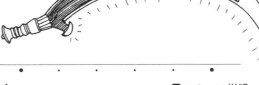

馬來獵頭刀 **mandau**
マンダウ

長度：60〜90cm　重量：0.7〜1.2kg

16?〜20世紀
東南亞

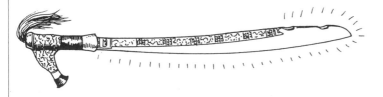

20　　　　　　　　　　25　　　　　　　　　　30

希臘短刀是以切斷為主要用途的全金屬製刀劍，是一種戰鬥用小刀（war knife），可單手亦可雙手持用。起源十分古老，應該從古希臘詩人荷馬的時代就存在了。根據色諾芬（Xenophon）[58]的記載，騎兵們攜帶希臘短刀，以便於馬上切砍敵人。也就是說，這是一種不限定步兵或騎兵，跨兵種使用的武器。

當時提到單刃刀劍立刻會聯想到希臘短刀。隨著腓尼基（Phoenicia）[59]人的傳播，流傳到地中海周邊各地。據說西班牙鉤刀（falcata，別項刀劍24④）有可能就是由希臘短刀改良而來。

58 出生於雅典富有家庭，蘇格拉底之徒。因批評極端民主政治而遭流放。曾於波斯大流士一世（Dairus I）底下之傭兵圍服役。此經歷對其著作影響很大。最著名作品為《遠征記（Anabasis）》。
59 古國名，相當於今日黎巴嫩、以色列一帶。腓尼基人是西元前10世紀時地中海區最著名的商人。後陸續被多國征服、統治，最後併入羅馬帝國的一省。

阿茲特克石刃刀是阿茲特克人使用的刀劍，「macuahuitl」之意就是「刀劍」，今日西印度群島上泰諾人的語言中，刀劍稱作「macana」，就是由此而來。握柄做得稍長，以利單手雙手皆可使用。大部分的阿茲特克石刃刀柄的長度佔了全長的四分之一。完全以切砍為使用目的，因此並沒有鋒部只有刃部。刃部是以磨利的石片整齊地貼在刀身上而成。刀身主要以橡木製成，上繪有紋彩，不過紋彩究竟是以神話為題材還是表示各部族的標誌至今已不明。

阿贊德鐮狀鉤刀是居住於蘇丹的阿贊德人（Azande）或住於附近的薩伊（Zaire）北部之波亞人（Boa）使用的彎刀。與衣索比亞人的鉤劍（shotel，別項刀劍64①）很近似，不過阿贊德鐮狀鉤刀刀身寬闊得多，且有時形狀也複雜得多了。鋒部有的是斧狀，有的設有鉤爪。柄的設計很簡單，並沒有護手之類的構造，但是在刀根附近有個突起物，這應該是為了保護手部的設計。這種彎曲的刀身在面對槍類等直線攻擊無法傷害的盾牌防禦時，可以有效地從旁攻擊。

馬來獵頭刀是馬來原住民達雅克族（Dyak, Dayak, Dajak：正確來說是達雅克諸族）中的一支，屬陸達雅克人的比達友族（bidayuh）的特有刀劍。

馬來獵頭刀為「獵人頭」之意，除了戰鬥外，也用在日常生活上。單刃，刀身略彎，鋒部設有假刃（false edge）。刀柄以堅硬的木材、象牙、或獸骨之類的材料做成。柄頭向刃部側突起。

該族有獵人頭的習俗，打倒敵人，欲斬下其頭顱作為功勳的證明時，會用大型的馬來獵頭刀砍頭，這種大型的馬來獵頭刀稱作「mandau pasir」。

三叉拳劍 manople
マンプル

14〜15世紀
西歐

長度：60〜100cm　重量：2.2〜2.5kg

上面圖　　　　　　　　　　　　　　　　側面圖

巴庫夫闊劍 mbombaan
マボムバーム

17〜19世紀
非洲北部

長度：100〜120cm　重量：1.8〜2.2kg

印度雙手刺劍 mel puttah bemoh
メル・パッター・ベモー

17〜18世紀
印度

長度：150〜170cm　重量：2.1〜2.5kg

長卷 nagamaki
ながまき

室町〜桃山
（1392〜1603年）
日本

長度：180〜210cm　重量：5.0〜7.0kg

　　三叉拳劍是摩爾人（Moor）[60]發明的刀劍。正中間的劍身長且筆直，兩旁有一對較短的劍身。劍身直接接在鐵手套（gauntlet）上，可說是十分特異的武器。而且在鐵手套的拳頭部位上，還設有一個小鉤爪。

　　三叉拳劍在西班牙的勢力被擊退後流傳到義大利。但是並沒有受到義大利人的注目。因為這種武器要使得好非常困難，劍身分為三叉外加一個鉤爪，複雜的構造使得用法難學，特別是裝在鐵手套上更是難以操作。但是如果用得好的話據

說威力十分強大。

60 指居住於西班牙的伊斯蘭教徒或阿拉伯人、柏柏爾人
（Berber）、西班牙人間的混血後代。伊斯蘭教勢力最早於8世紀左右進入西班牙，並且在西班牙創立了王朝，一直持續到15世紀末為止。

　　巴庫夫闊劍是十七世紀時居住於今薩伊中央之布兒（Bushong）王國巴庫夫人（Bakufu，亦稱庫巴人（Kuba））與尼姆族（Nyim）使用的刀劍。握柄略長且劍身寬闊，以銅製成。是巴庫夫人使用的刀劍中最大型的一種。但是這並非使用於戰鬥中的武器，而是專用於重要的儀式當中。能擁有巴庫夫闊劍的，僅限於族長級的人物，攜帶時必定穿著正式的裝扮，且固定拿在右手上。劍身上刻有幾道縱向的溝槽，但究竟是代表什麼就不得而知了。

　　印度雙手刺劍是印度南部使用的雙手劍，劍身像西洋劍般細長。構造質樸不花俏，不過特別的是護手分別設在有點距離的兩處。握柄的部分呈桶狀，上無任何裝飾，不過柄頭長且沉重。乍看之下形狀似乎非常的不平衡，但其實恰好相反，這是考慮到揮劍時的平衡而做的特殊設計。而且細長的劍身也適合突刺攻擊，可以穿透鎖子甲（chain mail）之類的鎧甲。不僅對步兵有效，對馬上的敵人也能發揮效用，甚至能夠連馬帶人貫穿。

　　長卷看起來很像薙刀（naginata，別項長柄146①）但其實是完全不同的武器。這是因為長卷原本是在野太刀（nodachi，別項刀劍50①）的刀根上面纏上東西方便握著的設計（這種野太刀叫做中卷野太刀）發展而來的。或許是這樣改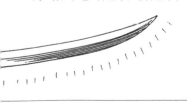造的野太刀非常好用，因此一開始就把柄做得很長的野太刀就這麼誕生了。柄約3尺（約1m）至

4尺（132cm左右），刀身約3尺長。刀身比一般野太刀還寬，因此重量也非常重。戰國時代有句名言說：「還不會用槍的去用長卷！」，當時長卷主要用途是輔助其他長柄武器，跟在長槍隊後面的大將身旁護衛。有名武將如豐臣秀吉[61]或上杉景勝[62]等，在自己軍中都特別設置了長卷隊。

61 日本戰國時代的武將，生卒年1536～1598。仕奉織田信長，本能寺之變信長死亡後，以討伐發動事變的明智光秀為契機，一步步踏上統一日本之路，為終結日本戰國時代之人。後征高麗，不見戰功的情況下病沒。
62 日本戰國、江戶時代的武將，生卒年1555～1623。猛將上杉謙信的養子，名列豐臣秀吉的五大老之一。

野太刀 **nodachi**
のだち

鎌倉〜桃山
（1192〜1603年）
日本

長度：90〜300cm　重量：2.5〜8kg

薩伊葉形短劍 **nogodip**
ノゴディップ

17〜19世紀
非洲北部

長度：50〜65cm　重量：0.7〜0.8kg

馬賽闊頭劍 **ol alem**
オル・アラム

17〜20世紀
非洲東部

長度：70〜80cm　重量：0.8〜0.9kg

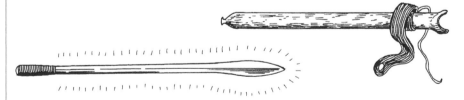

馬來西亞軍刀 **pakayun**
パカヤン

18〜20世紀
東南亞

長度：70〜90cm　重量：0.7〜0.8kg

　　野太刀，其實就是很長的太刀（tachi，別項刀劍66②），因此也叫做大太刀。日本自進入鎌倉時代後，政權由武士掌握，對武士而言，最值得誇耀的就是勇氣與剛強的腕力，也因此可看到他們帶著又大又長的大太刀上戰場，藉以誇示自己的威武。《太平記》[63]雖然誇張的部分頗多，不過如果根據其記載，超過5尺（約150cm）的太刀比比皆是。而在文獻記載中最長的野太刀是9尺3寸。另外，目前保留下來的最長的是7尺4寸2分（約225cm），「反」[64]的長度3寸1分（約

9.4cm），刀身寬1寸2分（3.6cm），目前供奉在新潟縣彌彥神社中，是爲國寶。

63 描寫日本南北朝（1336〜1392）之戰的文學作品。據說作者爲
　　小島法師，實際則長期歷經多人修改，約1371年完成。
64 原文作「反り」（sori）。太刀的形狀彎曲如弓型，因此要測量
　　其彎曲幅度時假想刀根（刀身與護手的交界處）與鋒部之間有
　　一條緯，而由刀背最彎曲處到假想線的垂直距離就是「反」
　　的高度。

　　薩伊葉形短劍是十七世紀興起於薩伊中部的布兒王國（Bushong）之一部族尼姆人（Nyim）使用的戰鬥用刀劍。特徵是劍身中央與根部有略寬有如樹葉狀，並且上面還刻了幾條線紋。種類有木製與金屬製，不過不管是哪種都是戰鬥用的。

　　另外也有儀式專用的薩伊葉形短劍，大小比戰鬥用的大了一圈，並且在劍身上刻三重的半圓紋樣。儀式用的只限族長級的人物使用，儀式當中必須穿著正式服裝，以左手拿著，是左手專用的刀劍。

　　馬賽闊頭劍是橫跨肯亞（Kenya）與坦尚尼亞（Tanzania）的大莽原地帶上的部族—馬賽人（Masai：該族的自稱是伊爾馬賽：Ilmasai）使用的刀劍。

　　整體說來呈細長狀，不過尖端部位略粗，這是爲了在砍下時增加切斷力的設計。另外劍身中央的峰狀隆起是爲了增加細長劍身強度的設計，同時也成了該刀劍外表上的最大特徵。柄的部分非常單純，僅直接在劍身的根部捆上皮帶就成了劍柄。劍鞘上附有袋子，這是爲了方便捲在腰上攜帶的設計。

　　這是婆羅洲（borneo）上馬來西亞的沙巴（Sabah）、沙勞越（Sarawak）州以及印尼的東加里曼丹一帶的馬來原住民—毛律族（Murut）使用的類似軍刀（sabre，別項刀劍56④）的刀劍。

　　毛律諸族在民族學的分類上目前還很混亂，但是當中最古老的倫族（Lun）與達耶族（Dayeh）與十世紀以來就成立的汶來（Brunei）王國之間有深厚的關係。毛律人透過這層關係接觸到十八世紀來到此地的西班牙或英國人帶來的西歐文化，因此同時具有當地特色的枴杖型柄頭與西歐軍刀刀身的**馬來西亞軍刀**就這樣誕生了。

直身軍刀 **pallasch**
パラッシュ

17〜20世紀
西歐

長度：100〜110cm　重量：0.9〜1.0kg

拳劍 **pata**
パタ

17〜19世紀
印度

長度：100〜120cm　重量：1.0〜2.5kg

印度闊頭劍 **pattisa**
パティッサ

17〜18世紀
印度

長度：110〜130cm　重量：1.5〜1.8kg

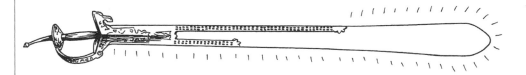

枕邊劍 **pillow sword**
ピロー・ソード

17〜20世紀
歐洲

長度：60〜70cm　重量：0.5〜0.6kg

　　自從十七世紀發明以來，**直身軍刀**至今仍然
服役中。漫長的歷史中產生了各式各樣的類型。
這是一把直身闊刃的騎兵用刀劍，語源由土耳其
語中表示「筆直的」的「pala」而來（「pallasch」
是德文）。東歐一帶廣泛地使用這種刀劍，在波
蘭叫作「palasz」，在匈牙利則是稱作「pallos」。
特別是波蘭的重騎兵配戴了兩種刀劍，直身軍刀
掛在馬鞍上，而腰際則是掛著一般的彎刃軍刀
（sabre，別項刀劍56④）。正可說是這兩種武器
用途不同的的最佳證據吧。

　　發明**拳劍**的是住在印度中西部的印度教徒
（Hindu）的一支，據說非常好戰的馬拉塔人
（Maratha）。劍柄就是一個手甲（gauntlet），刀身
直接連結其上。手甲中收納拳頭的位置上設有與
劍身垂直的金屬繩，使用拳劍時緊握這個部分來
控制。手甲上多半鑲有紋飾，多半以虎或獅子、
有時也以鹿爲主題。劍根上也有華麗的裝飾區
（plaque）。
　　一般認爲，拳劍應該就是從同樣發明於印度
的拳刃（jamadhar，別項匕首92①）發展而成
的。

　　印度闊頭劍是印度中部及南部使用的寬刃刀
劍。劍身向鋒部方向逐漸變寬，兩面有鋒刃是其
特徵，且鋒部並不銳利。這是單手用劍，不過既
長且重，相信是切砍專用的刀劍。護手（quillon）
上有鉤狀物，可在鬥劍的時候比較容易格擋住對
方的劍。柄頭爲寬大的圓盤狀，且經常設有一條
長長的尾狀物，這種設計是爲了與沉重的刀身作
平衡。
　　印度中部的印度闊頭劍多半設有護手
（knuckle guard），因此外觀跟特徵與犍陀刀
（khanda，別項刀劍40①）頗相近。

　　枕邊劍的用途正如其名稱所示，這是一種藏
在床上緊急時用來護身的刀劍。也就是說，藏在
枕頭（pillow）下的刀劍。劍身細長筆直，且當
時一般的刀劍上常見的護手（quillon）或護手
（guard）、護手（knuckle guard）等複雜設計全部
省略，只設有與劍身垂直的棒狀護手。
　　不過，因爲枕邊劍通常是貴族或王族等這類
身份高貴、經常在被偷襲危險下的人所使用的，
因此刀劍本身的設計雖簡單，劍身上的裝飾通常
很華美，鑲上金銀珠寶，並且刻上該貴族的徽
章。

朴刀 **pu-dao**
ぼくとう，プータオ

宋～清（960～1912 年）
中國

長度：60～150cm　重量：1.5～5.0kg

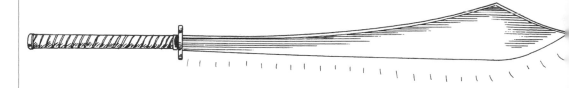

普魯瓦彎刀 **pulouar**
プルワー

16～20世紀
印度

長度：80～90cm　重量：1.2～1.6kg

喀達拉劍 **quaddara**
カダラ

16～18世紀
中、近東

長度：80～100cm　重量：0.9～1.1kg

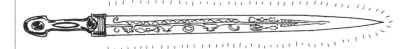

尼泊爾重頭刀 **ram da'o**
ラム・ダオ

16～20世紀
南亞

長度：90～100cm　重量：2.5～3.0kg

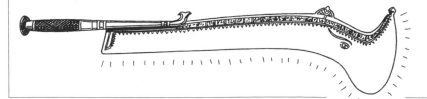

　　朴刀是宋代開始出現的大刀，刀身寬闊，刀柄特長以方便兩手持用。因此也叫做「雙手帶」。這種刀劍以非常沉重聞名，這是因為原本朴刀是把偃月刀縮短後改良成適合接近戰用而來的。

　　這種刀劍多用於民間而非官軍，有一部分的朴刀把柄截得更短以方便使用。只是，對不善使刀的外行人而言，要他們突然就拿朴刀上陣絕非易事，因此限於民亂時集團性質的戰鬥中才有機會見到。清代有名的太平天國之亂中，太平軍以使朴刀聞名，因此也被稱為「太平刀」。

　　普魯瓦彎刀是十六世紀時印度人使用的單刃彎刀，是塔瓦彎刀（talwar，別項刀劍68①）的變種之一。刀身寬闊，鋒部附近兩面有刃。歐洲稱這種只有鋒部一帶雙刃的型式叫假刃（false edge），印度人則稱之為「pipla」。

　　印度的刀劍類武器開始做成彎刀大約是十三世紀末（一二七〇年左右）開始的。至少在那之前印度的刀劍全為直身且雙鋒。由這種變化可以看出戰法也從馬上持劍衝鋒突刺轉變成切砍，且十一世紀左右刀柄開始逐漸改成彎曲式，由這點也可以看出彎刀即將盛行。

　　喀達拉劍為把高加索地區特有武器金德加短劍（kindjal，別項匕首94③）的劍身加長而成的刀劍，直身，寬幅，備有兩刃，刃部銳利。柄以黑色獸角製成，柄頭鑲有寶石。劍身上有黃金蝕刻的紋飾，劍鞘或劍柄部分亦有金銀等貴金屬的裝飾。這表示這種武器是貴族或將軍專用的。劍身上的黃金蝕刻紋飾多半刻有鍛造師的名字，另外，阿拔斯一世（1587～1629）[65]的時代有不少喀達拉劍上頭刻有向阿拉祈禱的文字。

65 阿拔斯一世（Shah Abbas Ⅰ），波斯薩非王朝（Safavid Dynasty）國王，在位期間多有建樹，並使波斯的藝術發展達到顛峰。根據兩份資料均顯示在位期間為1587～1629，相信原文的年代有誤。

　　尼泊爾重頭刀是尼泊爾或印度北部使用的一種刀身寬闊、單刃的儀式用刀劍。這種刀劍用在儀式中斬殺牲禮時。全以金屬製成，故非常沉重有如斧頭，一刀揮下就可砍落畜生的頭部。

　　刀身的形狀隨地方不同，或呈斧狀或呈柴刀狀，但是唯一的共通點就是尖端附近的刀身兩側上刻上了「眼睛」般的紋飾。除了這個以外，有的地方也會鑲上黃金，或是以紅漆畫上圖案。

西洋劍 **rapier**
レイピア

16〜17世紀
歐洲

長度：80〜90cm　重量：1.5〜2.0kg

衝鋒直身軍刀 66 **reiterpallasch**
レイテルパラッシュ

18世紀
西歐

長度：80〜100cm　重量：1.8〜2.2kg

長柄逆刃刀 **rhomphair, rumpia**
ロムパイア

BC3〜AD1世紀
古羅馬

長度：100〜200cm　重量：2.5〜5.0kg

軍刀 71 **sabre**
サーベル

16〜20世紀
全世界

長度：70〜120cm　重量：1.7〜2.4kg

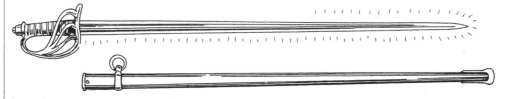

西洋劍的語源由法文的「epee rapiere」而來，十五世紀中葉的文獻中就已經可見其存在。「epee」是「劍」，而「rapiere」則是「突刺」的意思，主要是宮廷中禮儀性目的（即決鬥）之刀劍。這時因劍身過於輕巧，並不適合運用在實戰上，但是後來流傳到西班牙，被稱作「espada ropera」，進一步發展而成的就是今日西洋劍的原型。後來傳入義大利，再經由此傳回母國法國的時間已是十七世紀初。這時因火器的發達，厚重的鎧甲失去效用，盛行以劍同時進行攻擊與防禦動作的戰法，因此西洋劍也得以進入全盛時期。

衝鋒直身軍刀是闊劍（broadsword，別項刀劍16①）的一種。為主切砍的武器，在劍柄（hilt）的設計上下了不少功夫。於十八世紀的丹麥作為騎兵專用武器而登場。最大的特徵在於護手，其中有個部分叫做半籃狀護手（half-basket-guard）。劍身兩面有刃且鋒部銳利，但也可突刺攻擊。主要用作馬上的砍殺或刺擊。其實與其他刀劍的用法並無二致。但是較特別的是衝鋒時可把劍高舉在前突刺敵人，與騎兵長矛（lance，別項長柄140①）實有異曲同工之妙。

66 「reiter」在德文中是騎兵的意思，因此「reiterpallasch」直譯就是騎兵用直軍刀，但是考慮到「pallasch」其實也是騎兵用的武器，因此在翻譯上強調其可代替騎兵長矛衝鋒的性質。

長柄逆刃刀是紀元前三世紀的「S」字形刀劍，據說是色雷斯（Thrace）[67]人特有的武器之一。關於長柄逆刃刀最早的歷史記載在李維（Livy）[68]的著作中出現，他提到長柄逆刃刀太長，不適合森林裡使用，可用來砍斷敵軍馬腳，或者斬下敵軍首級高舉威嚇。另外西元一世紀時的詩人瓦勒里烏斯・弗拉庫斯（Valerius Flaccus）[69]在其著作《阿爾戈船英雄記》（Arogonautica）中也提到，住於多瑙河三角洲的巴斯塔奈人（Bastarnae）[70]亦曾使用過這種刀劍。只不過由於遺物盡是不完全的形狀，因此握柄具體的長度並不清楚，只能靠想像猜測。

67 巴爾幹半島東南部之一地區。歷史上色雷斯的範圍不一，希臘時代指的是多瑙河、愛琴海、黑海之間的地帶。古色雷斯人據說驍勇善戰，文化上好詩歌與音樂。西元1世紀左右納入羅馬版圖中。
68 拉丁文作 Titus Livius，BC59～AD17，羅馬三大歷史學家之一，生平不詳。著作《羅馬帝國建國史》在文學上的評價亦高。
69 羅馬詩人，全名 Valerius Flaccus Satinus Balbus，生卒年?～90?。著作《阿爾戈船英雄記》取材自希臘神話，描寫英雄伊阿宋（Jason）冒險取得金羊毛的故事，但故事在未完結處中斷。
70 希臘化及羅馬時期住於喀爾巴阡山以東，德涅斯特河至多瑙河三角洲一帶之日耳曼人種的大部族。西元前29年時被羅馬征服。

軍刀原本是斯拉夫系的匈牙利人所用之刀劍，據說是他們向中、近東地區常見的彎刀學習製造而成。不過另一方面也有從中亞的游牧民族傳來的說法，其歷史最早可以追溯到九世紀前後。

為了方便騎兵單手持用，故造得輕巧，且劍身也盡可能拉長，單刃且柔軟。但是依用途不同大致可分為三種，各自是直刀、微彎刀、大彎刀，劍身分別是斧狀、槍狀、尖端雙刃狀，用途是突刺、切斷、切刺兩用。

71 亦譯作馬刀，因多為馬上使用，故名。

阿拉伯彎刀

saif, sayf
サイフ

13～19世紀
中、近東

長度：75～95cm　重量：1.2～1.8kg

薩拉瓦短刀

salawar
サラワー

14～20世紀
南亞

長度：50～90cm　重量：0.6～1.0kg

亞述鐮劍

sapara
サパラ

BC16～BC7世紀
中、近東

長度：70～80cm　重量：1.8～2.0kg

斯拉夫闊劍

schiavona
スキアヴォーナ

16～18世紀
西歐

長度：70～85cm　重量：1.5～1.7kg

阿拉伯彎刀，顧名思義就是阿拉伯人使用的刀劍。刀身稍寬且略有弧度，鉤狀握柄與柄頭為其特徵。護手（quillon）呈筆直的十字狀，上下各與刀身握柄相接，部分阿拉伯彎刀設有護手（knukle guard），為由護手連結到柄頭的條狀物。

「Saif」一詞一般泛指阿拉伯的刀劍，因此隨各種類的特徵或材質，名稱也有所不同。例如，材質為鐵的刀劍稱作「saif anit」，鋼鐵製的則是「saif furad」；刀身為鐵製，但鋒部部位以鋼鐵打成的則是「saif mudakkar」等等。

薩拉瓦短刀乍看近似切肉用的菜刀。單刃且具有極銳利的鋒部與刀部。別名阿富汗小刀（afghan knife）或查雷（charay）、曲拉（chhura）等。

位於阿富汗東北部與巴基斯坦西北部交接觸的開伯爾山口（Khyber Pass）[72]，自古以來作為戰略要地而著名，當地居民用的就是這種小刀，因此也被稱作「開伯爾小刀（khyber knife）」。自古以來要通過這個要道的各個軍隊均曾將這種小刀納為己用，較早者有十六世紀的蒙兀兒帝國

（Mughal dynasty）[73]軍，晚近者則有十九世紀在此苦戰過的英國軍。

[72] 亦拼作「Khaibar Pass」，阿富汗與巴基斯坦邊界上薩菲德山脈（Safed Koh Range）的山口。長約53公里，歷史上要入侵印度必須經過這裡，波斯人、希臘人、蒙古人、阿富汗人和英國人等都曾穿過。目前在巴基斯坦的控制下。

[73] 或譯莫臥兒王朝，16世紀初～18世紀後半（1501～1775）統治印度北部絕大部分地區的伊斯蘭教王朝，統治者為成吉思汗的後裔。

這是古代亞述帝國所使用的一體成型的單刃刀劍。劍身如 S 型，可以發揮類似斧頭般的威力。**亞述鐮劍**在鐮劍（sickle sword）類的刀劍當中，可說算是最長的。

這種刀劍在古代的中東一帶，美索不達米亞（Mesopotamia）平原自西元前十六世紀即可見其蹤跡，據推測應是由斧頭發展而來。亞述鐮劍活躍的年代，當然也有其他直身的刀劍或是弓、彈弓（sling）類的投射兵器，不過在接近戰中，就算對手以盾防禦，鐮劍也能造成傷害，因此是十

分有效的兵器。

闊劍（broadsword，別項刀劍16①）當中，有一種叫做「schiavona」的特殊籃狀護手（basket hilt）。這是為了在戰鬥時保護手頭的設計。因此具有這種劍柄的闊劍同樣也被稱作「schiavona」，也就是**斯拉夫闊劍**。

這種刀劍原本是威尼斯共和國中，由斯拉夫人組成的元首親衛隊所使用的武器，一直到一七九七年該部隊廢止前，作為他們的專用刀劍而知名。這種劍柄與斯拉夫地方一般的刀劍非常酷似。

「schiavona」一詞其實就是英語中的「斯拉夫人的（slavonic）」轉化而來。

史懷哲軍刀

schweizer-sabel
シュヴァイツァーサーベル

16世紀
瑞士

長度：80〜90cm　重量：1.5〜2.3kg

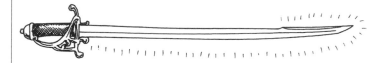

北歐格鬥短刀

scramasax, scramma scax
スクラマサクス

6〜11世紀
歐洲

長度：50〜70cm　重量：0.6〜0.8kg

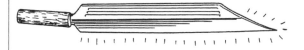

馬賽闊頭短劍

seme
セミ

17〜20世紀
非洲東部

長度：50〜65cm　重量：0.6〜0.8kg

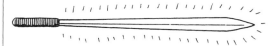

波斯彎刀

shamshir
シャムシール

13〜20世紀
中、近東

長度：80〜100cm　重量：1.5〜2.0kg

20　　　　　　　　　25　　　　　　　　　30

　　史懷哲軍刀於十六世紀的瑞士登場，可說是
歐洲最早使用的軍刀之一。但是當時視之爲屬於
混用劍（bastard sword，別項刀劍14①）的變種
之一，特徵是鋒部以下三分之一爲雙鋒，其餘部
位爲單刃。這種鋒部稱作假刃（false edge），是
讓刀類武器也能行突刺戰法的設計。這與混用劍
的設計相同，因此才會被視爲混用劍的分支。

　　除了鋒部以外，劍柄也是特色之一，具種種
造型，如十字型的護手（guard）或護手
（knuckle guard）等等。

　　北歐格鬥短刀是黑暗時代北歐人用的短刀，
後來流傳到歐洲各地。「scrama」是「短的」或
「使受傷的」的意思，「sax」是「小刀」或「劍」
的意思。因此可以解釋爲「短劍」或「戰鬥用小
刀」。

　　北歐格鬥短刀由薩克遜小刀（sax，別項匕
首106③）發展而來，中世紀以前，薩克遜小刀
因輕便好用，經常當作武器使用，而北歐格鬥短
刀就是將之加大，改良成戰鬥用的武器。因此這
種單刃刀劍在羅馬帝國崩毀後的西歐廣爲流傳，

爲多數的士兵愛用，今日我們由考古的發現得知
此一事實。

　　馬賽闊頭短劍是橫跨肯亞（Kenya）與坦尚
尼亞（Tanzania）的大莽原地帶上的部族—馬賽
人（Masai：該族的自稱是伊爾馬賽：Ilmasai）
使用的刀劍。劍身寬短，用起來順手。且除了戰
鬥以外也廣泛地運用在其他方面。

　　馬賽闊頭短劍與該族的另一種刀劍馬賽闊頭
劍（ol alem，別項刀劍50③）近似，刀身中間
有補強用的峰狀隆起，是外型上的最大特色。馬
賽闊頭短劍靠近鋒部部分做得比較粗，這是爲了
在灌木叢中移動時，只需輕輕揮動，就能毫不費

力地砍掉雜草樹木的設計。劍柄做得非常簡單，
僅僅直接在劍身的根部捆上皮帶而已。

　　「shamshir」爲波斯人對此刀劍的稱呼，意思
是「獅子的尾巴」。不過**波斯彎刀**尚未出現前，
波斯人使用的刀劍是筆直的，與現在的刀劍差距
甚大。這是因爲他們用刀的方式主要是揮刀砍下
切斷目標，經過多次的改良後終於變成這種外
型。

　　波斯彎刀的刀柄特徵是由護手到小指握的部
位略帶弧度，柄頭呈圓形，且向前直角彎曲突
出。波斯人稱這種柄頭爲獅頭（lion's head），爲
波斯彎刀的重要特徵。

切爾克斯彎刀 **shashqa, chacheka**
シャスク

17～20世紀
東歐

長度：80～100cm　重量：0.9～1.1kg

七支刀 **shichishitō**
しちしとう

年代不詳
日本

長度：83.9cm　重量：1.2kg

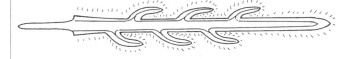

短劍 **short sword**
ショート・ソード

14～16世紀
西歐

長度：70～80cm　重量：0.8～1.8kg

英法百年戰爭（Hundred years' war）

　　這是英法兩國於一三三七到一四五三年之間，斷斷續續地進行了百年之久的戰爭。因爭奪吉耶訥（Guyenne）[77]與法蘭德斯（Flanders）[78]兩地的利益而起，後因法國王室的繼承權問題使得戰亂擴大。最初英軍在斯勒伊斯（Sluis）海戰、克雷西戰役（Battle of Crecy）、普瓦捷戰役（Battle of Poitiers）獲得大勝。法軍苦戰，但後來法王查理五世收復失地。不過接下來的查理六世時國內混亂，英王亨利五世趁虛而入，在阿讓庫爾（Agincourt）大敗法軍。結果其子亨利六世成為兩國之王，到了法王查理七世時在聖女貞德（Saint Joan of Arc）等人的努力下，法軍開始反攻，最後收復了除了加萊（Calais）以外的其他失土，戰爭告終。

77 法國西南部之舊地名，相當於今日吉倫特（Gironde）省以及洛特-加倫（Lot-et-Garonne）、多爾多涅（Dordogne）、洛特、阿韋龍（Aveyron）等省。
78 法蘭德斯爲歐洲西南的一地名，意思是「低窪地」。中古世紀時爲一國家，今日分屬荷蘭、比利時、法國。

切爾克斯彎刀爲高加索地區民族切爾克斯人（Circassians）特有的刀劍。不過說是十九世紀初征服高加索區後的帝俄軍隊使用之配刀恐怕更有名。

刀身彎曲略有弧度，鋒部分備有兩刃，因此切砍突刺均適宜。刀柄爲木製，柄頭有嘴狀突起。

一八三〇年代，切爾克斯彎刀被採用作爲哥薩克騎兵或高加索出身的軍隊使用之標準配刀。爲了供應需求，俄國在外國如佐林根（Solingen）或帕騷（Passau）[74]等地訂作這種刀劍。到了二次大戰時，哥薩克的騎兵隊手中仍舊可見其蹤影。

[74] 兩者均是德國的城市，前者位於德國西部，自古以生產刀具聞名，後者爲南部巴伐利亞（Bavaria）州之城市。

七支刀爲日本人尊奉在石上神宮[75]中的刀劍，劍身向兩旁各伸出 3 個分支，故名。不過神社視此刀爲鉾（hoko），稱之爲六又鉾[76]，無柄。《日本書紀》中有「七枝刀」的記載，不過所指是否切確爲同一物則不明。

七支刀表裡各刻有銘文，表面爲「秦初?四年?六月十　日丙午陽造百鍊〇七支刀生辟百兵〇〇供〇〇〇〇〇作」，背面則是「〇〇〇〇〇有此刀百〇〇也〇〇生聖〇故?爲?〇〇王〇造不〇〇也?」（〇爲無法判別，字後加?者爲推測）。由日期推測，應是指西晉武帝秦始四年六月十一日，不過尚未有定論。

[75] 位於奈良市，宮內也供奉傳說的神劍布都御魂（hutsu no mitama）。
[76] 鉾，即矛之意。六又鉾的意思就是有 6 個分又的矛。

短劍，指的就是比長劍（long sword，別項刀劍44③，44④）還要短的劍。盛行於十四到十六世紀之間，特徵在於由鋒部銳利，向劍柄部分逐漸加寬。主要是步兵使用，顧慮到亂戰時方便運用因此長度縮短，且造得十分堅固。

歐洲史上英國與法國之間的百年戰爭（Hunderd years' war，62④）中，英軍在戰術上讓下級騎士下馬徒步作戰，這種戰士稱作重裝步兵（men-at-arms，63④），其所持的主要武器便是短劍。由於這種戰術收到成效，短劍也隨之發達。

重裝步兵（men-at-arms）

十三～十四世紀的歐洲，有種讓重裝的騎士下馬作戰的戰術。這種戰術的核心人物，也就是重裝的戰士就叫做重裝步兵（men-at-arms）。他們在階級上屬於下層的貴族，因此負擔得起強固的鎧甲與武器。因此隨著騎士們的鎧甲重裝化，這個時代的戰鬥也退化成單純地互毆。但是這些戰場上的寵兒在進入接下來的火器發達時代後，不管裝備多厚的重型鎧甲，受到一擊依舊倒下時，立刻有如泡沫般地瞬間消失了。

衣索比亞鉤劍 **shotel** ショテル

17〜19世紀
非洲北部

長度：75〜100cm　重量：1.4〜1.6kg

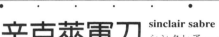

辛克萊軍刀 **sinclair sabre** シンクレアー・サーベル

17〜18世紀
歐洲

長度：70〜90cm　重量：1.5〜1.8kg

禮劍 **small sword** スモール・ソード

17〜20世紀
西歐

長度：60〜70cm　重量：0.5〜0.7kg

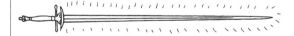

印度葉形鉤刀 **sosun patta** ソースン・パタ

8〜19世紀
印度

長度：80〜100cm　重量：1.2〜1.5kg

　　衣索比亞鉤劍是衣索比亞特有的武器，特徵在於「C」字彎曲的劍身，有些彎曲弧度極大，甚至長的像是鉤子一般，故名。這麼奇特的形狀，其實是基於一種很實用的想法而來。這是設計用來面對以盾防禦的敵人，讓劍身能夠繞過盾牌攻擊到身體。以這種特殊形狀的刀身可以對持盾者做出有效的攻擊。但是相反地，太過奇妙的形狀反而使得這種刀劍無法收在劍鞘裡，不是只能吊在腰帶上就是掛在背上，甚至直接拿著移動。因此反而顯得醒目，老遠就被對手發現而降

低效果。

　　辛克萊軍刀是以一六一二年活躍於挪威的蘇格蘭傭兵隊隊長之名而命名的刀劍。能將整個劍柄包圍住的大型籃狀護手（basket hilt）可說是後世籃狀護手的始祖吧。原本是德國的刀劍，傳入附近的北歐諸國後獲得此一稱號。刀身修長，略微彎曲，大部分帶有假刃（false edge），且刀幅寬，也可說是闊劍（broadsword，別項刀劍16①）的一種。因此多少給人靠重量砍殺的印象。

　　禮劍是十七世紀中葉（一六三〇年）以來，貴族、紳士之間，攜帶刀劍作為裝飾或護身的習慣下，便於攜帶而廣受歡迎的一種刀劍。當時因西洋劍（rapier，別項刀劍56①）作為主要刀劍的地位已經確定，仿其型式但縮小體積而成的就是這種細劍。

　　但是到了十八世紀以後，以英國為首，全歐流行攜帶裝飾非常華麗的刀劍，於是極美麗且高價的細劍也於焉誕生。有些不僅鑲上金銀，甚至還鑲嵌上昂貴的鑽石等貴重的寶石類作為裝飾。

　　而在實用性方面也有顯著的發展，這些禮劍上都備有可用來擋下對手劍身並且進而將之折斷的花式劍柄（swept hilt）。

　　印度葉形鉤刀為一單刃的刀劍，「sosun patta」在梵文中是「百合的葉子」的意思。這是住在印度西部到中央一帶的拉傑普特人（Rajput）的武器，不過其起源應該更古老，外型相信是由古希臘時代的希臘鉤刀（kopis，別項刀劍42①）傳承而來。刀身呈「く」字形，刃部設計在彎曲的內側可以增加切斷時的威力。柄頭像碟子狀，握柄中間膨起，並與十字形的刀護手（quillon）一體成型。這種特徵叫做旁遮普樣式（Punjab style），不僅是印度葉形鉤刀，更是其他印度刀劍

共通的特徵。

羅馬細身騎劍 **spatha, spata**
スパタ

長度：60～70cm　重量：0.9～1.0kg

BC7～AD4世紀
古羅馬

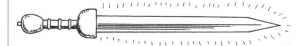

太刀 **tachi**
たち

長度：75～120cm　重量：0.6～1.0kg

鎌倉～南北朝
（1192～1392年）
日本

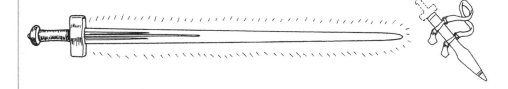

塔科巴長劍 **takouba**
タコーバ

長度：50～100cm　重量：0.6～1.5kg

16～19世紀
非洲北部

菲律賓彎刀 **talibon**
タリボン

長度：50～65cm　重量：0.25～0.4kg

19～20世紀
東南亞

這是**羅馬正規軍的騎兵**使用的刀劍。語源由希臘文中表示「花苞」或「包葉」的詞語而來。或許是因爲古代花苞會讓人聯想到「刺穿」的印象所致。

爲了方便騎兵在馬上能單手使用，所以重量頗輕，且主要用途爲突刺，因此是筆直細身，比當時步兵使用的羅馬戰劍（gladius，別項刀劍30①）略長。

劍的結構與羅馬戰劍並無甚大差異，一樣是劍身銜接護手、劍柄、柄頭的造型。特別的是騎

兵專用這點，或許可以說是有專用目的的刀劍中最早的一種吧。

太刀是具有大幅度彎曲的彎刀。刀身二尺（66cm）以上三尺（約1m）以下的叫做太刀。而二尺以下的叫做小太刀，三尺以上的叫做大太刀。與太刀同類的刀劍是打刀（uchigatana，別項刀劍70④），兩者的差別在於刀鞘。太刀鞘上有金屬環，上繫繩索，繩索穿過腰帶，太刀就這樣吊在腰際攜帶。因此要拔刀時，必須緊握鞘口。基本上是兩手持用，不過馬背上的武士多是單手握刀斬殺敵人。

造型承襲毛拔形太刀（kenukigatatachi，別

項刀劍38③）而來，刀身的彎曲能有效地增加馬背上揮刀的威力，因此這種刀劍的出現相信跟戰爭型態由步兵作戰轉型爲騎馬作戰有關。

塔科巴長劍是操柏柏爾語（Berber languages）的游牧民族—曾經支配過撒哈拉沙漠的圖阿雷格人（Tuaregs）使用過的刀劍。直身、兩面有鋒，護手爲筆直的十字形。劍身有種種型式，有的雖短，但劍身根部卻具有無鋒部分，有的則是在鋒部上具有箭頭狀的突起。

塔科巴長劍外型上看起來與卡斯卡拉長劍（kaskara，別項刀劍36③）別無兩樣，差別在於卡斯卡拉長劍攜帶時揹在肩上，塔科巴長劍則是盤在腰上。

塔科巴長劍傳進來以前，圖阿雷格人信仰的是古猶太教。因此塔科巴長劍恐怕與卡斯卡拉長劍的傳播途徑相同，都是隨著伊斯蘭教 一同流傳進來。

菲律賓彎刀是菲律賓的基督教集團使用的刀劍。鋒部銳利，刀身中央略寬。握柄爲木製向刃部方向彎曲，且上面纏有籐線防止手滑。柄頭的形狀類似箭頭或蛇頭。「く」字形的握柄設計是爲了揮動時讓腕力更能發揮，只需輕輕揮動就可產生不小的切斷力。

菲律賓彎刀原本應該是日常生活上當作柴刀之類的工具，作爲武器使用是從十九世紀菲律賓革命時開始的，農民們手握菲律賓彎刀起來發動革命。

塔瓦彎刀 **talwar, tulwar, tarwar**
タルワール

16〜19世紀
印度

長度：70〜100cm　重量：1.4〜1.8kg

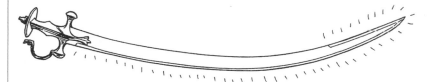

鯊齒劍 **tebutje**
テブテジュ

18?〜20世紀
大洋洲

長度：40〜100cm　重量：0.3〜1.0kg

土耳其大彎刀 **tegha**
テグハ

16中葉〜17世紀
土耳其/印度/波斯

長度：90〜100cm　重量：1.6〜2.2kg

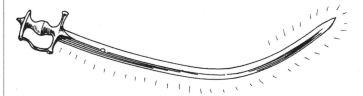

劍 **tsurugi**
つるぎ

彌生〜江戸
（BC334〜AD1868年）
日本

長度：70〜90cm　重量：0.3〜0.5kg

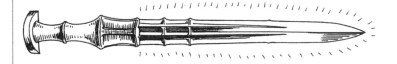

塔瓦彎刀是印度的單刀彎刀。刀柄上有十字形的護手（quillon）以及護手。刀身上有紋飾，如果是王公貴族用的塔瓦彎刀，上面常可見動物浮雕。不過由於這種刀劍很好用，因此不分階級廣泛受到愛用。握柄中間膨起，這是爲了讓使用者握起來更順手的設計。柄頭呈碟狀，造型特殊，這是印度刀劍類的特徵。刀護手與握柄一體成形，這種型式稱做旁遮普樣式（Punjab style）。

後來塔瓦彎刀介紹到歐洲，對當地的刀劍型式產生種種的影響。

鯊齒劍是吉里巴斯（Kiribati）群島[79]特有的刀劍，鋸齒狀的劍身全以鯊魚的利牙做成，非常特別。不過話說回來，說它特別其實也是金屬刀劍文化下的觀點，對於四方環海，具有獨特文化的吉里巴斯人而言，善用現有資源是理所當然的行爲。吉里巴斯群島是十八世紀左右發現的，之前的歷史不明，因此這種刀劍到底從多久以前就開始使用實在難以想像。劍身（？）的形狀不一，有短劍，也有長柄的雙手劍，甚至還有三叉的等等。隨製作者高興任意發揮。

79 正式名稱吉里巴斯共和國，位於中南太平洋的獨立國，由吉柏特（Gilbert）、鳳凰島（Phoenix）、與線島（Line）三大島群所構成，是唯一同時跨越赤道與國際換日線的國家，與台灣時差4小時。

土耳其大彎刀是土耳其人十六世紀中葉開始使用的刀劍。據說是蒙古人傳進來的，在土耳其人使用的彎刀中，彎曲幅度最大的一種。因此彎曲幅度大的刀劍也被稱做「蒙古樣式」。不過土耳其大彎刀使用的歷史並不長，到了17世紀時，這種極端彎曲的大彎刀只剩下土耳其周邊的國家如波斯、印度等看得到。不過這兩國的大彎刀的設計也多少有些不同，印度的刀身根部有無刃部位（也就是所謂的 ricasso），而波斯的則不具有這種無刃刀根。

劍在日本作爲一種實戰兵器來使用大約是從彌生時代中期開始到古墳時代爲止，之後主要用於儀式上或宗教上。基本上切砍刺擊均可，但是實際上用在實戰上時，能用劍的只有極有限的人而已，也就是皇室或貴族的成員。

各劍之間雖有共通的特徵，但其實大小形狀等十分不一，因此《日本書紀》或《古事記》[80]以長度來當作其名，例如「八拳劍」或「十握（totsuka）之劍」等等，拳或握的意思就是指該劍有幾個拳頭的長度。

80 古事記於712年撰成，日本書紀於720撰成，兩書合稱「記紀」，均爲官修史書，但除了歷史以外，當中還保存了大量的古代傳說。

穿甲刺劍 **tuck**
タック

13～17世紀
歐洲

長度：100～120cm　重量：0.8～0.9kg

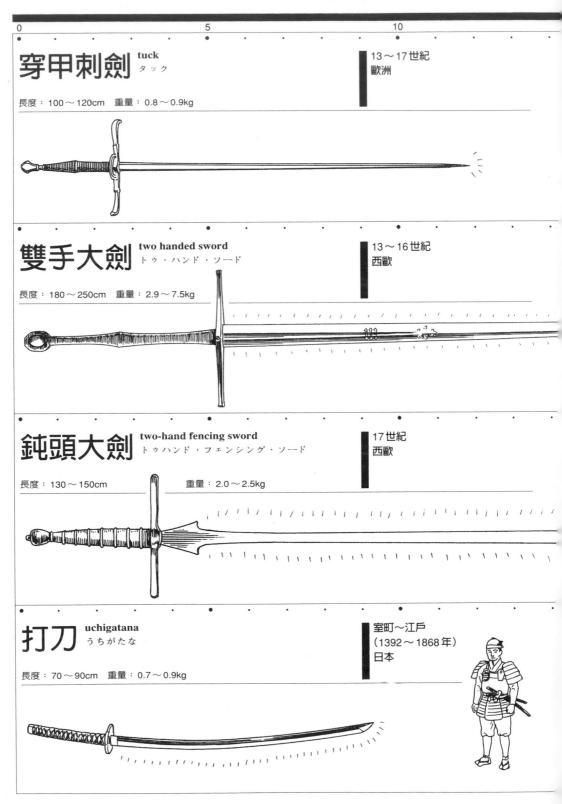

雙手大劍 **two handed sword**
トゥ・ハンド・ソード

13～16世紀
西歐

長度：180～250cm　重量：2.9～7.5kg

鈍頭大劍 **two-hand fencing sword**
トゥハンド・フェンシング・ソード

17世紀
西歐

長度：130～150cm　　　　　　重量：2.0～2.5kg

打刀 **uchigatana**
うちがたな

室町～江戸
（1392～1868年）
日本

長度：70～90cm　重量：0.7～0.9kg

　　穿甲刺劍是專門發明用來對付穿著鎖子甲的敵人的突刺攻擊專用劍，因此別名「穿甲劍（mail-piercing sword）」。原本主要用作輕騎兵的輔助兵器，不過極少數的情況下也用於下馬時與敵人對峙時的兵器。因此握柄做得很長以便兩手使用。

　　這種刀劍大約用到十六世紀，後來隨著鎧甲增強而不再實用，因此從戰場上消失。但是東歐一帶直到十七世紀也還是可見其蹤影，波蘭或俄羅斯的士兵把這種刀劍稱作「knochar」。

　　雙手大劍是超過180cm的大劍，而且正如其名所示，是兩手握著使用的刀劍。由其長度與重量看來，顯而易見地不可能插在腰上。主要的攜帶方式是揹著，不過也有人很粗獷地扛在肩上，至於遠征時就由馬匹或車子運送。

　　起源為德國，大約十三世紀初登場。最盛期是十五世紀中葉到十六世紀末。因為必須要以雙手使用，因此

多半是用於騎士的一對一決鬥時，或者就是充作一般士兵的武器。另外，也在長柄步矛（pike，別項長柄150④）被切斷，不得不作近身戰時使用。

　　本武器特別受到德國與瑞士的傭兵們喜愛。

　　鈍頭大劍是雙手使用的刀劍中，比較不重的一種。主要是為了練習雙手持劍的技術而發明，因此使用的歷史也不長。鋒部平滑不銳利，以切砍為主。雙手持劍似乎相當需要技巧，因此當時留下種種訓練方法的圖畫紀錄。握法類似握日本刀，右手在上左手在下。但是用法上並不作縱向砍下攻擊，而是以斜砍或橫砍為主。

　　打刀，一般直稱為「刀（katana）」，可說是日本刀劍的代表。與太刀(tachi，別項刀劍66②)的形式相同，兩者的差異在於配戴的方式，打刀是把鞘直接插在腰間。因此其彎曲的部分也是配合方便由腰際拔刀做調整。這種彎曲的形式，稱作京反[81]（kyousori），在刀身中央的部分最為彎曲，以利能迅速拔刀。這種形式的刀劍從鎌倉時代就已存在，不過當時較短，且名稱叫做「刺刀（sasuga）」，後來隨著南北朝時期流行長刀劍，刺刀也逐漸變長，於是就發展成太刀與打刀了。到

了室町時代，由於使用方便而廣受歡迎，與脇差（wakizashi，別項刀劍72②）一起別在腰際變得十分普遍。

81 日本刀的形狀彎曲如弓型，因此要測量其彎曲幅度時假想刀根（刀身與護手的交界處）與鋒部之間有一條線，而由刀背最彎曲處到假想線的垂直距離就是「反り」的高度。

維京劍 viking sword
ヴィーキング・ソード

5～12世紀
西歐

長度：60～80cm　重量：1.2～1.5kg

血溝（fuller）

剖面圖

脇差 wakizashi
わきざし

室町～江戶
（1392～1868年）
日本

長度：40～70cm　重量：0.4～0.7kg

隨身劍 walking sword
ウォーキング・ソード

16～18世紀
歐洲

長度：60～70cm　重量：0.5～0.7kg

維京人（Vikings）

　　日語中一般發音成ヴァイキング，不過正確的應該是ヴィキング[82]。這是他們對自己民族的稱呼。實際上受到該族侵略的法蘭克人稱他們作「Nortmanni」，盎格魯薩克遜人稱他們作「ダニ」，日耳曼人則是叫他們作「アスコマンニ」。關於「viking」這個詞的意思有多種說法，如「海上民族」、「住在出海口之民族」、「海豹獵捕者」、「掠奪得手就逃的民族」等。他們使用的船今天稱作長艇（long ship），是一種船幅較寬且吃水線淺的船隻，因此在水淺的河川裡也能航行，得以深入內陸，對當時其他民族造成威脅。

82譯注：這點不知從何而來？英文的發音一般也是發作「ai」。

維京劍是中世紀黑暗時代以北歐爲中心普及到歐洲，主要用途爲切砍的刀劍。劍身造得又寬又厚，這是因爲當時尚無製鋼技術，造得厚一點以增加劍身強度，因此劍身在戰鬥中僅會彎曲而不會折斷。

維京人（Vikings, 72④）認爲劍具有神秘的魔力，彷彿擁有自我的意志，因而對劍以擬人化的方式稱呼。

另外也常見把劍形容成毒蛇的描寫，這是因爲這種刀劍是以多層鍛造法（73④）製成，經過這樣處理而成的劍在表面上會浮現出如蛇般的斑紋。

脇差與室町後期開始使用的打刀（uchigatana，別項刀劍70④）除了在長度上以外，外型上別無任何區別。

脇差的使用可追溯到鎌倉時代開始使用的一種稱作「刺刀」（sasuga）的短刀。這種短刀用於當時步兵在失去主力兵器—薙刀（naginata，別項長柄146①）時或亂戰中長柄兵器無法使用時，是一種在限定的場合下非常有用的武器。刺刀後來逐漸變長發展成太刀（tachi，別項刀劍66②），於是可說在相同目的下用於戰國時代的就是脇差了。之後，武士們習慣同時配戴打刀與脇差於腰際。

隨身劍，又稱巿內劍（town sword），十六世紀起廣泛爲人使用。當時，就算在日常生活中身著鎧甲攜帶盾牌等防具亦不是什麼稀奇之事，當然，隨身攜帶刀劍也是普通的習慣之－。

本刀劍是爲了方便一般市民在日常使用之武器，因此造得重量輕、劍身細，重視實用性，且長度上也重視攜帶的方便性。不過不光是攜帶性，在實戰中爲了能擋下敵人一擊且折斷其刀身，在柄上也做了種種的設計。

到了十八世紀末時，法令規定一般市民不准帶刀劍後，這種刀劍就變成軍人或貴族等階級專用的物品了。

多層鍛造法

多層鍛造法是西洋黑暗時代北歐人創出的，用來製造劍身或槍尖的鍛造法。這種鍛造法雖然單純但很需要耐性，首先把多量的鐵板放入燒紅的炭火中，長時間維持鐵板紅熱狀態。這麼一來鐵片就會吸收碳後，表面變得鋼化。接下來把這些鐵片敲在一起，延展成薄片狀。最後把數片鐵片打在一起並敲出想做的武器形狀來。以這種技術做成的劍身中，鋼化的部分與鐵的部分混雜，於是會呈現類似大理石的紋路。由於這種紋路看起來像是蛇，因此當時的文獻中也經常把劍比喻作蛇。

瓦隆劍

walloon sword
ワルーン・ソード

16～17世紀
西歐

長度：60～70cm　重量：1.2～1.4kg

倭刀

wo-dao
わとう・ウオタオ

明～清（1368～1912年）
中國

長度：80～120cm　重量：0.7～1.2kg

吳鉤

wu-gou
ごこう・ウーコウ

春秋戰國～清
（BC770～AD1912年）
中國

長度：80～100cm　重量：0.7～0.9kg

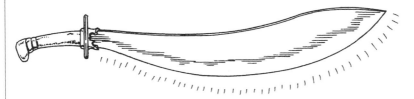

邁錫尼短劍

xiphos
サイフォス

BC15～BC3世紀
古希臘

長度：35～60cm　重量：0.7～1.2kg

瓦隆劍是住在比利時東南部的民族瓦隆人（Walloon）十七世紀左右使用的刀劍。

這種劍的特色是護手具有兩瓣，固定在柄的上面，而尖端則像護手（knuckle guard）一樣呈延伸固定在柄頭上。這種護手叫做貝狀護手（shell guard），是側環發展、變形而成的。這種護手隨著時代演進，上頭的裝飾越來越繁複，比起防禦敵人攻擊的實用效果，其藝術價值似乎更受重視。

護手的相對側有個鉤狀凸起物，這種凸起稱

作拇指環（thumb ring），攻擊時手指抵住這裡可增加施力。

倭刀，如其名所示，指的就是日本刀。日本刀最早傳入中國是在宋代時，不過當時並非作為一種兵器使用，而比較接近收藏品。直到明代才發現作為兵器的價值。

倭刀適於切砍，強韌且質輕。中國人見識到倭刀威力是在十六世紀中葉倭寇侵擾沿海一帶時，當時的明軍主要武器是長柄兵器，面對手持火繩槍與日本刀的倭寇，長柄武器的頭部經常被斬斷而吃了不少苦頭。因此戚繼光等對抗倭寇有功的將領很早採用倭刀作為自軍配備。

吳鉤，顧名思義就是吳國的彎刀。相傳吳國國君發明了這種彎刀，因為威力強大，因此後世將這種武器命名為吳鉤。單刃，刀身寬闊且略微彎曲，而刀柄的部位也可見彎曲，典型的切斷型武器。

彎刀自古以來便是常用兵器，甚至比直刀更常見，使用的時期也長得多。其間有其道理，中國南方河川與山岳交雜地帶，彎刀用作開山前進很實用，而且南方海戰多，在船上彎刀也比直刀運用起來更順手。

邁錫尼短劍為古希臘之邁錫尼文明（Mycenaean civilization）[83]的全青銅製刀劍。著名之代表克里特—邁錫尼古文線形文字乙（Linear B）[84]中也可見「xiphos」這個單字。

這種刀劍的特徵是劍身中央如葉狀膨起，連結劍柄側略細，十分銳利。

這種東地中海地區特有的刀劍，於西元前一五〇〇年左右的克里特—邁錫尼語中就存在了的話，相信使用時間也很長。荷馬（Homer）史詩《伊里亞德（iliad）》[85]中亦有提到「xiphos」一

詞，但是到了古希臘時代則改稱作「帕斯加農（phasganon）」。只不過需注意的是，這個詞也泛指長劍、短劍、小刀等各式刀劍。

83 位於希臘的伯羅奔尼撒（Peloponnese）半島附近，BC1400 年左右達到鼎盛，BC1100 外族入侵而衰退的古代文明。
84 線型文字是 BC2000 年左右通行於愛琴海文明的文字型式，分為甲乙兩種（linear A & B）。甲尚未解讀成功。乙是約 BC1400 ～1150 年間用於書寫的文字，以此寫出的通稱為邁錫尼希臘語或米諾安希臘語。
85 伊里亞德記述的是特洛伊戰爭中，英雄阿基利斯（Achilles）報仇的故事。

土耳其細身鉤刀 **yatagan, yataghan**
ヤタガン

17〜19世紀
中、近東

長度：50〜80cm　重量：0.7〜1.0kg

耳形柄頭

勝利之劍 **zafar takieh**
ザファー・タキエ

15〜18世紀
印度

長度：40〜60cm　重量：0.6〜0.8kg

直刀 **chidao**
ちょくとう，チータオ

西漢〜南宋
（BC206〜AD1279年）
中國

長度：80〜130cm　重量：0.5〜1.0kg

日耳曼雙手大劍 **zweihander**
トゥヴァイハンダー

13〜17世紀
歐洲（原產於德國）

長度：200〜280cm　重量：3.5〜9.0kg

　　土耳其細身鉤刀是土耳其使用的刀劍，其遠祖據說是由古希臘的刀劍希臘鉤刀（kopis，別項刀劍42①）演化而來，不過直接的祖先是印度的刀劍印度葉形鉤刀（sosun patta，別項刀劍64④）。

　　刀身呈「く」字形，刃部位於彎曲內側，這樣的設計能有效提高切斷時的威力。握柄略細，柄頭形狀有兩種，一種近似高爾夫球桿，另一種具有一對耳狀物。

　　由於基本特徵相近，故經常與被誤認成印度葉形鉤刀，但整體說來較為細長，相信是十分好用順手。實際上土耳其軍隊長期採用土耳其細身鉤刀，可資佐證。

　　「zafar takieh」為梵文（Sanskrit）之「帶來勝利之物」的意思，是印度的統治者在民眾面前演說時必定會攜帶的刀劍。

　　特徵是呈T字型的柄頭，看起來就像是手杖一樣。劍身為兩刃，不過亦有單刃的。兩刃的多半造得比較細小，收在劍鞘時看起來跟手杖甚無分別。

　　這類型的**勝利之劍**在蒙兀兒帝國（Mughal dynasty）[86]時期就可見蹤影，不過那時稱作「印度貴族杖劍（gupti aga，別項特殊282①）」，乃勝利之劍的前身，是為統治者緊急時使用的護身武器。

86 或譯莫臥兒王朝，16世紀初～18世紀後半（1501～1775）統治印度北部縉大部分地區的伊斯蘭教王朝，統治者為成吉思汗的後裔。

　　直刀是西漢以來中國長期使用的一種兵器。單刃、刀身無弧度且一體成形。柄頭部分有環，稱作刀輪，也因此直刀也叫做「環首刀」或「環柄刀」。柄上有熟皮纏繞，最高級的直刀用的是鯊魚皮。護手的部位中國古代習慣稱「格」，劍（jian，別項刀劍34②）上頭一般都會有，但是通常直刀上沒有此一設計。這是因為直刀是設計來切砍的武器，並不作刺擊使用。也就是說，格的設計是為了不在握的時候因滑動而傷害到手，而直刀上沒有格就表示使用者不會用刀擋架對手攻擊。

　　日耳曼雙手大劍，當然就是日耳曼人使用的雙手大劍（two handed sword，別項刀劍70②）。因為形狀上有特殊的設計，因此英語圈仍保持其原稱法（zweihander）。所謂形狀的特殊設計，指的是劍身連接柄的部分，有一段比一般的雙手大劍還要長的無刃根部（ricasso）。這種相當於延長劍柄的設計，其實是為了讓士兵方便攜帶大劍上戰場時，或者揹在背上，或者用皮繩捆住扛著走的。而且無鋒劍根較長的話，必要時握著這個部位揮擊威力也能增加，另外在防禦面上也能有效防止針對手部的攻擊。

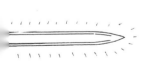

刀劍
各部名稱
（譯名：英文名稱：
日文名稱：中文舊有名稱）

劍身

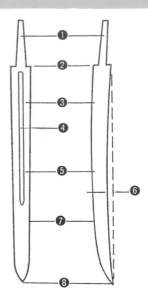

❶柄舌：tang：茎/中子：柄舌
❷劍肩/刀肩：shoulder：刃区/棟
　区
❸劍身最強部位：forte：劍身最
　強部
❹血溝：fuller：樋
❺劍身中間部位：middle
　section：劍身中間部分：脊
❻刀頭/劍頭：foible：しなり
❼刃：cutting edge：刃先：刀
❽鋒：point：切先：鋒

劍

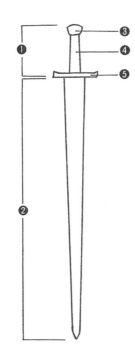

❶柄：hilt：柄：柄
❷劍身／刀身：blade：劍身
　／刀身：身
❸柄頭：pommel：柄頭：首
❹握柄：grip：握り：莖
❺護手：guard：鍔：格

西洋花式劍柄
（swept hilt）

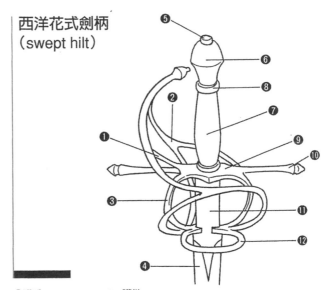

❶護手：knuckle guard：護拳
❷反面護手：counter guard：補助護拳
❸護指環：arms of the hilt：護指輪
❹劍身/刀身：blade：劍身/刀身
❺固定扣：button：止めネジ
❻柄頭：pommel：柄頭
❼握柄：grip：握り
❽箍：ferrule：責金
❾棒狀護手：quillon block：棒狀鍔
❿護手：quillons：鍔
⓫劍/刀根：ricasso：刃根元
⓬側環：side ring：側環

2

七首

西徐亞短劍 **acinaces, akinakes**
アキナス

BC10〜AD1世紀
歐洲

長度：30〜45cm　重量：0.2〜0.4kg

觸角匕首 **antennae dagger**
アンテニー・ダガー

13〜14世紀
歐洲

長度：30cm　重量：0.25kg

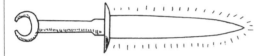

馬來彎柄小刀 **bade-bade, battig, roentjau**
バデ・バデ

15〜19世紀
東南亞

長度：25〜35cm　重量：0.2〜0.3kg

鞘

睪丸匕首 **ballock knife**
ボロック・ナイフ

12〜14世紀
歐洲

長度：20〜30cm　重量：0.4〜0.5kg

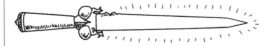

　　西徐亞短劍是一種兩面有刃、劍身寬闊的短劍。原本是西元前十世紀左右西徐亞人（Scythian）[87]或波斯人使用的武器，後來隨著前來地中海東岸殖民的希臘人之手流傳開來。西元前五世紀之希臘史家，同時也是蘇格拉底（Socrates）徒弟之色諾芬（Xenophon）[88]，曾參加過阿契美尼斯王朝（Achaemenian dynasty）時代[89]的波斯內戰。色諾芬著有《遠征記（Anabasis）》，當中也記載了居魯士二世（Cyrus II）[90]的軍隊使用西徐亞短劍。西元前一世紀，古羅馬史家克立維烏斯（Clivius Rufus）之著作《亞歷山大大帝史》中亦提到，這是波斯人與米底人（Median）發明的武器。

87 亦譯作塞西亞人，希臘人稱之作斯基泰人（Skythai）。爲西元前7～8世紀由中亞遷徙至南俄之具伊朗血統的游牧民族。尚武，曾建立起由敘利亞延伸到波斯南部之帝國，西元前6世紀時，曾擊退過居魯士一世的入侵。
88 出生於雅典富有家庭，蘇格拉底之徒。因批評極端民主政治而遭流放。曾於波斯大流士一世（Dairus I）底下之備兵圍服役。此經歷對其著作影響很大。最著名作品爲《遠征記（Anabasis）》。
89 始於前7世紀終於前4世紀之波斯王朝，始祖即爲阿契美尼斯。著名君主有居魯士二世（Cyrus II，BC559～BC529在位）、大流士一世（Dairus I，BC521～BC486在位）、薛西斯一世（Xerxes I，BC486～BC465在位）等。
90 也被尊稱爲居魯士大帝（Cyrus the Great）。阿契美尼斯王朝之開國君主。靠著外交與軍事的手腕開創了一個歐亞的大帝國。其功績至今仍爲伊朗人所稱頌，被尊爲「波斯之父」。

　　觸角匕首是十三世紀中葉至十四世紀間，西歐最普遍的一種短劍。柄頭恰似蝸牛的觸角，或者說像是開了缺口的環，所以被稱做「antennae」（意爲觸角）。同時，「antenna」（天線）的語源由拉丁文中，意思是「環」的「Anulus」而來，因此此短劍的名字同時也意味著柄頭近似環狀。握柄細長，屬較輕型的短劍。護手筆直不太顯著，相信頂多只有裝飾性效果，在實戰中發揮不了什麼作用。

　　柄頭的形狀或許有什麼涵義，但是今日已不得而知。

　　馬來彎柄小刀是馬來人（Malay）使用的單刃細身彎刀。刃部位於彎曲的內側，鋒部銳利。劍柄爲木製，且握柄的形狀於刃部側往柄頭方向逐漸隆起，這種設計符合人體工學，十分好握。而且考慮到揮下時的重量平衡性，柄頭做得較爲沉重。

　　這種短刀的另一種特徵是「L」字形的刀鞘。突出的部分向刃部側延伸，剛好像是從鞘口部分伸出的把手。這種設計下，就算隨便把刀鞘插在腰帶上也不會掉落。

　　睪丸匕首名字中的「ballock」意思就是「睪丸」，這名稱的由來是因爲護手上的兩顆球狀物看起來就像是男子生殖器所致。中世紀時作爲男子專用的匕首，騎士身份的人配戴的武器。劍柄有兩種類型，一種是球狀的護手與柄一體成形，另一種則是金屬製的圓盤接在護手兩側。後者在時代上比較早，約十二～十三世紀就已存在。球狀突起具有擋下敵人攻擊的效果，不過後來則是著重於象徵性意義上而非實用性。

印度鐮刀 **bank** バンク

5?〜19世紀
印度

長度：20〜30cm　重量：0.3〜0.5kg

巴賽拉劍 **baselard, basilard** バゼラード

13〜15世紀
歐洲

長度：30〜50cm　重量：0.4〜0.6kg

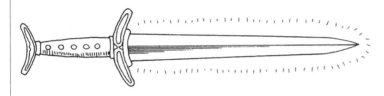

巴塔德匕首 **batardeau** バターディア

16世紀
歐洲

長度：20〜30cm　重量：0.1〜0.15kg

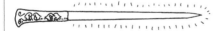

刺刀 **bayonet** バイオネット

16世紀〜現代
全世界

長度：30〜60cm　重量：0.2〜0.4kg

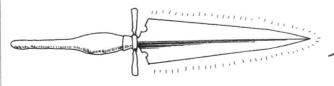

「bank」在印度語是「彎曲」、「使…彎折」的意思，**印度鐮刀**就如同其名字形容的一般，是一種鐮刀狀的武器。刃部位於彎曲的內側，銳利非常。從鐮狀的刀身可窺知，此武器的使用法主要是鉤住敵人後順勢拉扯切下，此時對方的重量與抵抗力反倒加強切斷時的威力。握柄筆直，材質多半是銅、象牙、或木材其中的一種，末端有固定柄舌（tang）用的釘扣。拉傑普特人（Rajput）[91]、蒙兀兒帝國（Mughal dynasty）[92]、馬拉塔人（Maratha）[93]等等，這些爭奪印度半島

霸權的各勢力之下級士兵多半使用這種鐮刀作戰，算是壽命很長的一種武器吧。

[91] 印度中北部各地的土地所有者，自稱屬剎帝利（Kshattriya，武士階級）。9～10世紀建立過數個政權。蒙兀兒帝國統治期他們承認其最高統治權，並位居王朝內的高官。1818年以後則承認英國的宗主國地位。印度獨立後，拉傑普特人的各土邦合併成為拉賈斯坦（Rajasthan）邦。

[92] 或譯莫臥兒王朝，16世紀初～18世紀後半（1501～1775）統治印度北部絕大部分地區的伊斯蘭教王朝，統治者為成吉思汗的後裔。

[93] 印度北部的主要民族，17世紀初對撼動蒙兀兒帝國的統治有功，蒙兀兒帝國名存實亡後組成馬拉塔聯盟（Maratha confederacy）對峙之而來的大英帝國繼續反抗，但於1818年被摧毀。

巴賽拉劍是十三～十五世紀歐洲各地使用的一種匕首。也可歸為短劍（short sword，別項刀劍62③）或是刀劍的一種。

由於歐洲各地均可見其蹤跡，因此隨地域不同，形狀也有了若干差異，大致可分為三個類型。歐洲各國使用得最普遍的是護手部分向鋒部方向微微彎曲，以及護手向鋒部，柄頭向反方向彎曲的兩種類型。但是義大利的巴賽拉劍則是護手與柄頭均筆直平行，與各國使用的形狀大不相同。這種義大利製的巴賽拉劍，在分類上應該屬

刀劍類。

巴塔德匕首是義大利的特殊時候用的短劍。通常與刀劍成一組收納在劍鞘外殼上專用的收納槽裡。

這種短劍的用途主要是送受重傷的同伴或敵軍最後一擊，讓他們較輕鬆地死去。因此不像其他短劍具護手以便於刺入鎧甲的縫隙，劍身筆直細長，鋒部銳利。劍柄設計上的特徵是，柄頭做得略大，類似扇型，以便卡在收納槽口防止掉進裡面，除此之外別無其他特殊處。

不過由於這是騎士（也就是當時的貴族）使

用的物品，因此在裝飾面上頗為重視，柄上的雕刻通常與劍鞘成對且具調和感。

刺刀是裝在槍上接近戰用的短刀。名稱由最初製造的法國都市巴勇納（Bayonne）而來。正式參入實戰大約在十七世紀左右，當初是直接插進槍口中。不過這樣一來對子彈的裝填會造成妨礙，而插在槍管中也會有太鬆或太緊難以拔出的問題產生。因此到了十八世紀時插座式（socket）刺刀登場，這是為了用於布朗貝斯火槍（brownbess musket）上而發明的，劍鋒向前，裝置在槍口的右側。這種刺刀由插座的圓環上橫向延伸一小段，然後再向前彎曲與槍管平行，稱為

「橫肘式刺刀」（elbow style）。

比查克小刀 bichaq
ビチャク

15～17世紀
中亞/印度

長度：20～30cm　重量：0.15～0.2kg

蠍尾劍 bichwa
ビチュワ

15～16世紀
印度中部

長度：30～35cm　重量：0.3～0.4kg

蠍尾劍（發展型） bitchhawa, bich'hwa
ビチャッワ

16～18世紀
印度

長度：30～40cm　重量：0.3～0.5kg

匕首 bi-shou, hishu
ひしゅ，ピーショウ

夏～清
（BC21世紀～AD1912年）
中國

長度：30～45cm　重量：0.1～0.2kg

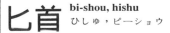
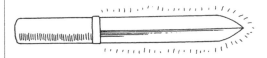

　　比查克小刀是一種單刃細身且筆直的小刀，刀柄靠柄頭的部分向刃部側略微彎曲，這是種讓使用者更好握的設計。圓柱狀的握柄以獸骨或象牙製成，設計簡單，並無特出之處。

　　最早用於土耳其，後逐漸流傳至周邊各國。相信這是隨著戰爭而傳播出去的，因爲十五世紀左右受土耳其侵略的亞美尼亞（Armenia）[94]，或與土耳其交戰過的波斯、以及波斯鄰國的蒙兀兒帝國（Mughal dynasty）時代的印度等等，均可見到比查克小刀的蹤跡，其中尤其受到印度人的愛用。

　　比查克小刀的刀鞘以獸皮製成筒狀，上頭再以銀質帶子斜捲捆成。

[94] 位於伊朗、土耳其北部的國家，爲一歷史古國。古代亞美尼亞之疆域變化極大，曾達到今日土耳其之東北。16 世紀初受鄂圖曼土耳其統治，1921 年加入蘇聯，後 1990 年宣佈獨立，但至今因邊境問題戰火仍然不斷。

　　「bichwa」的意思就是「蠍尾」，**蠍尾劍**如其名所示，有如蠍尾般劍身呈現複雜多重的彎曲。這是印度中部拉維達人使用的武器，劍身材質直接以整個水牛角製成。因此西歐人也把蠍尾劍叫做「牛角劍」（horn dagger）。

　　劍柄的中央部開了洞，使用者就是握這個部分當握柄，本武器也以這種特殊的柄聞名。鋒部是將原本水牛角角尖加工的更尖銳而成，但因爲材質的緣故，因此蠍尾劍上並沒有刃部，突刺爲其唯一攻擊方式。

　　蠍尾劍（bichwa，別項匕首84②）後來進一步的發展，就成了以下的模樣：劍身改以金屬製成，兩面有刃。劍柄做成與刃部垂直的環狀，因此同時具握柄與護手的作用。握柄外側（也就是護手的部位）通常施有種種美麗的裝飾，主題多是印度教中的神祇或圓形的花朵圖案。劍身與原本的蠍尾劍相同，是複雜的多重彎曲，上頭刻有數條溝槽。

　　關於蠍尾劍（發展型）的起源，據說最早是印度邁索爾（Mysore）[95]與海得拉巴（Hyderabad）[96]的居民開始使用。這種短劍無鞘，平常藏在袖子裡，使用時基本上是雙手持用。

[95] 印度西南部卡塔那克（Karnataka）邦之一市。
[96] 原爲印度南部之土邦，今分屬於安得拉（Andhra Pradesh）邦、卡塔那克（Karnataka）邦與馬哈拉施特拉（Maharashtra）邦。

　　匕首是中國人使用的代表性短劍。初期品爲青銅製，戰國時代以後隨鐵器的發明亦改爲鋼鐵製。

　　性質上與其說是一般性的武器，更接近輔助性武器，這點與西歐的狀況幾乎毫無二致。不過在中國，匕首作爲暗殺者使用的隱藏兵器可說是赫赫有名，這點上不論知名度或使用度均可算是No.1吧。

　　暗殺者們使用匕首時或以單手或以雙手持用，有時也會以投擲方式攻擊。但如何隱藏匕首接近欲暗殺的人物才是最需要苦費心思考慮的。

　　這類暗殺者的紀錄有不少保留於史書中，而理所當然地，流傳至今令人印象深刻之匕首使用記錄，其實也等於這些暗殺的記載。

鮑威獵刀 bowie knife
ボウィー・ナイフ

19世紀～現代
北美

長度：20～35cm　重量：0.2～0.3kg

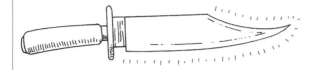

曲拉扭短劍 chilanum
チラニュム

16～19世紀
印度

長度：30～40cm　重量：0.3～0.4kg

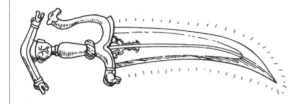

雙重彎曲的劍

秋拉短刀 choora, charay, chhura
チョーラ

14～20世紀
南亞

長度：20～30cm　重量：0.1～0.2kg

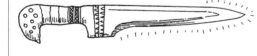

開伯爾山口
巴基斯坦
印度
阿富汗
泰米爾
那德邦

泰米爾鐮劍 chopper
チョーパー

BC3～AD18世紀
印度南部

長度：50～65cm　重量：0.3～0.5kg

　　鮑威獵刀是獵刀（hunting knife，別項匕首90③）的一種，美國西部獵人愛用的短刀。銳利的鋒部與長達二分之一的假刃（false edge）為刀身之特徵。刀柄不長，以獸骨或木材製成，柄舌（tang）插入其中固定。沉重的刀身專門設計用在一對一的戰鬥上，鋒部上翹可增加突刺時的破壞力。

　　這種獵刀是阿肯色州（Arkansas）的拓荒者傑姆斯·鮑威（James Bowie）上校設計的，後靠其弟之手於1830年代普及至全美，並取鮑威之名

以資紀念。鮑威上校最後在1836年與墨西哥軍作戰時，死於德州亞拉摩（Alamo）碉堡。

　　曲拉扭短劍是雙刃闊身且彎曲的短劍。這種特別的彎曲形狀是在中、近東一帶常可見到的典型短劍。握柄細長，劍鍔（quillon）一側彎曲延伸至柄頭附近形成護手（knuckle guard），柄頭為一中間彎折的長棒。

　　曲拉扭短劍是十六世紀時統治印度的蒙兀兒帝國（Mughal dynasty）[97]的士官們攜帶的物品，因此上頭經常鑲得非常精緻華美。

　　另外，與蒙兀兒帝國對抗的馬拉塔人（Maratha）[98]或尼泊爾人使用的曲拉扭短劍劍身

則是成雙重彎曲的形狀，柄頭近似花瓣盛開貌，而護手也同樣地寬闊。

97 或譯莫臥兒王朝，16世紀初～18世紀後半（1501～1775）統治印度北部絕大部分地區的伊斯蘭教王朝，統治者為成吉思汗的後裔。
98 印度北部的主要民族，17世紀初對撼動蒙兀兒帝國的統治有功，蒙兀兒帝國名存實亡後組成馬拉塔聯盟（Maratha confederacy）對繼之而來的大英帝國繼續反抗，但於1818年被摧毀。

　　秋拉短刀類似切肉菜刀，單刃且鋒部尖銳。別名查雷（charay），曲拉（chhura）等。這種短刀是位於巴基斯坦西北部與阿富汗東北部之間，自古以來以戰略要地聞名之開伯爾山口（Khyber Pass）附近居住的馬薩得人（Mahsud）使用的武器，柄頭部向刃部方向彎曲成「L」字形。由這種設計可推測，秋拉應該是種主切砍的武器。

　　本書收錄的刀劍中，與秋拉短刀型式相同的是薩拉瓦短刀（salawar，別項刀劍58②）。兩者間有差別的就只是長短而已，起源等項也均相

同。恐怕過去也是由同一部族使用過吧。

　　泰米爾鐮劍是印度南部廣泛使用的一種長柄鐮刀型短劍。主要是興盛於泰米爾那德邦（Tamil Nadu）[99]一帶的諸多王國與民族在使用，最早可以追溯到西元前三世紀左右。而最近的則是繁榮於十六～十八世紀的維查耶那加爾（Vijayanagar）王國人在使用。多見於古都坦賈武爾（Thanjavur）附近，不過在這的刀身型式不一，勉強要說有什麼共通點的話，恐怕只有全都近似鐮刀狀而已。另外，到了十九世紀英國統治下時，泰米爾鐮劍被視為一種野蠻的武器，但其實原本只是種

用作破林前進的開山刀而已。

99 印度東南部的一邦，面臨孟加拉灣。西元2世紀時該區為泰米爾王國（Tamil Kingdoms）佔領，後來是維查耶那加爾王國（Vijayanagar Kingdom）統治該區。16～17世紀荷蘭取而代之，17世紀初時，英國人在該區建立據點。1653～1948年間使其成為一獨立地區，稱為馬德拉斯（Madras）。1956年設州，首府清奈（Chennai），為印度最早工業化的州。

五指短劍 cinquedea, anelace, anelec, sangdede
チンクエディア

13〜15世紀
歐洲

長度：40〜60cm　重量：0.6〜0.9kg

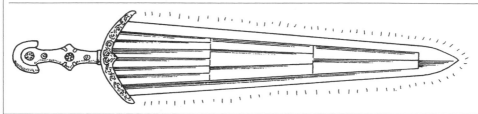

短劍 dagger
ダガー

11〜20世紀
全世界（英語圈）

長度：30cm左右　重量：0.2kg左右

蘇格蘭短劍 dirk
ダーク

15世紀〜現代
英國

長度：15〜25cm　重量：0.25〜0.4kg

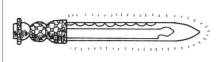

鞘

蘇格蘭高地人

耳柄匕首 eared dagger, estradiot, stradiot
イアード・ダガー

14世紀
歐洲

長度：20〜30cm　重量：0.25〜0.4kg

五指短劍之名是由其劍身寬闊達五指併攏之幅而來，義大利語中，「cinque dita」的意思是「五根手指」，五指短劍其實就是由此轉化而來。如名所示，劍身十分寬闊，上頭刻有裝飾性凹槽。這種凹槽由護手延伸向鋒部，可分為三段，分別刻有四道、三道、二道。此外另一種型式則是不似前項具三個區段，而是由護手向鋒部刻有兩道一貫之凹槽。這整凹槽正是五指短劍的特徵，寬闊的劍身上，施有非常豪華的紋飾與金箔、鍍銅等裝飾。同時，劍鞘也同樣重視裝飾性，經常造得光彩奪目。

「dagger」是**短劍**的總稱，西洋歷史中隨著刀劍的發展，短劍也有種種變化。短劍的形狀有所變化大約從十世紀以後開始，人們開始使用短劍作為攻擊用的武器以後的事情。除了格擋對手的攻擊以外，主要的作用就是突刺。

「dagger」一詞由中古英語的時期（AD1050～1450）就已見使用。語源由古法語的「dague」而來，而此一名詞又可溯及中世紀拉丁文中「dagua」，以及更久以前的拉丁文中「dacaensis」等詞。「daca」表示達契亞（Dacia）[100]的意思，「ensis」則是「～人的」，因此兩者合起來就表示這是達契亞人的刀劍。

100 今羅馬尼亞中西部一帶。

蘇格蘭短劍是英國蘇格蘭高地人（highlander）使用的一種短劍。他們自出生到死亡，隨身攜帶這種短劍絕不離身，除日常生活的利用以外，若有萬一的時候也可當作武器護身。刀背上有裝飾性的鋸齒狀刻痕部分，其實也兼具鋸子的作用。柄以皮革、蔓草根、象牙等材質做成，上施以塞爾特文化的圖案。柄頭呈圓盤狀，有些上頭覆蓋黃銅以防鏽。

十八世紀末時，原本禁止高地人穿著傳統服裝的法令解除，再度復活的服裝上可見的是裝飾得比過去更加豪華的蘇格蘭短劍，柄頭不止包銀，甚至有金質的。

耳柄匕首外型上的特徵是劍身雖兩面有刃但左右並不對稱，兩側刃部一長一短。劍柄細長，護手的部分由兩個小圓環所構成，並且圓環旁刻著深深的凹槽。柄頭分成兩邊，這是為了能在突刺時，改為反手持劍，拇指抵在兩個柄頭中間用力揮下以加強貫通力的設計。柄頭形狀似耳（ear），故此匕首也因之得名。

一般認為耳柄匕首發源於東方，透過貿易往來於地中海三大半島南部的伊斯蘭國家，如西班牙南部與君士坦丁堡（Constantinople）[101]的義大利商人傳入歐洲。

101 土耳其首都伊斯坦堡（Istanbul）之舊稱。

馬來開山刀 **golok, golang, bendo** ゴロキ

16〜20世紀
東南亞

長度：15〜35cm　重量：0.1〜0.3kg

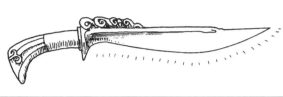

鞘

雙頭彎刀 **haladie** ハラディ

15〜18世紀
印度

長度：25〜35cm　重量：0.2〜0.3kg

獵刀 **hunting knife** ハンティング・ナイフ

16〜19世紀
歐洲

長度：25〜40cm　重量：0.2〜0.4kg

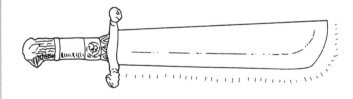

伊庫短劍 **ikul** イクール

17〜19世紀
北非

長度：30〜40cm　重量：0.3〜0.4kg

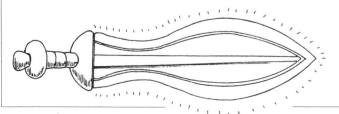

馬來開山刀是馬來西亞使用的開山刀，有時也指小刀，大小不一。主要作為生活上工具使用，例如入叢林時砍除阻礙前進的雜草等用途，而非帶進戰場殺敵致勝的武器。算是柴刀的一種，刃部呈弧線形，中間鼓起。刀柄彎曲，這是一般切砍用刀劍的特徵，不過部分的馬來開山刀鋒部也很尖銳。有些小型的馬來開山刀外型像理髮時使用的剃刀。刀鞘以木製桶狀的最為普遍，鞘口通常有雕刻作裝飾，不過亦有少數刀鞘整體都施以豪華裝飾。

雙頭彎刀是於印度西部及中部建立起數個政權拉傑普特人（Rajput）[102]所使用的非常特殊的短刀。握柄兩端均有和緩彎曲之刀身，鋒部銳利，兩邊的刀身以握柄為中心成點對稱狀。

這種具強烈攻擊性的短刀與使用者之拉傑普特人的興盛而同時進入全盛期。他們於八世紀在印度建立起王國，但是因氏族之分散，其力也隨之消退，因此在十二世紀末伊斯蘭教入侵後被擊退，北印度從此成為伊斯蘭教徒的天下。結果，雙頭彎刀因此傳進伊斯蘭世界中，同時也得到一新的別名―敘利亞小刀（Syrian knife）。

[102] 印度中北部各地的土地所有者，自稱屬剎帝利（Kshattriya，武士階級）。9～10世紀建立過數個政權。蒙兀兒帝國統治期他們承認其最高統治權，並位居王朝內的高官。1818年以後則承認英國的宗王國地位。印度獨立後，拉傑普特人的各土邦合併成為拉賈斯坦（Rajasthan）邦。

小刀（knife．別項匕首96①）是一種刀身單刃筆直，握柄以刀身中央為軸前後形狀不對稱，用途非常廣泛的短兵器。其中，用於狩獵或野戰的大把小刀特稱為**獵刀**。

這種比起家用更適合戰爭的小刀，最早出現於日耳曼民族大遷徙時。他們使用的薩克遜小刀（sax，別項匕首106③）可說是這類小刀的鼻祖。在這之前，雖有農具、漁具轉化成武器的例子，但是像小刀如此普遍的器具轉化成武器應該是在此時開始的。這些由別用途發展而來的武器通常與較長的刀劍搭配使用，插於劍鞘上，稱為狩獵套件（hunting set）。

伊庫短劍是十七世紀興起於薩伊中部的布兒王國（Bushong）巴庫夫人（Bakufu，亦稱庫巴（Kuba）人）使用的匕首。劍身寬闊形似樹葉，劍柄尾端有一顆大型球狀柄頭（pommel），劍身上配合刃部形狀刻有曲線的裝飾。這種匕首是巴庫夫族族長在儀式中攜帶的物品，習俗規定只能以左手持著。「伊庫」（ikul）一名特指劍身為金屬製者，如果是相同形狀但劍身為木製者則稱為「伊庫林姆邦」（ikulimbaang）。

這種短劍在各部落間型式都不太相同，有些在劍身上挖洞掛上銅環，有些則是刻上幾何學圖形。

拳刃 **jamadhar**
ジャマダハル

14～19世紀
印度

長度：30～70cm　重量：0.3～0.8kg

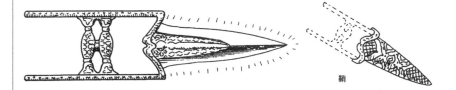

鞘

阿拉伯式匕首 **jambiya, jumbeea, jambiyah**
ジャンビーヤ

17世紀～現代
中、近東

長度：20～30cm　重量：0.2～0.3kg

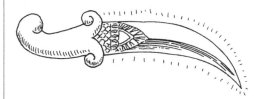

卡德短刀 **kard**
カルド

15～20世紀
中、近東

長度：25～35cm　重量：0.3～0.4kg

卡撻短劍 **katar, kutar**
カタール

BC4～AD18世紀
印度

長度：35～40cm　重量：0.35～0.4kg

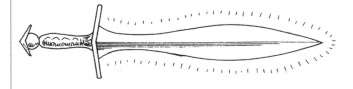

拳刃在西洋經常與卡撻短劍（katar，別項匕首92④）混爲一談。其實這是錯誤的，正確的名字是「jamadhar」。這是一種印度伊斯蘭教徒使用的外型特別的主突刺短劍，除了印度以外的區域並不見使用。不過亦有此種武器受到西方短劍的影響的說法。總之最特別的就在於劍柄的部分，柄由兩跟與劍身平行的棒狀物構成，在這兩跟棒子中間有一到兩根橫木連結，使用時握的就是這個部分。劍鞘以皮革做成，上鑲有貴金屬或木雕等等裝飾。此外較豪華的劍鞘上還整個包上大鵝

絨。

受到這種拳刃的影響，瑪拉塔人發明了該族特有的武器—拳劍（patta，別項刀劍52②）。

阿拉伯式匕首的用途很多，不止限於戰鬥中，也用在宗教性儀式上。起源於阿拉伯，十七～十八世紀時流傳至波斯、印度等地，廣受使用。

在阿拉伯半島上，阿拉伯式匕首是自由人的象徵，阿拉伯式匕首被沒收相當於剝奪其名譽的懲罰。據說有名的阿拉伯的勞倫斯（Lawrence of Arabia）[103] 受阿拉伯人所接納時，同時也被授與阿拉伯式匕首。這表示阿拉伯的人民已經視他爲同伴的意思，是一件非常光榮的事情。握柄多半

以動物的角做成，特別是長頸鹿角製的握柄最爲常見。之所以如此的理由非常單純，阿拉伯人民認爲長頸鹿的黃色很相配而已。

103 本名 Thomas Edward Lawrence。生卒年 1888～1935。英國軍人，第一次大戰期間於阿拉伯地區從事間諜工作獲得極大的成功。一生經歷充滿傳奇色彩。

卡德短刀是波斯的一種小刀，乍看之下非常類似切肉用的菜刀。單刃且鋒部刃部均非常銳利，某些卡德會把鋒部做成圓錐強化，以防突刺時鋒部缺損。

刀劍中有一種與卡德短刀的型式很接近，那就是別名又叫阿富汗小刀（afghan knife）、開伯爾小刀（khaibar knife）或查雷（charay）、曲拉（chhura）等的薩拉瓦短刀（salawar，別項刀劍58②）。事實上，薩拉瓦短刀正是卡德短刀的原型。

十六世紀時透過與蒙兀兒帝國（Mughal dynasty）[104] 的戰爭傳進印度，結果成爲帝國中最爲普遍的小刀。後來印度人把小型可收於懷中的類型稱爲古普特・卡德（gupt kard），鐮刀狀的類型稱爲克姆質・卡德（qamchi kard）。

104 或譯莫臥兒王朝，16 世紀初～18 世紀後半（1501～1775）統治印度北部絕大部分地區的伊斯蘭教王朝，統治者爲成吉思汗的後裔。

卡撻短劍是印度非常普遍的一種短劍，且自上古以來就可見其存在。起源可追溯到亞歷山大大帝於西元前四世紀攻進東方時。另外在很古老的文獻中亦可見到相關記載。但是對西歐諸國的人們而言，說到卡撻短劍時一般聯想到的是本書亦有解說的拳刃（jamadhar，別項匕首92①）。這其實是天大的錯誤。之所以會有這樣的訛誤產生是因爲最早介紹拳刃給西歐人的文獻是根據蒙兀兒帝國阿克巴（Akbar）[105] 大帝編纂的法典《阿克巴法典》（Ain-e-Akbari）而來，但是由於插圖

弄錯了，於是誤會因而產生。卡撻除了短劍型式外，也有較長的刀劍型式。

105 全名 Abu-ul-Fath Jalal-ud-Din Muhammad Akbar，一般尊稱其爲阿克巴大帝（Akbar the Great）。生卒年 1542～1605。爲蒙兀兒王朝最偉大的皇帝，不僅在領土擴張上有貢獻，對藝術文化的發展也不遺餘力。

阿拉伯小刀 **khanjar, kanjar, handschar, kantschar**
クファンジャル

12～19世紀
中、近東

長度：30～40cm　重量：0.2～0.3kg

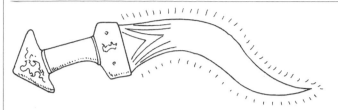

腎形匕首 **kidney dagger**
キドニー・ダガー

14世紀
歐洲

長度：20～30cm　重量：0.4～0.5kg

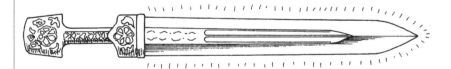

金德加短劍 **kindjal**
キンドジャール

15～19世紀
中亞/南亞

長度：30～55cm　重量：0.4～0.6kg

澳洲石小刀 **kira**
キラ

年代不詳～20世紀
澳大利亞

長度：15～30cm　重量：0.1kg 左右

　　「khanjar」在阿拉伯語中是「切肉用小刀」的意思。刀身呈「S」字型彎曲，上刻有裝飾性紋路。波斯或印度也使用這種小刀，不過起源相信是誕生於土耳其到南斯拉夫一帶。

　　在波斯與印度使用的**阿拉伯小刀**中，初期的一般都做成直身，從十八世紀以後開始可以見到裝飾得非常華麗的小刀出現。刀柄以象牙或水晶裝飾，更顯其華貴。主要是王公貴族當作護身的武器攜於懷中，因此流傳至今的阿拉伯小刀的藝術性價值更勝其武器性價值。

　　腎形匕首是十四世紀時使用的一種匕首，屬睪丸匕首（ballock knife，別項匕首80④）的一種，當時是騎士配戴的武器。

　　「kidney」一詞具有「親切地」的意思。之所以會有這樣的稱呼是因為，這種匕首用在戰爭中見到負傷瀕臨死亡的同伴或敵人時，一刀讓他們能快點輕鬆地死去之故。也因此，後來這種匕首就不用來傷害對手，而是帶著儀式性的目的使用。用法主要是突刺，且只插進鎧甲的縫隙間，並不直接刺往鎧甲上。初期品中，也有些把劍身做成尖角狀，以期增加突刺時的貫通力。

　　金德加短劍是高加索地區特有的短劍，據說是從阿拉伯世界習用的刀劍形狀獲得靈感製成。通常是直身雙鋒的型式，但是也有部分的鋒部是彎曲的。劍身上經常刻有海豹的圖樣，有些也刻著「汝，不分晝夜為我助力」、「叛我者立受其報」、「速速成我劍下魂」等等文句。柄上有寬大柄頭，握柄為柄舌（tang）裝上象牙、木頭等材質，最上頭以金屬製雕有細小紋飾的薄板包捆而成。劍鞘也同樣以銀等材質加以精細雕刻裝飾，做得非常華麗。

　　澳洲石小刀是澳洲原住民特金基里人（Tjingilli）使用的以石頭製成的小刀。劍身以石頭磨利而成，因此與其說作為武器使用，更像是作為剝取毛皮、採收蔬菜、理髮等日常生活上使用的工具。大小並不大，差不多剛好可收入口袋中的程度，很輕便的小刀。刀身與握柄間用橡膠樹脂黏合，而且到最近也還是以此原始製法做成。劍身形狀隨各氏族不同而各有特色。另外，握柄的部分多以黃、黑、白塗料描上點狀花紋作為裝飾。

小刀 **knife**
ナイフ

BC10世紀〜現代
全世界

長度：5〜30cm　重量：0.1〜0.4kg

印尼鈎刀 **korambi**
コラムビ

16〜20世紀
東南亞

長度：15〜20cm　重量：0.1kg左右

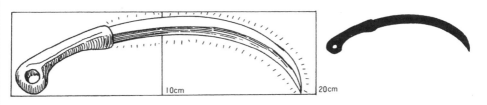

小柄小刀笄 **kozuka-kogatana-kōgai**
こずかこがたなこうがい

古墳〜江戸
日本

長度：10〜20cm　重量：0.1kg左右

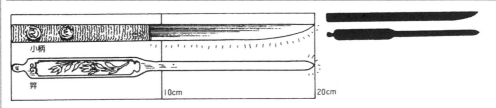

波形短劍 **kris**
クリス

8?世紀〜現代
東南亞

長度：40〜60cm　重量：0.5〜0.7kg

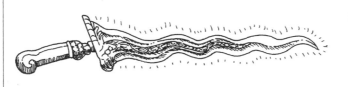

鞘

　　小刀的特徵爲筆直單刃，柄的形狀前後不對稱。是一種最普遍的短兵器，廣泛地地用於各種用途上。小型的多用於家庭，大型的則用於狩獵或野戰上。

　　小刀（knife）這一名詞也用來指涉石器時代之具單刃或雙鋒的銳利石刀，但實際上眞正稱得上小刀的刀器大約要到維朗諾瓦文化（Villanovan culture）[106]中的剃刀。不過這時的刃部或直或曲，型式並不一定。等到鐵發明之後，柄與刀身開始分別製作，柄多半使用動物的角或較堅硬的木材，再不然就是不同於鐵的別種金屬製成。

---

[106] 義大利早期鐵器文化，約由 BC10 世紀到 BC7 世紀，後期吸收了埃特魯斯坎人引進的希臘文化而受影響消失。

　　印尼鉤刀是蘇門答臘島或蘇拉威西島上使用的刀身彎曲如鐮刀的一種短劍。以切砍爲主，不過有些印尼鉤刀也做成雙刃。體積不大，輕巧好拿，劍柄末端配合握時手部形狀做成球根狀隆起，上有開洞可穿上繩索。

　　一般而言，鐮狀刀劍以鉤住對手，拉開時順勢切砍的戰法最適合。但是雙鋒的印尼鉤刀也可用刺入、挖起的方式攻擊，爲了配合這種戰法，劍身上有些有補強用峰，也有的劍身直接做成菱形強化。

　　小柄小刀笄是日本刀上的配件之一。「小柄（kozuka）」「小刀（kogatana）」「笄（kōgai）」各指不同的配件。

　　這些配件裝在鍔刀或鞘卷[107]的刀上，最早由古墳時代就已經開始使用。在戰場上則是當作今日小刀的用法般使用，室町時代開始把柄與刀身一體成形的小刀稱作小柄。笄原本是修整頭髮，搔頭皮癢用的器具之一，不過在戰場上也用來插在砍下來的頭上以爲標示。

　　原本的規定是戰場上插上小刀，營隊中插上笄，但是應仁之亂[108]後規定也逐漸荒廢，不再有區別。有些笄做成雙叉狀，這種的特稱爲叉笄[109]。

---

[107] 鍔刀指的是有護手的日本刀，而鞘卷則剛好相反，指無護手的短刀。
[108] AD1467 年起持續 11 年的大戰。起因複雜，主要與室町幕府將軍足利義政的後繼問題及管領之斯波、畠山兩家的鬥爭有關。日本因而分成東西兩勢力長期爭鬥，京都因此嚴重荒廢，而幕府權威亦因而墜地。是後來戰國時代到來的重要原因。
[109] 「又」（mata）在日文中指分叉的意思。

　　波形短劍是馬來人特有的武器，「kris」在馬來語中就是「短劍」的意思。

　　根據傳說記載，波形短劍起源於爪哇，是十四世紀強哥羅國國王伊庫短劍那德·峇里發明的武器。但實際上最遲在印度教各王朝興盛的八世紀以前波形短劍就已經存在了。

　　波形短劍每一把都具有其獨特的意義，其形狀與雕飾與馬來民族的神話、儀式與神秘主義有關，所以馬來人相信波形短劍具有保護自己、防止邪惡力量入侵的力量。

　　在漫長的歷史中，波形短劍在構造上、裝飾上不斷經過粹鍊而變得非常複雜，在上頭有許多神秘的象徵與裝飾。因此波形短劍被視爲世界上最洗鍊的武器之一。

廓爾喀彎刀

kukri, cookri, kookeri
ククリ

年代不詳～現代
尼泊爾

長度：45～50cm　重量：0.6kg

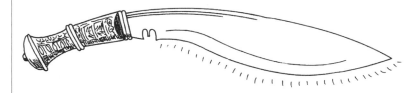

穿甲匕首

mail breaker
メイル・ブレーカー

15～17世紀
歐洲

長度：30～40cm　重量：0.2～0.3kg

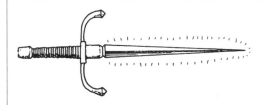

左手用短劍

main gauche
マン・ゴーシュ

15～18世紀
歐洲

長度：30～40cm　重量：0.2～0.4kg

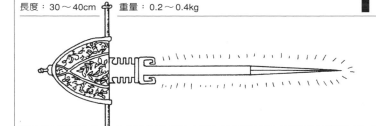

馬來短劍

mandaya knife
マンダヤ・ナイフ

16～20世紀
東南亞

長度：30～40cm　重量：0.2～0.5kg

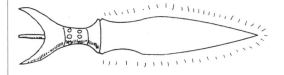

鞘

廓爾喀彎刀是尼泊爾廓爾喀人特有的彎刀。一般作爲深入叢林時，砍伐草木打開山路的開山刀使用，不過殺傷力也非常驚人。用起來不需多大力氣，因爲其形狀之設計能使刀刃的重量在砍下時會傳達到刃部處增加切斷力。

尼泊爾的社會非常重視這種彎刀，由材質與裝飾就能看出所有者的社會地位與權勢。

形狀起源據說由希臘的刀劍而來，單刃且刀身彎曲，刃部靠近握柄部分有個小凹槽。這個凹槽象徵著女性的性器，尼泊爾人認爲凹槽能增加刀刃的威力。柄通常以硬木或象牙製成，有些柄做得筆直且無護手。

穿甲匕首是流行於歐洲文藝復興時期的匕首，「mail breaker」意思就是「穿甲器」。這時候的鎧甲尚不完備，對於鎖子甲類型的鎧甲或皮鎧用尖銳的武器甚至可以完全穿透，穿甲匕首就是基於這種考量而發明。

劍身有圓棒、四角、三角等類型，初期品尖端多爲兩面有刃。重視實用性，隨時代與土地的不同，類型也是各式各樣。柄頭並不明顯，說它只是握柄的一部分也不爲過。這是因爲，這種武器以突刺爲唯一目的，護手的設計雖有其必要性，但柄頭則是可有可無。

「main gauche」在法文中的意思就是「**左手用短劍**」，基本上是不持劍的手使用的武器。劍身堅硬，經常與佩劍在構造上、裝飾上成對製成。護手長且筆直，有的則是朝劍身方向猛然彎曲，這種設計基本上是爲了能更容易擋下對手的攻擊。從柄處垂直突出的側環（side ring）是爲了保護手指的設計。

造型特殊的左手用小刀不少，有的是拇指一按按鈕刀身就會分成三叉，有的則是只有刀身根部成三叉狀，這種類型的刀根可以用來夾住對手的劍並進而折斷。或者是刀根上一節一節的梳子狀造型，全部都是這種構想下的產物。

馬來短劍是刀劍中的馬來獵頭刀（mandau，別項刀劍46④）小型化後的短劍。馬來原住民達雅克各族中，屬陸達雅克人的比達友人（bidayuh）使用。這種武器劍身十分沉重，這是因爲馬來短劍功用是當作柴刀所致，刀身似樹葉略微彎曲，兩面有刃。握柄以堅硬木材或象牙、獸骨等製成，柄頭以鳥羽裝飾。握柄上有「L」字形突起，可隨手插上腰帶也不怕掉落。

不同於馬來獵頭刀，這種短劍基本上只當作工具使用，不過若有緊急狀況時也還是可以成爲武器。

0 5

慈悲短劍 **misericorde** ミセリコルデ

14～15世紀
西歐

長度：25～35cm　重量：0.1～0.2kg

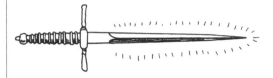

塞浦路斯鐮刀 **novacula** ノバキュラ

BC7～BC5世紀
古代地中海地區

長度：20～30cm　重量：0.3～0.5kg

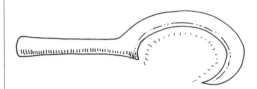

印尼彎柄短劍 **palitai, palite** パリタイ

17～20世紀
東南亞

長度：30～40cm　重量：0.2～0.3kg

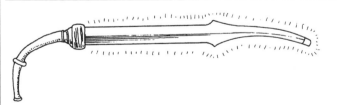

菲律賓闊頭刀 **panabas** パナバス

17～20世紀
東南亞

長度：50～60cm　重量：0.3～0.4kg

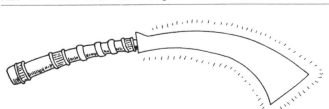

100

慈悲短劍是十四世紀到十五世紀英法兩國廣為使用的一種短劍。若問為何稱作「慈悲」，這是因為騎士上戰場時必定會攜帶這種短劍，當遇到落馬或戰鬥中受重傷的人時，以此給予最後一劍令其解脫。因為是這種用途，因此命名為「misericorde」，也就是法文中的「慈悲」之意（英文則作「mercy」）。

劍身為一細長棒狀物，斷面形狀多為菱形、四角形、或三角形。關於這種形狀很多人經常誤解，事實上還是由鎧甲的接縫或縫隙中刺入，絕對不是用來直接刺穿鎧甲用的。

塞浦路斯鐮刀是古代塞浦路斯（Cyprus）[110]島上使用的刀身如鐮狀彎曲的短刀，亦有一部分的刀身呈鉤子狀。刀身以青銅製成，刃部位於彎曲的內側，除當作武器使用以外，也可以用作收割穀物的工具。使用法有鉤住對手後順勢切砍與揮下以鋒部部分刺擊等。刀身與握柄一體成形，因此可以推測上頭應纏有皮革等物直接當作握柄。因為考古發掘出的塞浦路斯鐮刀的柄舌（tang）既沒有與握柄類的東西組合過的痕跡，且也不細長，應該不是嵌入式的柄舌。

「novacula」一詞是基於一八三二年發掘出來之古代塞浦路斯人的遺物之發音板判讀而成。

110 位於地中海東部，土耳其與敘利亞西岸附近的島國。

靠近蘇門答臘島中部西岸印度洋側有明打威（Mentawai）群島，當中之最大島西比路（Siberut）島島民使用一種叫做**印尼彎柄短劍**之特殊外型的短劍。劍身具雙鋒且筆直，但是靠鋒部側約三分之一的部分突然變細且略微彎曲，同時握柄也很特別，呈細長直角彎曲狀。

明打威群島由西比路島以及錫波拉島（Sipora）、北帕吉島（Pagei Utara）、南帕吉（Pagei Selatan）等島所構成。西比路島的文化受附近的尼亞斯島（Nias）影響很深，印尼彎柄短劍這種特殊的短劍可以說就是在文化交融的環境下產生的。

附帶一提，「明打威」在當地人的語言中意思是「男子」的意思。

菲律賓闊頭刀是分佈於菲律賓的蘇祿群島（Sulu Archipelago），巴拉望（Palawan）島南部，民答那峨群島（Mindanao）西部到南部一帶的摩洛人（Moro）[111]廣為使用的一種短刀。

鋒部部位形狀類似琴撥子。刀身中央部位呈「く」字形，或者是和緩的彎曲狀，劍柄略長，以利揮舞揮下時能發揮威力。鋒部之所以設計得寬闊的原因是揮動時可以省下無謂的力量。握柄為木製，雖然長度做得較長，但基本上這是單手持用的武器。柄上有以青銅製成的環圈層層扣上補強，以防揮下時的衝擊讓握柄折斷。

111 菲律賓南部信仰伊斯蘭教的民族，約佔菲律賓人口5％。在人種上並非與菲律賓人截然不同，但卻因宗教信仰之不同而經常受到迫害。

擋格短劍 **parrying dagger**
バリーイング・ダガー

長度：30～40cm　重量：0.3～0.4kg

| 15～18世紀 |
| 歐洲 |

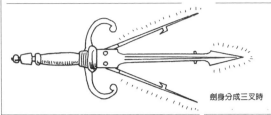

劍身分成三叉時　　　　　　收攏時

佩什喀尖刀 **pesh kabz, peshcubz, peshqabz**
ペシュカド

長度：28～36cm　重量：0.3～0.4kg

| 15～19世紀 |
| 中、近東/印度 |

法術匕首 **phurdu**
パーブ

長度：20～30cm　重量：0.2～0.3kg

| 13?～20世紀 |
| 西藏 |

科達古小刀 **pichangatti**
ピチャンガティ

長度：18～30cm　重量：0.3～0.4kg

| 16～19世紀 |
| 印度南部 |

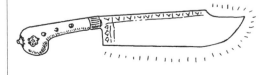

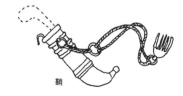

鞘

擋格短劍最早於十五世紀末葉登場，是一種防禦性武器。十六世紀初時，騎士間以公開比武方式進行的儀式性決鬥成為歷史，取代之興起的是貴族或士兵用來解決爭執的私鬥。私鬥是不限時間與場所的，因為不知何時會與人起爭執，因此隨身劍（walking sword，別項刀劍72③）或西洋劍（rapier，別項刀劍56①）成了日常生活必須攜帶的物品。且為了能擋格（parry）對手的攻擊，自然也需要一些防禦性的器具，如圓盾短劍之類。最初是以手套、披風或劍鞘來代替，後來使用短劍防禦成了主流，於是擋格短劍這麼誕生了。

佩什喀尖刀是波斯與北印的特有短刀，不過波斯人稱之為「karud」。除了兩地以外，土耳其也使用這種武器，可以說幾乎從小亞細亞到印度北部均可見其蹤影。

特徵在於刀身，如果將握柄與刀身交接處作切面的話，可以發現橫剖面的形狀為「T」字形[112]，而刀身整體則是呈「S」字形彎曲。單刀且鋒部非常尖銳，鋒部有的做成雙鋒，有的則是做成圓錐狀。握柄多半十分沉重，並以象牙作裝飾。護手口附近有精美的雕花者多半是上流階層使用的物品。彎曲的刀身對鎖子甲類（mail armor）的鎧甲很有效，上翹的鋒部其實隱含著高度的危險性，在刺入的同時能擴大傷口。

112 從插圖上可能不易看出，如果由鋒部正前方觀看會發現，刀背接近握柄處有與刀身垂直的補強，因此橫切面恰似「T」字。這種設計當然是為了增加刺擊時刀身的堅固性，另外上翹的鋒部其實對刺入時擴大傷口也很有幫助。

法術匕首是西藏人使用的與眾不同的一種匕首。又叫做「幽靈匕首」，因為西藏人認為持有這種匕首者可以不受惡靈的侵襲，具有護身符的作用。

全體外型像是一個美術品般，為一三面佛雙手攤開的形狀，或是柄頭就是三面佛頭。有些上頭還雕有龍、猛獸等裝飾，種類非常豐富，可說每一個都不相同。劍身跟箭尾形狀類似，由三到四個瓣組成。這種形狀的劍身如要攻擊恐怕就只能突刺而已了吧。材質主要以青銅做成，極少數也有木製的。

科達古小刀是印度東南部民族科達古人（kodagu）[113]使用的小刀，帕米爾諸語（Pamir Languages）中「pichangatti」的意思就是「小刀（hand knife）」。刀身寬闊但只有鋒部部分為雙鋒，十分尖銳。柄頭呈圓球狀鼓起，恰好與細長的握柄成一對比。刀身上鑲有細緻的紋飾，刀鞘的鋒部部分彎曲翹起，並施以金銀的裝飾。

科達古人在山裡居住，英國統治此地時他們也被稱作庫格人（coorg）。此一民族優秀的軍人輩出，有尚武的傳統。因此男子正裝打扮時，必定會把科達古小刀插在帶上，並且以豪華的裝飾來誇耀自己的武勇。

113 為今日卡塔那克邦境內之民族。

僧伽羅小刀 **piha kaetta**
ピハ・カエッタ

13～20世紀
南亞

長度：15～30cm　重量：0.05～0.2kg

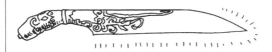 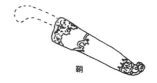

鞘

西洋匕首 **poignard dagger, poniard**
ポニャード・ダガー

16～19世紀
歐洲

長度：30cm　重量：0.3kg

羅馬配劍 **pugio**
プギオ

BC1～AD5世紀
古羅馬

長度：20～30cm　重量：0.1～0.2kg

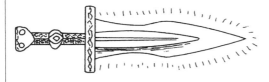

喀瑪短劍 **qama, khama**
クマ

16～18世紀
中亞

長度：25～30cm　重量：0.2～0.3kg

104

僧伽羅小刀是佔了斯里蘭卡（Sri Lanka）總人口數75％以上的僧伽羅人（Singhalese）[114]使用的短刀。刀身形狀略呈「く」字形，刃部位於「く」字形的內側，刀柄也成相同形狀彎曲。鋒部多為雙鋒，刀身寬約12mm～25mm。握柄部分以金屬製成，柄上可見層層環繞的繁複裝飾以釘狀物固定。這些多半以銀或黃銅製成，而通常刀身上也會延續柄上的裝飾，以黃金蝕刻其上。更豪華的甚至用水晶嵌上，周遭圍繞黃金作裝飾。刀鞘基本上以木材製成，但也同樣以銀等材質作裝飾，美麗程度亦不下刀身。

114 亦作「Sinhalese」，為斯里蘭卡最大的種族。據說其祖先來自印度北部。信仰佛教，社會階層分明。

「poignard」一詞在法文中意思就是**匕首**。約十六世紀傳到英國，此後成了小型短劍的名稱。刀身細長，但是橫剖面呈正四角形，並在四個邊上刻上溝槽強化刀身結構。鋒部則是做成水滴狀來強化。

這種匕首與西洋劍（rapier，別項刀劍56①）相同用在決鬥上，是一種殺傷能力很強的武器。全盛期是十六～十七世紀中葉左右。攜帶時水平地插在腰帶上慣用手側，具體來說就是腰的斜後方，這種配法是為了能在慣用手握西洋劍時，必要時立刻能以另一隻手拔出匕首之故。

羅馬配劍是古羅馬士兵使用的一種短劍，雙刃且劍身寬闊。

原本羅馬軍的士兵並不裝備這種短劍，相信是受到西班牙同盟軍的影響而開始配備的。根據希臘的著名史家波利比奧斯（Polybius）[115]之記載，西元前三～二世紀到凱撒（Julius Caesar，BC100～BC44）被暗殺的西元前一世紀為止，短劍並非軍隊的標準配備，一般的士兵並不使用這種武器作戰。但是從共和制轉移到帝政時代之時，由鎧甲上的金屬帶子與短劍的插鞘一體化可得知，這種短劍在那時已經變成標準配備了。此後成為一種輔助性武器長期為人使用。

115 生卒年BC200～BC118，希臘政治家之子，因政治因素被當作人質送往羅馬。著作為記錄羅馬興起之史書40巨卷，可惜今日僅餘5卷。

喀瑪短劍是金德加短劍（kindjal，別項匕首94③）在喬治亞（Georgia）[116]語的名稱，外型的特徵可說幾乎完全相同。不過比起金德加短劍，大小更小一號，且柄頭也略有不同，有圓頭或尖頭等型式。

喬治亞人以敵對關係的高加索區各族使用的金德加短劍為藍本完成了喀瑪短劍，也因此喀瑪短劍雖然是喬治亞人的武器，卻也經常被認為是高加索的特有短劍，與金德加短劍一起廣佈至周邊如印度波斯等各國各民族。

外族製作的喀瑪短劍除了維持原有的外型，經常上頭施有許多豪華的裝飾。

116 位於高加索山脈與黑海東南岸之一共和國。自古以來長期受鄰近異族入侵與統治。1801年遭俄國併吞後，直到1917年曾短暫獨立，後加入蘇聯。1991年蘇聯瓦解時又再度獨立。

環柄短劍 **ring dagger**
リング・ダガー

14世紀
歐洲

長度：30cm　重量：0.25kg

圓盤柄短劍 **roundel dagger, rondel dagger**
ラウンデル・ダガー

14～16世紀
歐洲

長度：30cm左右　重量：0.3kg左右

薩克遜小刀 **sax**
サクス

BC5～AD10世紀
西歐

長度：30～40cm　重量：0.2～0.3kg

色雷斯鉤刀 **sica**
シカ

BC6～BC1世紀
古希臘

長度：20～30cm　重量：0.2～0.4kg

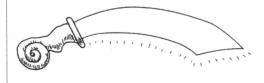

　　環柄短劍是觸角匕首（antennae dagger，別項匕首 80 ②）的發展型。所謂的「環（ring）」指的是柄頭由一個大環構成，作用是可將鎖鏈鎖在上頭，另一端連結於鎧甲上。這樣一來在戰鬥中也不會失掉短劍。這可說反映出當時的戰鬥是多麼激烈吧。另外，一般人也使用這種短劍，他們把繩子綁在環上，以防止收在懷裡的短劍不小心掉落。

　　十四世紀中葉左右出現，但是在該世紀的終末就失去蹤影，壽命可說非常短。但是這種特殊類型的武器其實在拉登文化（La Tene Culture）[117]中就出現過類似型式的武器了。

117 約 BC500 年～西元前後的中歐西歐早期塞爾特鐵器文化，得名於瑞士西部之拉登遺址。分佈地帶為奧地利、法、英等國。繼承哈爾施塔特文化而來，後被羅馬文化取代。

　　圓盤柄短劍的特徵就是握柄兩端，也就是護手與柄頭，各由一片圓盤所構成。這種圓盤的大小大約只比硬幣大一圈，握柄恰好通過圓盤的圓心。原本說來，這種形狀的短劍自青銅器時代就已經存在，較古老的類型握柄為圓桶狀，原本沒有柄頭或護手，不過為了增加刺擊的推力加上了前方的圓盤。後來握柄逐漸變長，握柄末端的圓盤逐漸加大，另一方面與劍身交接側的圓盤卻逐漸縮小。十四世紀左右出現，圓盤與劍身的形狀隨著時代而逐漸改變。十五～十六世紀左右，鋒部磨圓的類型在德國十分常見。

　　薩克遜小刀是薩克遜民族特有的小刀，從青銅器時代到哈爾施塔特文化（Hallstatt Culture）[118]之間，其原型已經發展。隨著鐵器文化的進展，接下來的拉登文化（La Tene Culture）[119]中，薩克遜小刀的型式漸趨完成。四～六世紀日耳曼蠻族大遷移時到中世紀初期，他們的左腰上通常配戴著長劍與薩克遜小刀。這可從日耳曼民族各個部落的戰士墳墓挖掘出的陪葬品中得到證明。長短不一，當中也有刀劍型式的，不過隨著日耳曼民族開始崇尚騎士道的同時，刀劍型的薩克遜刀也消失，轉而成為日常生活用的刀具。主要作為生活常用的小刀與長劍、擲槍搭配，作為騎士們的野戰裝備使用。

118 西歐及中歐之早期鐵器文化，因奧地利的哈爾施塔特遺址而得名，該文化存在時間約為西元前 1000 年～前 450 年。
119 約 BC500 年～西元前後的中歐西歐早期塞爾特鐵器文化，得名於瑞士西部之拉登遺址。分佈地帶為奧地利、法、英等國。繼承哈爾施塔特文化而來，後被羅馬文化取代。

　　色雷斯鉤刀的起源據說是色雷斯（Thrace）[120]到伊利里亞（Illyria）[121]一帶發明的，不過萊因河跟多瑙河以北地區的人們也熟知此一武器。西元前六～四世紀的希臘人只要是彎刀不是叫做希臘短刀（macaera，別項刀劍 46 ①）就是稱做希臘鉤刀（kopis，別項刀劍 42 ①），但是在進入希臘化時代（Hellenistic Age）後，因色雷斯人與伊利里亞人的殘暴行為，使得「色雷斯鉤刀」一詞成了這種武器型式的代表。比如說在關於西元前一世紀於亞德里亞海沿岸燒殺擄掠的伊利里亞海盜的記載中，或是關於專業的殺人魔的記載中，均可見到「色雷斯鉤刀」一詞的使用。可見，對於當時自認是文明大國的希臘人而言，這把短刀就代表了「野蠻」兩字吧。

120 巴爾幹半島東南部之一地區。歷史上色雷斯的範圍不一，希臘時代指的是多瑙河、愛琴海、黑海之間的地帶。古色雷斯人據說驍勇善戰，文化上好詩歌與音樂。西元 1 世紀左右納入羅馬版圖中。
121 巴爾幹半島古國。BC10 世紀左右起屬印歐民族一支之伊利里亞人就居住在此。羅馬時代專門打劫其船隻，經過一連串戰爭後被羅馬征服，BC168 年時成為羅馬行省之一。歷經長期的發展後，成為今日之阿爾巴尼亞（Albania）。

短錐

stilletto, stylet
スティレット

16〜19世紀
歐洲

長度：20〜30cm　重量：0.1〜0.3kg

折劍匕首

sword breaker
ソード・ブレイカー

17〜18世紀
歐洲

長度：25〜35cm　重量：0.2〜0.3kg

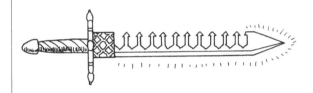

短刀

tantō
たんとう

古墳〜江戸
（BC238〜AD1868年）
日本

長度：30cm以下　重量：0.3kg左右

十字柄短劍

telek
テレク

11〜20世紀
非洲

長度：30〜45cm　重量：0.2〜0.25kg

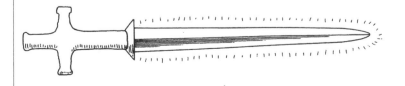

短錐指的是劍身細長尖銳，有如錐子的短劍，將這種劍身橫向切開就可發現，剖面形狀為三角形或四角形。「stylet」一名由在蠟版上書寫文字時使用的工具「stylus」而來。

由於便於攜帶，且可用於刺傷他人，因此基於維護都市和平的理由經常禁止市民攜帶。

但是無視於禁止的命令，事實上短錐仍舊廣受使用，理由是當時一般市民為了自我防衛，身上經常穿著較輕便的鎖子甲或皮甲。細長尖銳的鋒部對這些鎧甲仍能做出有效的攻擊。

折劍匕首是因為火器發達，重鎧無用後，攻擊與防禦均靠刀劍進行的狀況下興起的一種短劍。那是一個以劍格擋對手的攻擊，進而借力使力撥開後伺機反擊的時代。在這種時代出現的折劍匕首就是配合時代潮流的武器，當時人們使用的多為輕量細長的劍，因此使用折劍匕首的目的不僅為了擋下，更想進一步折斷對手的劍身。因此這種匕首的造型非常複雜，全盛時期發展成近似梳子，設計上有諸多巧思的形狀。梳子型的折劍匕首到了今天已經成為這類武器的代表。

短刀是日本人對約30cm左右的小刀的總稱。隨著戰場上以大刀為主流，習慣以短刀作為輔助的武器隨身攜帶，這類型的武器在日本以稱作「刀子」（tosu）的武器為最早。短刀的歷史與刀劍的歷史有相重疊之處，鎌倉時期出現的刺刀（sasuga，短刀的一種）發揮其威力，也使得人們對短刀的功用有高度評價。當時以長柄兵器為主武裝的士兵在混戰中會改使用刺刀護身，因此後來隨身攜帶一把短刀就成了習慣。戰國時代則是在掛配太刀的相對側配一把叫做馬手差（metezashi）[122]的短刀，或者配帶鋒部更尖細，適合實戰使用的鎧通（yoroidooshi）[123]。來到和平的時代後，短刀的歷史也還尚未退去，身份高貴的武士日常在腰際會配戴腰刀，婦女隨身也會於懷中攜帶短刀護身。

[122] 「馬手」是持韁繩之手，也就是右手。通常配刀配在左手邊，不過「馬手差し」是為適合亂戰，配在右腰際以便於快速拔出的短刀。
[123] 「通し」是穿透的意思，因此「鎧通し」即穿甲用刀之意。這是一種無彎曲，長約30cm左右的短刀。

十字柄短劍是操柏柏爾語（Berber languages）的游牧民族——曾經支配過撒哈拉沙漠的圖阿雷格人（Tuaregs）使用的特殊短劍。直身，兩面有刃，握柄為十字形是最大特徵。平常裝配在上腕，要拔出時讓握柄向前，前腕下垂的狀態下拔起。握法是食指與中指分別放在劍柄的兩側，將中間的十字柄夾住，攻擊時恰似出拳般揮出，進行刺擊。為典型的突刺型短劍，平時裝配在上腕表示這是緊急時備用的武器。

十字柄短劍外型上的特徵與刀劍類中的塔科巴長劍（takouba，別項刀劍66③）很類似，但其實並不是受到塔科巴長劍影響所生的武器，這種十字形的握柄應是為了增加突刺力而設計出來的吧。

菲律賓鉤刀

tuba, taba knife
タバ

17〜20世紀
東南亞

長度：20〜30cm　重量：0.1kg左右

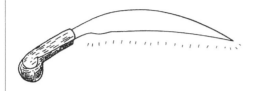 

鞘

蕨手刀

warabite-no-katana
わらびてのかたな

古墳後〜平安前
（600〜950年左右）
日本

長度：25〜70cm　重量：0.1〜1.0kg

爪哇開山刀

wedong
ウェドゥング

14〜19世紀
東南亞

長度：20〜30cm　重量：0.25〜0.3kg

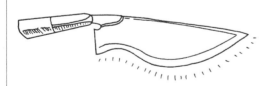 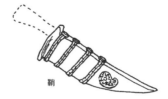

鞘

波斯穿甲短刀

zirah bouk, zirah bonk
ジラハ・ボック

16〜18世紀
中、近東

長度：15〜25cm　重量：0.1〜0.2kg

菲律賓鉤刀是分佈於菲律賓的蘇祿群島（Sulu Archipelago），巴拉望（Palawan）島南部，民答那峨群島（Mindanao）西部到南部一帶的摩洛人（Moro）廣為使用的一種短刀。

刀身呈鐮刀狀彎曲，刃部在彎曲內側，由這樣的外型看來，屬於切砍型的武器可說一目了然。柄末有球狀柄頭，相信這是為了使用時平衡度做的設計。刀柄與刀鞘為木製，材質使用的是黑木（blackwood，金合歡（acacia）屬喬木，別名lightwood）。這種木材以色黑質精聞名，原生長於澳洲一帶，約十七世紀左右傳入西歐。

蕨手刀是日本古代的短刀（一部分亦可歸類於刀劍）。特徵是球狀的柄頭，因近似蕨類植物而得名。一般認為蕨手刀與日本刀的起源有關，影響了後來發展的彎柄刀劍。

形狀分為三種型式[124]，Ⅰ型的蕨手刀平造、角棟、刀身長。蕨手刀有八成都屬這種型式。主要是東北與北海道地區使用。

Ⅱ型刀刃短，斷面形狀為三角形，與尖細的切肉菜刀造型很近似。主要是關東、中部地方使用。

Ⅲ型鋒部為兩刃造，剩下部分為平造，刀背則是丸棟。這種類型主要以畿內、九州、中國、四國等西日本地區[125]為主。

124 關於以下描述的型式，作一簡單解說：「造」意思為「型式」，平造指的是，刀身側面平順無花紋或稜線，刀刃斷面呈三角形。兩刃造則是刀背側亦有刃部。「棟」意思就是刀背，角棟指刀部向下時，刀背形狀為「冂」字形。丸棟則是「∩」字形的刀背。

125 畿內為京都、大阪一帶，這裡的「中國」指的是本州島上京阪以西的地區，而非對岸的中國。

爪哇開山刀是爪哇的儀式用短刀。單刃且中間部位寬闊，刀背幾乎成一直線。外型上看起來與普通山刀並無分別，但是能配戴這種短刀的只有一部分的上流階層，特限定於王族，且基本上只有王子位階的人能夠配戴。刀鞘以木材製成，攜帶用的帶子上以象牙或銀來裝飾。爪哇的王權以「農業國家」為基礎，因此政策以掌握「人民」的數量為優先。國王與家臣團誇耀他們的強大戰鬥力，藉著軍事力獲得統治權，不過在文化的支配權上也下了很多功夫。限定王族才能配戴這種類似山刀的短刀其實也是基於文化支配的考量。

波斯穿甲短刀是波斯使用的小刀。鋒部非常銳利，且略微上翹。這把小刀的特色是，刀身有一半具兩刃，而且橫剖面看起來就像菱形的形狀。這種設計很明顯是突刺型武器的特徵，可以用來刺入敵人鎧甲上接合的縫隙或專門對付鎖子甲型式的鎧甲。事實上，在波斯話中，「zirah bouk」的意思就是「穿甲」。

這種短刀的形狀自久遠以前就已經存在，類似形狀的從十五世紀左右的刀劍類武器中已可見其蹤影。不過除了這裡介紹的短刀以外，只要是鋒部為這種型式的刀劍也這麼稱呼。

3

長柄

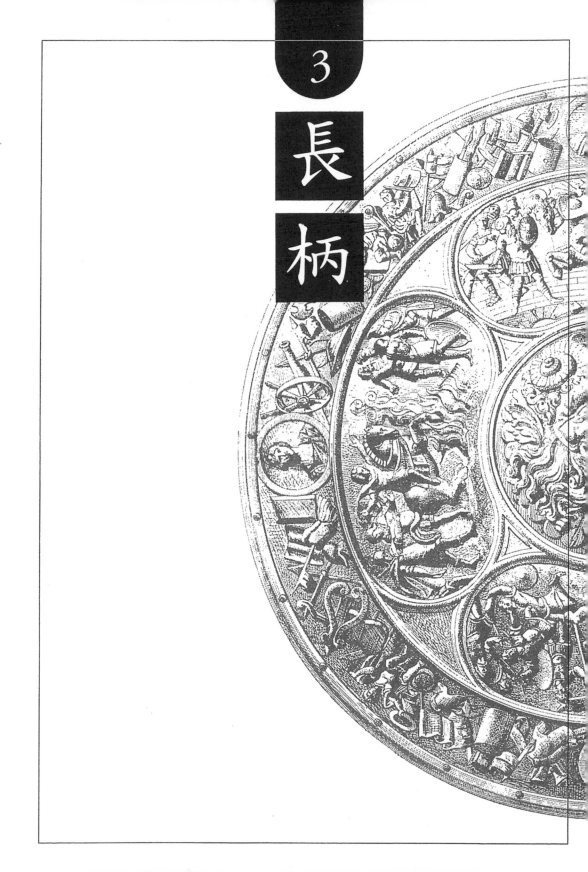

德式錐槍　Ahlspiess
アールシコュピース

15～16世紀
西歐

長度：1.25～1.5m　重量：1.5～2.0kg

圖阿雷格細身槍　allarh
アラーハ

16世紀～現代
非洲北部

長度：1.5～2.1m　重量：2.0～3.0kg

錐槍　awl pike
オウル・パイク

15～16世紀
歐洲

長度：3.0～3.5m　重量：2.5～3.0kg

戰鬥鉤　battle hook
バトル・フック

13～16世紀
歐洲

長度：2.0～2.5m　重量：2.0～3.0kg

「ahlspiess」在德語中為「**突刺用錐槍**」之意。佔全長一半左右的金屬槍尖呈四角錐狀且尖端非常尖銳，因此能完全刺穿敵人。柄以木材製成，上頭以熟皮捲成螺旋狀花樣。槍的護手為一個大型圓盤，這是為了在與敵人互刺時能保護手頭的設計。

約十五世紀中葉登場，當初被人譏諷為中看不中用，不過神聖羅馬帝國在一四九七年到一五〇〇年間仍持續生產此一錐槍。這種槍最受波西米亞（bohemia）[126]的士兵歡迎，因而成為他們的代表性武器。另外，同時代的騎士也用來當作近身戰用的武器。

126 歷史上的王國。在德國的哈布斯堡王朝統治下直到 1918 年。二次大戰時德國以境內大多數為日耳曼裔之理由入侵，戰後被劃為捷克斯洛伐克之一省。1993 年東歐解體時成為捷克共和國的一部分。

圖阿雷格細身槍是圖阿雷格人（Tuaregs）特有的槍，細長，材質全以金屬製成。槍鐏型似銀杏葉子，或說像是琴撥子的造型。此一部位亦具有殺傷力，能以之切砍敵人。

圖阿雷格人是阿拉伯人入侵前掌控了撒哈拉沙漠的游牧民族，口操柏柏爾語系中之塔瑪協克語，該族大致分為七大部落。因此圖阿雷格細身槍的長度、型式等依各部落而有所不同，同時也會依使用者的差異作調整。長度據說大約比自己身高高一個頭為最適用。但是南奈及利亞一帶使用的圖阿雷格細身槍則特意做得較短，這樣一來也能用於投擲。

「awl pike」在英文中的意思就是「**錐槍**」。與此同樣類型的武器是德式錐槍（ahlspiess，別項長柄114①），不過這種可說是德式錐槍的發展普及型。兩者的差別主要在於長度，且有些錐槍上並沒有圓形護手。這是因為握柄加長後便不適合近身纏鬥，因此護手用的護手也就沒有那麼必要了。槍身斷面同樣是四角型，不過比起德式錐槍更顯細長。這樣的設計可以增強貫通力，就算對手穿著金屬鎧甲也能輕易穿透。但是或許在實戰上並不怎麼實用，後來長槍身的錐槍漸廢，逐漸與一般的長柄步矛（pike，別項長柄150④）融合、一致化。

戰鬥鉤能攻擊的部分就只有鉤狀的頭部，以鉤爪拉倒敵人。這是面對騎士或重裝步兵（men-at-arms，參見刀劍63④）這些穿著厚重金屬製鎧甲上場作戰的士兵最簡便有效的攻擊手段。只需要拉倒對方，用法非常簡單，因此主要是由農民或市民共同體組成的小部隊使用。

另一方面，當時主要的主力武器是瑞士戟，但是要能熟練操作需要受過高度的訓練。因此比起需要老練士兵才能操作的瑞士戟（halbert，別項長柄132①），戰鬥鉤更適合臨陣成軍的市民兵。

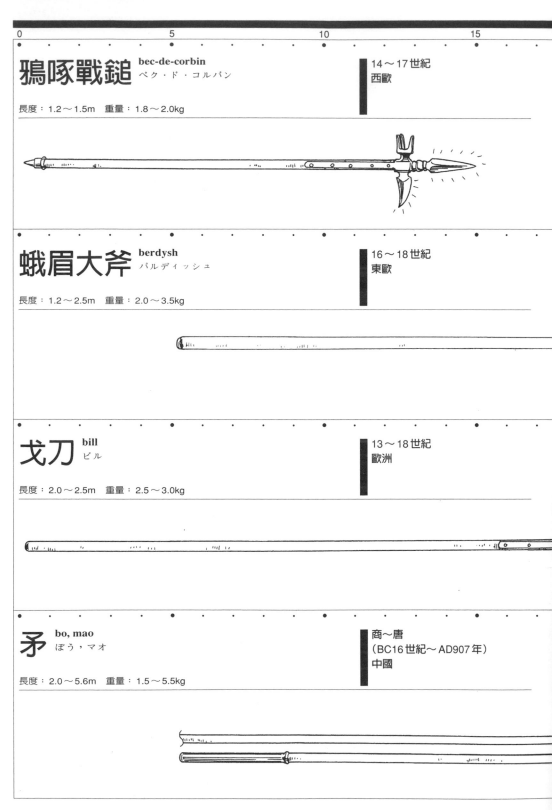

鴉啄戰鎚 **bec-de-corbin** ベク・ド・コルバン

14～17世紀
西歐

長度：1.2～1.5m　重量：1.8～2.0kg

蛾眉大斧 **berdysh** バルディッシュ

16～18世紀
東歐

長度：1.2～2.5m　重量：2.0～3.5kg

戈刀 **bill** ビル

13～18世紀
歐洲

長度：2.0～2.5m　重量：2.5～3.0kg

矛 **bo, mao** ぼう，マオ

商～唐
（BC16世紀～AD907年）
中國

長度：2.0～5.6m　重量：1.5～5.5kg

鴉啄戰鎚是一種步兵用的戰鎚（war hammer，別項打擊200②），14世紀左右始見於法國的十分著名的武器。名稱是法文，其意思是「烏鴉的嘴啄」，從形狀看來確實很像鳥類細長的嘴，多半因此而得名。有時也叫做「bec-de-fau-con」，也就是「鷹啄」的意思。

全盛期時步兵部隊廣泛地採用，不過後來在火器發達的潮流下也逐漸消逝，到了十七世紀以後已經是跟不上時代的武器了。不過在一些騎士的比武大會上還是可見使用。

蛾眉大斧是種深具重量感與壓迫感的大型長柄大斧頭。主要使用於十六～十八世紀，特別是東歐一帶的軍隊經常使用，同時也作爲莫斯科大公國的步兵部隊的主要武器而聞名。莫斯科的步

兵團使用的是蛾眉大斧中特稱爲「短的」，是種以單手揮舞砍殺敵人爲主的武器。但是隨著火器的傳入，柄也逐漸加長，像長柄步矛（pike，別項長柄150④）般鐏側掛地排成陣型用來嚇阻敵人，主要是保護火器兵的部隊使用。而原有的「短的」蛾眉大斧則由騎兵部隊繼續使用。另外也有儀式或祭典中時，出席的精銳部隊手持之稱作「大使」的種類，這種則是鋒刃部長達1.5m的超巨大戰斧。

戈刀與其他長柄兵器相同，由農耕器具演變而來的，中世紀最初期的戰史中就可以見到其名出現。英國有句俗話說「弓與戈刀（Bows and Bills）！！」意思就是「拿起武器上戰場吧！」。十三世紀時形狀還很單純，但後來受了其他武器影響，逐漸變化成複雜的造型。

這種鉤鐮刀較多由農民或市民團體組成之較不

具規模的小型軍隊使用，而非正規的大軍。到了十六世紀中葉，隨著火器的發達，戈刀也隨之由第一線上退下來。不過後來一直持續到十八世紀左右，還是有少部分法國或西班牙的下級士官使用。

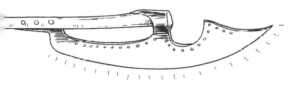

矛是以木或竹的握柄加上插管式（socket）兩面皆具刃部的矛頭組合而成的武器。當然攻擊方式以突刺爲主，與戈同樣是很早以前就存在的長柄武器。《周禮》〈孝工記〉裡記載，步兵用的毛稱酋矛，戰車兵用的毛稱夷矛，分別是4.5m

與5.4m。但是2～3m應該才是最普遍的長度。矛與槍在根本上可說是相同的兵器，只有名稱上不同而已，而正式有所區分也是諸葛亮發明槍以後的事了。

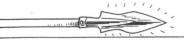

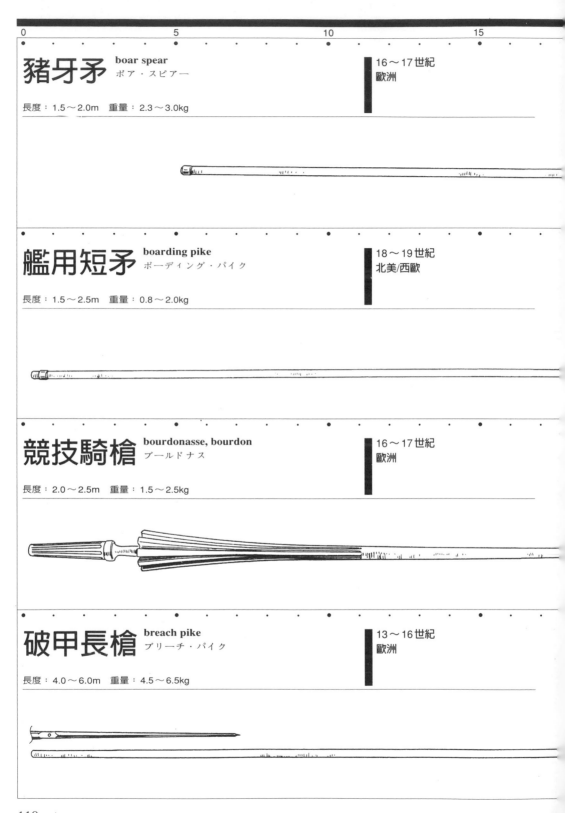

豬牙矛
boar spear
ボア・スピアー

長度：1.5〜2.0m　重量：2.3〜3.0kg

16〜17世紀
歐洲

艦用短矛
boarding pike
ボーディング・パイク

長度：1.5〜2.5m　重量：0.8〜2.0kg

18〜19世紀
北美/西歐

競技騎槍
bourdonasse, bourdon
ブールドナス

長度：2.0〜2.5m　重量：1.5〜2.5kg

16〜17世紀
歐洲

破甲長槍
breach pike
ブリーチ・パイク

長度：4.0〜6.0m　重量：4.5〜6.5kg

13〜16世紀
歐洲

豬牙槍的槍頭左右對稱且非常碩大，形狀接近山豬的牙齒，因而得名。這種武器是在義大利戰爭（Italian Wars）十分活躍的德國傭兵（landsknecht）下級士官攜帶的武器。平時則用於狩獵之中，所以也叫做獵矛（hunting spear）。主要用來殺死凶猛的野獸，諷刺的是，山豬或熊正好就是這種武器的狩獵對象。上述主要用於狩獵

的豬牙矛上頭多有奢華的雕飾。

另外因矛頭沉重，所以會深深刺入獵物體內，有時甚至拔不出來。爲對應這種狀況，插管式矛頭根部有道固定拴，抽開便可把柄拿起，但矛頭仍留在野豬身上。

艦用短矛是海上戰鬥，接舷戰（「boarding」意思是爲了攻擊、俘虜敵船而讓船員衝入敵船內進行的戰鬥）時使用的武器，由於船上空間有限，因此不可能像長柄步矛（pike，別項長柄150④）那麼的長，而是接近短矛（short spear，別項長柄156④）長度的武器。這是英軍於美國獨立戰爭時發明出來的武器，由於往船上

戰鬥確實可以發揮威力，因此美軍也跟進。甚至後來連支援美軍作戰中十分活躍的法國將軍拉法葉（Marquis de Lafayette）[127]也採用，並傳往歐洲，結果在歐洲也十分普及。一八一四年以後柄長較短的艦用短矛成爲主流。

127 生卒年 1757-1834。法國貴族，曾爲路易 16 世的朝臣，但法國大革命期間與革命的資產階級合作，而成爲法國最有權勢的人之一。美國革命期間率軍前往支援，並與美軍總司令華盛頓結下良好的交情。

競技騎槍是騎士們進行一種稱作「joste」的馬上競技時使用的特殊騎兵長矛（lance，別項長柄140②），普通以楊樹（poplar）製成，且中間挖空以便略受衝擊就可折斷，外圍刻有數條細長縱向刻槽（fluting）作裝飾。刻意弄得易斷有其理由，因爲槍斷了就表示勝負已決，但是騎士們還可以無傷地繼續參賽。

「joste」如果叫作「馬

上槍競技」或許更容易理解，這是一種兩個騎士身著鎧甲騎在馬上朝彼此的方向突進互刺的競技，對騎士而言是項很熟悉的比賽。

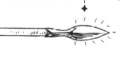

破甲長槍是槍頭長達 60～70cm 以上的長槍。槍頭斷面爲菱形或四角形，比起錐槍（awl pike，別項長柄114③）還短，比一般長槍還長，恰好居於中間地帶。

最早的資料可見於十三世紀末的聖經插畫

中。這個時代的騎士們尚未穿板金鎧甲（plate armor），只穿著一種可以罩住全身的鱗甲（haubark，鎖子甲的一種），破甲長槍要穿透鎖鏈的空隙簡直易如反掌。目前還留有原型的是十五～十六世紀製作的，與十三世紀製作的相比，三百年來形狀上居然沒什麼變化這點實在值得注意。

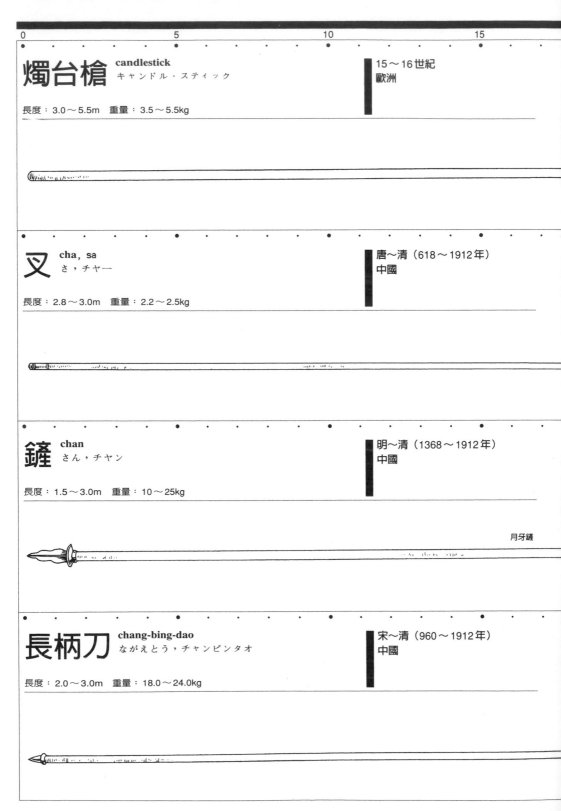

0	5	10	15

燭台槍 **candlestick**
キャンドル・スティック

15〜16世紀
歐洲

長度：3.0〜5.5m　重量：3.5〜5.5kg

叉 **cha, sa**
さ，チヤー

唐〜清（618〜1912年）
中國

長度：2.8〜3.0m　重量：2.2〜2.5kg

鏟 **chan**
さん，チヤン

明〜清（1368〜1912年）
中國

長度：1.5〜3.0m　重量：10〜25kg

月牙鏟

長柄刀 **chang-bing-dao**
ながえとう，チャンピンタオ

宋〜清（960〜1912年）
中國

長度：2.0〜3.0m　重量：18.0〜24.0kg

120

燭台槍形似錐槍（awl pike，別項長柄114③），在柄與槍頭交接處有道環狀護手。槍頭斷面呈圓形，正如其名所示外型很像燭台。

這種武器可見於十五世紀末到十六世紀初時

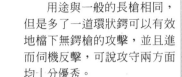

描寫戰爭之圖畫或版畫中，另外在英國、德國、奧地利等國文獻中亦有提及。當中最早使用的似乎是英國，而其起源實際上應該比廣泛使用的時代還要早上數個世紀吧。

用途與一般的長槍相同，但是多了一道環狀鍔可以有效地檔下無鍔槍的攻擊，並且進而伺機反擊，可說攻守兩方面均十分優秀。

叉是種具有二或三道分叉，由漁具或農具演化而成的武器。唐代的叉是三叉，到了明代以後始見二叉者。

這種前端具數個分叉的武器能對敵人造成複

雜的傷口，提高突刺時的命中率，且能檔下敵人攻擊，在防禦面上也很優秀。此點由世界各地均有多數類似的武器便足以證明。

槍間分成三叉者為騎兵使用物，稱馬叉；兩側枝狀分叉向前彎曲者稱文叉；一側向前一側向後者稱武叉。

鏟據說是由農具的鐵鍬或木匠使用的刨刀發展而來，是明代以後出現的武器。造型為一長柄兩端各有鋒刃，一邊是月牙狀，另一則是鐵鍬狀鋒刃。另外也有一邊月牙另一邊為槍頭的鏟。

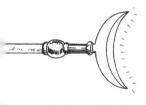

鏟多為僧侶使用，因此別名「禪杖」。著名的章回小說《水滸傳》、《西遊記》中也有提到善使鏟的高手，前者是花和尚魯智深，後者則是水怪沙悟淨。雖然只是故事上的設定，據說魯智深用的鏟全以金屬製成，重達37kg之多。

長柄刀如名所示，為長柄長刀身的武器。這是一種很廣義的名字，其實包含了許多類型的武器。到了宋代成為軍隊的常用武器，但應該在更早前就存在了，其起源可追溯到西漢。刀刃又重

又長，主要是靠重量劈砍而非刀刃的鋒利，據說甚至有重達54kg的。北宋時的書籍《武經總要》[128]裡介紹了屬長柄刀的幾種武器，有屈刀、俺月刀、眉尖刀（mei-jian-dao，別項長柄144①）、筆刀、鳳嘴刀、掉刀、戟刀等等。

128 北宋曾公亮、丁度等人奉命編纂，內容詳述武器、兵法等，並佐以插圖解說。

蝠翼钂　chauve-souris
ショヴスリ

長度：2.2〜2.5m　重量：2.2〜2.5kg

15〜17世紀
西歐

筑紫薙刀　chikushinaginata
ちくしなぎなた

長度：2.5〜3.5m　重量：3.0〜4.0kg

平安〜鎌倉
（794〜1336年）
日本

　筑紫薙刀是薙刀（naginata，別項長柄146①）的一種類型，最大特徵在於刀身。刀身形似柴刀（日文寫作「鉈（nata）」），如斧頭般橫接在柄上，因此筑紫薙刀別名為鉈薙刀。當時日本的長柄武器刀身一般均設有柄舌可直接插入柄中，但筑紫薙刀的刀身則是以金屬環橫接在柄上，這種金屬環稱作「櫃」。有人認為筑紫薙刀雖然沒有橫鉤，但是在型式上應可視為戟的發展型。根據《文治元年九月十七日六條川原追討之圖》[129] 看來，刀身捆在刀柄上的樣子確實可說是戟的發展型吧。這種武器名稱冠有「筑紫」一詞，可知在九州十分普及。不過在源平之戰[130] 後也用於中央，因此不該視為地方性武器。

羅馬重騎矛　contus
コンタス

長度：3.5m　重量：3.0kg

1〜3世紀
古羅馬

　羅馬重騎矛是古羅馬時期使用之重騎矛（heavy lance）。羅馬軍隊一般使用的騎矛約2m前後，但是重騎矛卻遠遠超過這個長度。

　羅馬皇帝圖雷眞（Tranjan）[131] 在位時，重騎矛主要是薩爾瑪特人（Sarmatian）[132] 與美索不達米亞（Mesopotamia）同盟軍之騎兵部隊在使用。他們是優秀的騎手，騎在馬上仍可以雙手持長矛攻擊，這些騎兵被稱為「contarii」。他們手持重騎矛突擊時，一刺中目標立刻放手以防止落馬。

　今日我們只能從阿爾及利亞（Algeria）的奇帕莎博物館之壁畫得知羅馬重騎矛的形狀，至於

義大利月牙钂　corsesca
コルセスカ

長度：2.2〜2.5m　重量：2.2〜2.5kg

15〜17世紀
西歐

「chauve-souris」在法語中即「蝙蝠」之意。
蝠翼鑲正如其名所示，矛頭旁有一對蝙蝠翅膀般

的刀刃，故因之得名。

誕生於十五世紀義大利，十七世紀初時主要
爲義大利與法國人使用，其型式可說是由翼矛
（winged spear，別項長柄164①）演變而來。

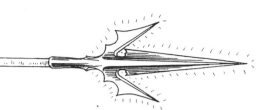

矛頭上的兩片刀刃用途主要在於格擋住對手
的攻擊以保護使用者手部、防止正中間的矛頭過
於深入敵人體內以致難以拔出，以及將騎於馬上
的士兵鉤住扯下等。

3 長柄 C

129 文治元年爲1185年，而六條川原位於六條大路末與鴨川交接
　　處，今日京都五條大橋附近。平安末期以來經常成爲交戰地
　　或公開斬首示眾之地。此處的追討指源平之戰末期的戰役。
130 平家（Heike）與源氏（Genji）一樣屬天皇家系的了孫。如出
　　自桓武天皇者稱「桓武平氏」，文德天皇者稱「文德平氏」
　　等。桓武平氏後代平清盛（Taira no Kiyomori，1118～1181）
　　創立之武士政權。平氏的專政後來引發各地討伐的聲浪，以
　　源賴朝（Minamoto no Yoritomo，1147～1199）爲首的源氏，
　　一族聲勢最大，故史稱源平之戰。

其矛尖究竟是長棒削尖而成，還是另插上金屬槍
頭，至今已不得而知了。

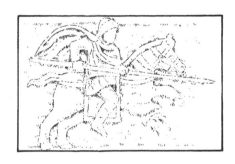

131 羅馬皇帝，羅馬名 Marcus Ulpius Traianus，生卒年53～
　　117。第一位出生在義大利以外的皇帝。疆域擴張方面，把達
　　契亞、美索不達米亞（Mesopotamia）與安息（Parthia，今伊
　　朗東北部）納入版圖內。
132 BC6～4世紀遷移到南俄與巴爾幹半島東部的伊朗人後代，長
　　於騎術與戰鬥。

義大利月牙鑲是由翼矛（winged spear，別
項長柄164①）發展而來的長柄武器。槍尖爲銳
角三角形，兩面有刃，且兩側各有一片由向外伸

出之鋒刃。這兩片向外突出的刀刃，其作用第一
可保護使用者手臂，第二可防止刺擊時過度深入
敵人體內而難以拔出，第三則可鉤下馬上的敵
人。

義大利月牙鑲誕生於十五世紀之義大利，
十五～十七世紀作爲一種多目的武器流行於歐
洲各地。約十七世紀初頭進入全盛期，主要是
法國人使用。

德式偃月刀　**couse, kuse**　クーゼ

16～17世紀
西歐

長度：2.2～2.8m　重量：2.5～3.2kg

新月戰斧　**crescent ax**　クレセント・アックス

14～15世紀
西歐

長度：1.2～1.5m　重量：2.5～4.0kg

蒙兀兒雙尖槍　**do sanga**　ドゥ・サンガ

16～17世紀
印度

長度：1.5～1.8m　重量：1.6～2.0kg

開路叉　**door bash**　ドール・バシュ

16世紀末～17世紀
印度

長度：2.0～3.0m　重量：1.8～3.5kg

德式偃月刀是德國人使用的西洋大刀（glaive，別項長柄130①）的一種。比起鉤爪刀（couteau de breche，參照法式長柄鉤刀〔vouge francese，別項長柄162④〕）刀身更大了一號。

因爲這種武器是宮廷衛士使用的，刀身上刻有以皇帝之名設計的文字畫（monogram）[133]。今天多視爲一種美術品，但原本卻是一種實實在在的武器，刀部普遍長達80cm以上，劈砍的威力無與倫比。常可見守在入口處兩旁的衛士在有人要擅闖時將大刀斜放交叉成十字狀阻擋其進入，相信這時帶給人的威嚴感是難以言喻的吧。

133 以姓名的首字母交織圖案的裝飾藝術。

新月戰斧指的是鋒刃部長達60～80cm之戰斧。鋒刃呈弓型彎曲，威力強大，可劈裂對手。

這種形狀的武器一般雖以北歐、東歐一帶之戰斧最有名，但西歐的新月戰斧其實以十四世紀時義大利製作的爲起源。此時義大利處於群雄割據的時代，各地皆是瑞士或德國來的傭兵。因此義大利當時充斥著各式各樣的武器，新月戰斧原本只在義大利士兵間使用，後來德國人見到也開始採用，他們後來帶回本國，並加以應用改造成各種類型。

蒙兀兒雙尖槍是十六～十七世紀時蒙兀兒帝國（Mughal dynasty）[134]士兵使用的一種前端開雙叉的槍。雙叉的外型與歐洲的戰叉（military fork，別項長柄144②）相近，不過不同的是蒙兀兒雙尖槍並非由農耕器具演變而來，而是故意把矛頭做成雙叉狀的。兩邊的槍頭均有鋒刃，以波斯騎兵使用的武器爲起源，經戰鬥流傳進蒙兀兒帝國。

但是蒙兀兒雙尖槍並不只限定騎兵，步兵也使用這種武器。步兵用的柄較長，西歐諸國稱其

爲叉形槍（forks pike）。矛頭爲插管式（socket）一體成型，上頭施有浮雕（relief）。有些雙尖矛的鋒刃呈美麗的波浪狀，只不過需注意的是，這些重視裝飾的雙尖矛是十七世紀以後才出現的。

134 或譯莫臥兒王朝，16世紀初～18世紀後半（1501～1775）統治印度北部絕大部分地區的伊斯蘭教王朝，統治者爲成吉思汗的後裔。

開路叉是十六世紀末期興於印度北部，後來勢力遍及全區的蒙兀兒帝國（Mughal dynasty）[135]人使用的特殊用途的叉形長柄武器。前端不同於一般的槍單一筆直，而是雙邊分叉略微和緩向上延伸。與農耕器具用的大型叉子（fork）形狀相同。

「door bash」直譯的話意思就是「驅散」。因爲這種武器是

國王巡行市區時，行列前頭的士兵用來驅散擋路的人民的，並非戰爭用武器，可說是一種權力的象徵。因此爲了顯示自己的權力之大，有些開路叉上也施有豪華的紋飾或鑲滿寶石。

135 或譯莫臥兒王朝，16世紀初～18世紀後半（1501～1775）統治印度北部絕大部分地區的伊斯蘭教王朝，統治者爲成吉思汗的後裔。

西藏長身鎗　**dung**
ダング

12?～18世紀
西藏

長度：2.1～3.6m　重量：3.0～4.0kg

方天戟　**fang-tian-ji**
ほうてんげき・コァンティエンチー

宋～清（960～1912年）
中國

長度：1.8～2.2m　重量：3.0～3.5kg

單刀戟　**fauchard**
フォチャード

15～17世紀
歐洲

長度：2.0～2.5m　重量：2.0～3.5kg

步兵長斧　**footman's axe**
フットマンズ・アックス

15～20世紀
英國

長度：2.0～2.5m　重量：2.0～3.0kg

　　西藏長身鎗是西藏人使用的長槍。槍頭爲插管式（socket），細長、兩面有鋒刃。槍鐏以金屬製成，亦爲插管式。長度由2m到4m前後不等。柄上有金屬製的帶子纏繞，兼具補強與止滑的效果。通常柄上附有適當長度的帶子，移動時可掛於肩上。騎兵用的西藏長身鎗別名「旺・瑪・布姆」，使用時如騎兵長矛（lance，別項

長柄140①）般筆直向前握著。前述4m前後的西藏長身鎗即屬此類，不過這種長度與重量者，實際上非騎兵也難以運用。只不過這種騎兵用的西藏長身鎗其實只是高山區的某一部族特有，而非全藏可見的武器。

　　方天戟始見於宋代，名稱上雖有「戟（ji，別項長柄134④）」，但視之爲槍發展而來的武器應較爲妥當。因爲宋代時戟這種武器其實已經不存在了。但是用法上不管是槍還是戟其實都相同，所以叫做戟並不奇怪。如圖所示，方天戟的槍尖兩旁有稱作月牙的新月形鋒

刃，這個部分可以用來橫砍或格擋攻擊。另外如果月牙只有一邊的稱作青龍戟或戟刀。上述這些的年代大約都是宋代到清代之間。

　　單刀戟是很像西洋大刀（glaive，別項長柄130①）的一種武器，事實上正是由它改良而來。西洋長柄刃部寬闊，適合用作劈砍攻擊，十四世紀爲止是步兵的愛用武器。但是當長柄武器全盛時，步兵交鋒時經常有擋架對手攻擊的必要，但西洋大刀並沒有這類設計，因此比起其他長柄武器更顯不利。爲了補足此一缺點，便

在鋒刃的相反側加上了鉤爪。這種加了鉤爪的西洋大刀，法國人稱之爲「fauchard」。但是改良過的單刀戟使用期間也不長，十六世紀末時就消失在戰場上了。

　　步兵長斧是同時具有斧狀鋒刃、鉤爪與槍狀尖端的長柄兵器，同時柄上亦有護手。包括德國的瑞士戟（halbert，別項長柄132①）在內，步兵長斧可說是西歐的長柄大斧類的總稱。這是英國最普遍的武器，形狀多樣，有的很單純，有的卻很複雜。連保衛

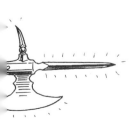

王族的宮廷護衛兵都使用這種武器，可見其普遍性。用法是先以斧刃打倒穿著鎧甲的士兵，以鉤爪敲壞其頭盔或鉤倒對手，最後用銳利的槍尖給予其致命的一擊。

法蘭克細身槍 **framea**
フラメア

5〜8世紀
歐洲

長度：1.8〜2.1m　重量：1.5〜2.0kg

弗留里月牙鑽 **friuli spear**
フリウリ・スピアー

15〜17世紀
義大利

長度：1.5〜2.0m　重量：1.8〜2.2kg

競技三叉戟 **fuscina, fucinula**
フュスキーナ

BC2〜AD2世紀
古羅馬

長度：1.2〜1.8m　重量：1.5〜2.1kg

戈 **ge**
か，コー

商〜周
（BC16世紀〜BC221年）
中國

長度：1.0〜3.0m　重量：1.5〜2.5kg

25　　　　　　　　30　　　　　　　　35

法蘭克細身槍的矛頭左右對稱，形似樹葉，且十分銳利。矛頭上的插入口（socket）約與鋒刃部同長。

　　這種長槍是羅馬帝國開始衰亡的五～六世紀時入侵之法蘭克人使用的武器，不過其原形更早以前的塞爾特人就已經開始使用，起源可以追

溯到相當古老的時代。

　　法蘭克細身槍的矛頭做得較長，且靠柄側刻意加寬。這應是可讓傷口加大的設計。另外在刺入要拔出之際，順便搖動一下更能增加效果。這樣一來，傷口的肉片便會四散而難以痊癒，留下明顯的傷痕。

3
長柄
F,G

弗留里月牙鑱是位於義大利東北部，威尼斯附近的城邦—弗留里使用的義大利月牙鑱（corsesca，別項長柄122④）。

　　文藝復興時代的義大利處於小國林立的狀態，經常為了領地或商業的問題而征戰不休。

　　這種槍的特徵在於槍尖異樣地長，槍頭兩側

具有向前彎曲之月牙形雙翼，且槍頭上還有數個小突起。

　　當時威尼斯及弗留里這兩個海洋城邦的海軍船戰用的主力兵器就是弗留里月牙鑱。由弗留里的港市的里雅斯特（Trieste）以弗留里矛作為城市的紋章一事可知，這應該是兩國海軍相當主要的武器才是。

競技三叉戟是古羅馬時人使用的一種三叉戟（trident，別項長柄162①）。古羅馬市民的國民休閒之一是去羅馬大競技場（Colosseum）觀看競技，其中角鬥士（gladiator）[136]們進行的種種競

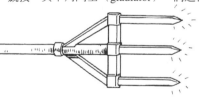

技是很受歡迎的一個項目。角鬥士當中一種稱作網鬥士（retiarius）的戰士右手持競技三叉戟，左手持網。彷彿在捕魚一般以網讓對方動彈不得後再以三叉戟攻擊。同一時期的海上，槳船船夫之間的戰鬥據說也是以相同方式進行。不過競技三叉戟自始至終皆未成為羅馬軍的正式武器。

136 羅馬的專業表演格鬥的戰士。原為喪禮上的演出，後來深受歡迎而普及各地，各大城市的競技場均有。由於有戰鬥致死的可能性，因此多為奴隸或罪犯，但如果長相英俊也有可能深受觀眾喜愛，多次勝利後即可脫離。

戈是商周時代戰車兵或騎兵使用的主要武器，柄長約1～3m。戈能於橫向打擊同時給予敵人刺擊的傷害，這種設計是因為對戰車兵而言，這比直刺型的矛能更有效地攻擊。柄長者為

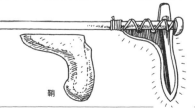

鞘

車戰用，柄短者自然就是步兵使用的兵器。

　　商周時代戰車是作戰的主力，車上多為三人共乘，正中間為御者，兩側為持戈攻擊之士兵。但是到了漢代以後，戰車從戰場上消失，作為車戰主兵器的戈也同時就不再出現於戰場上了。由於消失的時間太長，因此時至今日，我們所見到的戈是否與古人使用的相同已不能確定。

西洋大刀 glaive
グレイヴ

12〜17世紀
歐洲

長度：2.0〜2.5m　重量：2.0〜2.5kg

鉤棒 gou-bang
こうぼう，コウバン

北宋〜清（960〜1912年）
中國

長度：1.4〜1.7m　重量：1.5〜1.8kg

鉤鐮槍 gou-lian-qiang
こうれんそう，コウソエンチァン

唐〜清（618〜1912年）
中國

長度：2.0〜2.5m　重量：1.8〜2.2kg

英式鉤矛 guisarme, gesa, gisarme, gysarme, jasarme
ギサルメ

11〜15世紀
歐洲

長度：2.5〜3.0m　重量：2.5〜3.0kg

25　　　　　　30　　　　　　35

「glaive」一詞源自羅馬戰劍（gladius，別項刀劍30①）。**西洋大刀**的原型據說來自美索不達米亞（Mesopotamia）文明之由農具發展成的大型鐮刀，另說由北歐人使用之圓月砍刀（falchon，別項刀劍26①）加上長柄製成。大約

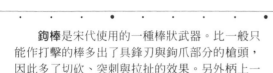

十二世紀左右出現，約十三世紀附近時形狀已經底定，各國軍隊中均可見使用。但是戰場上大概用到十六世紀左右而已。到此時西洋大刀主要用途只剩儀式中或當作守門衛兵之裝備而已了。因此隨時代進展，其刀身越來越巨大，裝飾也變得越來越華麗。例如，到十七世紀末為止，用於義大利宮廷衛兵的遊行中的西洋大刀就非常華麗。

鉤棒是宋代使用的一種棒狀武器。比一般只能作打擊的棒多出了具鋒刃與鉤爪部分的槍頭，因此多了切砍、突刺與拉扯的效果。另外柄上一部分以金屬包覆強化，因此在打擊上的效果亦可期待。

這種鉤棒之所以發展有其理由。北宋以後鎧甲越來越發達，打兵器的必要性漸增，因此在此背景下鉤棒得以廣泛流傳。到了十七世紀，也就是明代時，《三才圖會》[137]也有介紹此武器。由此可知鉤棒確實是十分受到重用的武器。

137 明代王圻與其子王思義合撰之圖鑑，內容網羅天文、地理、人事之知識，故稱三才。

鉤鐮槍是一種兼具槍尖與鉤爪的長柄武器。槍尖可以刺擊敵人，鉤爪可以拉倒步兵，扯下馬上的騎兵。

帶鉤爪的長柄兵器最早的是東周（BC770～

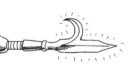

BC256）就已開始使用的戟（ji，別項長柄134④），可見這種設計自久遠以前就已存在。不管鉤鐮槍是否就是由戟發展而

來，至少可確定的是可鉤可刺的兵器在戰場上是十分有效的。

不過值得一提的是，鉤鐮槍最發達的時期是北宋（960～1127），據《武經總要》[138]記載，九種野戰用槍中，居然就有三種帶有鉤爪。

138 北宋曾公亮、丁度等人奉命編纂，內容詳述武器、兵法等，並佐以插圖解說。

英式鉤矛是英國中古使用的一種槍矛類武器。語源由中古德語中意思為「草」之「gatan」與意思為「鐵」之「isarn」組合而成，傳入法國後變成「guisarme」，而在十三世紀中葉之英國古

文獻中則寫作「gisharme」。只不過這種形狀的武器在二世紀前，也就是十一世紀時就已經存在了。戈刀（bill，別項長柄116③）興盛以前英式鉤矛作為一般武器就已經十分普及，使用期間由十一～十五世紀長達四個世紀。但是介紹這種武器的文獻卻相反的很少，少數文獻說有些英式鉤矛外型像是「兩柄斧與一把劍」組合起來的樣子，可見外型也有許多種類。

131

0	5	10	15

瑞士戟 **halbert, halbard, halberd**
ハルベルト

15～19世紀
歐洲

長度：2.0～3.5m　重量：2.5～3.5kg

短步矛 **half pike**
ハーフ・パイク

18～19世紀
西歐

長度：1.8～2.5m　重量：1.5～2.2kg

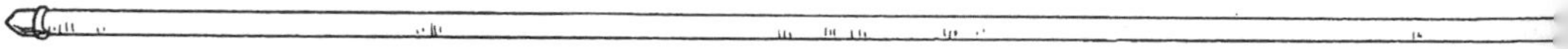

羅馬步兵槍 **hasta, spiculum**
ハスタ

BC6～BC3世紀
古羅馬

長度：2.0～3.0m　重量：1.5～2.5kg

弭槍 **hazuyari**
はずやり

桃山～江戸
(1568～1868年)
日本

長度：隨弓變化（槍頭15cm）　重量：隨弓變化（槍頭0.1kg）

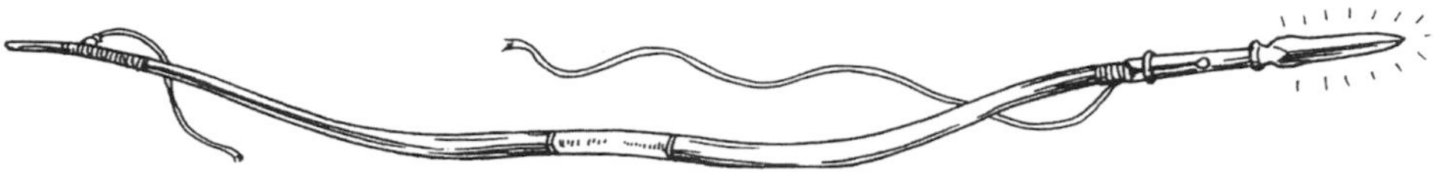

瑞士戟是十五世紀瑞士人開始使用的長柄武器。特徵在於前端同時具有槍狀的尖端與斧狀的

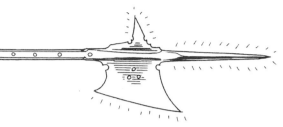

寬闊鋒刃，斧刃的相反側還有一小型鉤狀突起。如此複雜形狀的武器同時可以做砍、刺、抓、叩四種不同效果的攻擊。因此這如此多用途的武器比起過去長柄兵器的主力—矛（spear）威力還要來得強大，可以改變原本槍兵對上重甲騎兵的劣勢。

十五～十六世紀左右在步兵之間廣為流傳，結果演變成歐洲各國沒有一個國家不配備這種武器的情況。

據說**短步矛**是艦用短矛（boarding pike，別項長柄118②）的另一個名稱，不過實際上在艦用短矛已經退出船戰後，短步矛卻仍持續使用，只是使用目的與用法已經完全不同於艦用短矛，

這是步兵部隊的下級士官使用的指揮棒。因此也被稱作「leading staff」、「spontoon」、「esponton」等。雖說用在戰鬥上也能發揮相當的威力，但原本目的是在戰鬥結束

後，清點枝數便能知道殘存的士官有多少。不同於普通的步矛，矛頭上多施有裝飾。到一八三〇年左右為止，英國的下級士官一直使用這種武器。

在拉丁文中，「hasta」就是「**槍**」的意思，不過也特指古羅馬的共和時代初期到中期使用的**槍**「spiculum」。當時的羅馬兵依照兵役經驗與年齡大致分成四個兵種，分別是輕裝步兵、第一列重裝步兵（hastati）、第二列重裝步兵（principes）、第三列重裝步兵（triarii）[139] 初期

除了輕裝步兵以外全都配備，到了中期則主要由後排重裝步兵使用。用法與一般長槍沒什麼差別。有時會排成陣型，以大型橢圓盾牌擋在前方，單膝跪地，把槍擺向斜前方威嚇敵手。這時尖銳的槍鐏就可用來插入地面。槍頭類似樹葉狀，槍鐏為插管式。

139 上述的步兵是構成軍團（legion）的重要成員。由於參加軍團的武器需自費，因此輕裝步兵是經濟狀況不足以付出裝備的或新加入尚不熟悉戰鬥的新兵。而第一列重裝兵則是負擔得起的新兵，第二列為熟悉戰鬥的20～30歲青年，最後列為熟悉戰況的老兵，非必要不會出動。

「弭」指的是弓的兩端，因此**弭槍**就是一種戰國時代發明的弓組足輕（ashigaru）[140]攜帶的防護用武器。槍頭為插管式，形狀近似銀杏。當弓弦斷了臨時無法補給時，把槍頭套在弓的一端（也就是弭）上，就成了一把緊急使用的槍了。可是這頂多也只是用在萬一的情況下，威力絲毫不能期待。

有多少弓組足輕就有多少弭槍被大量生產，因此也有部分弓乾脆直接前端做成尖銳狀。另外，這種弓也稱為鉾弓（hokoyumi）。

140 即「步伐輕快奔跑」的意思。指步兵、雜兵。室町末期發展出編隊，因此有弓組、槍組等分別。江戶時代則成了武士最下階的名稱。

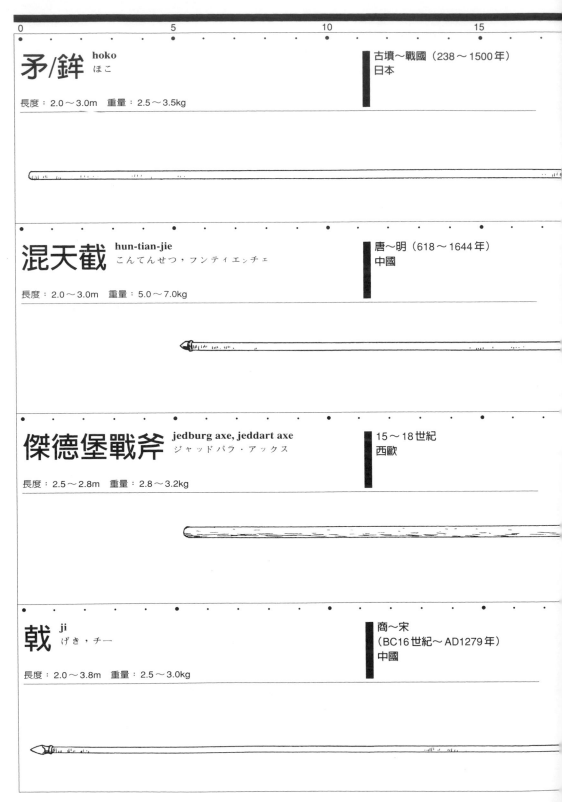

0　　　　　5　　　　　10　　　　　15

矛/鉾 **hoko**
ほこ

長度：2.0〜3.0m　重量：2.5〜3.5kg

古墳〜戰國（238〜1500年）
日本

混天截 **hun-tian-jie**
こんてんせつ・フンティエンチェ

長度：2.0〜3.0m　重量：5.0〜7.0kg

唐〜明（618〜1644年）
中國

傑德堡戰斧 **jedburg axe, jeddart axe**
ジャッドバラ・アックス

長度：2.5〜2.8m　重量：2.8〜3.2kg

15〜18世紀
西歐

戟 **ji**
げき，チー

長度：2.0〜3.8m　重量：2.5〜3.0kg

商〜宋
（BC16世紀〜AD1279年）
中國

(10cm)

3
長
柄
H,J

矛是用來作刺擊的武器。在定位上與西歐的「spear」最接近，不論東西均可見，其起源可追溯到上古。

在日本「槍」與「矛」是兩種不同的東西。日本古代的矛有兩種型式，闊頭的被認爲是神聖

的武器，而窄頭的則是日常使用的。到奈良時代以後成爲很普遍的武器，今日正倉院[141]仍可見到多數當時的遺留品。矛頭的形狀種類頗多，有劍型的、鋒刃邊緣有棘的、附鉤爪的等等，非常豐富。到平安時代後一樣廣爲使用，在戰場上經常可見與短柄化的手鉾（teboko，別項長柄160②）一起出現。

141 奈良東大寺大佛殿西北的倉庫，內收有大量奈良時代的佛教美術品。

混天戟是《三才圖會》[142]中介紹的非常奇特的武器。這種兵器的前端設計得非常複雜，彷彿

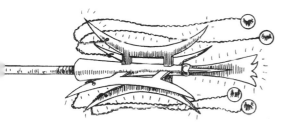

像是想把多種攻擊手段與威力納爲一體般。具有四道鋒部且雙面有鋒刃，同時四面還設有月牙，月牙上還以鎖鏈連結分銅（錘）。也就是說，只靠這把武器就能同時達到突刺、切斷、打擊3種效果。當然對一般士兵而言要熟練地使用這種武器非常困難，恐怕除了《殘唐五代史演義》[143]中登場的李存孝那種豪傑以外無人能靈活運用吧。

142 明代王圻與其子王思義合撰之圖鑑，內容網羅天文、地理、人事之知識，故稱三才。
143 羅貫中著，內容描寫唐末豪傑李存孝之冒險故事。

傑德堡戰斧是兼備斧刃與鉤爪的一種戰斧（battle axe，別項打擊170②），名字由蘇格蘭東南部之歷史郡—羅克斯勃洛郡（Roxburghshire）首府傑德堡（Jedburgh）之名而來。意思是「傑

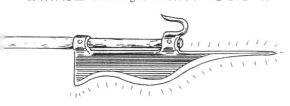

德河畔（Jed River）城市之斧」。這種戰斧十五世紀時已經存在，是與英格蘭合併[144]前，蘇格蘭士兵使用的武器。進入火器全盛的時代後，與英格蘭的戰爭中，作爲進接戰的武器仍然發揮了強力的效果，但在十七世紀蘇格蘭的叛亂底定後，同時所有武器也遭收編，傑德堡戰斧也就這樣消失於歷史當中。

144 蘇格蘭與英格蘭於1707年簽訂聯合條約（Act of Union），兩國合併成爲大不列顛王國。

戟是結合了戈（ge，別項長柄128④）與矛（mao，別項長柄116④）雙方的威力而成，兼具打擊與刺擊效果的長柄武器。不論東方西方，長柄武器上常見一把上結合多種攻擊效果的設

計，而最早想到這種設計的就是中國人。戟在中國於商代就已登場，可說是這類混合型長柄武器的先驅。這種多用途武器不問兵種，戰車、騎兵、步兵均可使用。其中雙手使用的稱爲長戟，單手使用的則叫作手戟。關於戟頭各部名稱，根據《周禮》〈考工記〉之記載可知，類似槍尖者稱爲「刺」，約13.5cm；橫向突出者稱爲「援」，約15.75cm；而柄長度約有3.6m左右。

135

蒺藜骨朶

ji-li-gu-duo
しつれいこつだ，チーソクートゥオ

宋～清（960～1912年）
中國

長度：1.8～2.1m　重量：3.0～3.5kg

二郎刀

jirōtō, er-lang-dao
じろうとう，アルタンタオ

明（1368～1644年）
中國

長度：2.0～3.0m　重量：6.0～9.0kg

鍵槍/鑰槍

kagiyari
かぎやり

桃山～江戶
（1568～1868年）
日本

長度：2.0～4.0m　重量：2.0～3.5kg

　　鍵槍爲直槍（suyari，別項長柄158③）上槍身與柄接合處附近有橫向伸出之金屬條（日本稱橫手）者。金屬條形狀一邊直直伸出，另一邊向槍身側彎曲爲最普遍。不過此外也有十字鍵、兩鍵、卍鍵、單邊鍵等，有些金屬條上甚至還有鋒刃。用法與鐮槍（kamayari，別項長柄136④）大致相似，金屬條用來格擋敵人攻擊，鉤住敵人使之翻倒等等。

　　據說是戰國時代的戰爭中產生的點子，關原合戰[147]（一六〇〇年九月十五日）之後使用的槍甚至八、九成均是鍵槍。金屬條容易取下，所以隨時可以恢復成一般的直槍；同時以鐵製成者強度較佳，威力也比鐮

鐮槍

kamayari
かまやり

戰國中期～江戶
（1500～1868年）
日本

長度：2.5～3.0m　重量：2.8～3.5kg

　　鐮槍是槍身旁有枝狀突出者之總稱。只有單面有突出者稱片鐮槍（katakamayari，別項長柄138①），雙面有突出者稱兩鐮槍，別名十文字鐮、諸鐮等。根據鐮刀刃部方向的差異還可細分爲各種類型。戰國武將加藤清正（Kato Kiyomasa）[148] 使用的片

　鐮槍聞名於史，另外十文字槍則是宮本武藏故事中出現的寶藏院流[149]僧兵使用之月形十文字槍最爲知名。直槍（suyari，別項長柄158③）只能作直線突刺攻擊，但是鐮槍除了能以鐮刀部位擋下敵人攻擊以外，也可使出橫劈，以鐮刀打刺敵人等等多樣化的攻

蒺藜[145]是一種植物名，**蒺藜骨朵**的錘頭設滿尖刺恰似蒺藜的種子，故得名。一般而言這種類型的武器會歸於錘（chui，別項打擊176①）類中，相當於西洋的釘頭錘（mace，別項打擊190①），柄通常不長。

不過在中國，錘的歷史雖然很長，但是一直不像西洋那般在戰場中受到重視，一直到宋代以後隨著鎧甲的進化，具打擊力的武器才受到人們重視，短時間內立刻達到全盛時期。

錘頭加上尖刺除了打擊力以外還可提高貫通力，增加威力。

145 一年生草本植物，莖匍匐於地面生長，葉爲羽狀複葉，夏季開花，果實有刺，多可見於海邊沙地。

二郎刀爲長柄上裝了把雙鋒長劍身的武器。劍身的尖端分叉成3端，因此也被稱爲「三尖兩刃刀」。劍身長約佔了整體三分之一左右，長達75cm左右，藉著劍身重量能做出劈砍的攻擊。

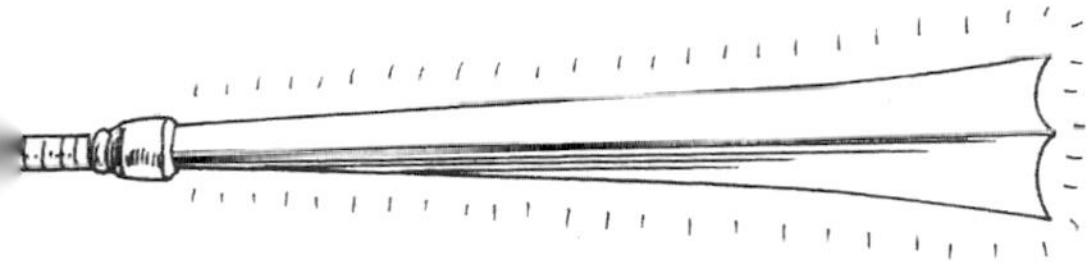

這種型式的武器從西漢時代（BC206～AD8年）的斬馬劍開始，歷經數代發展，由隋唐時的陌刀繼承下去直到明代的二郎刀。附帶一提，二郎刀之名其實是由神將二郎眞君[146]而來。

146 即明代章回小說《西遊記》與《封神演義》中出場之二郎神楊戩。據說楊戩愛用的就是這種武器，因此民間習慣把三尖二刃刀稱爲二郎刀。

槍更強。只不過缺點與鐮槍相同，操作並不簡單，非熟練者難以活用。

147 關原位於岐阜縣。豐臣秀吉死後，握有掌控天下實權的德川家康與秀吉遺臣石田三成於此地展開決戰，戰後確立了德川政權（江戶幕府）的穩固。

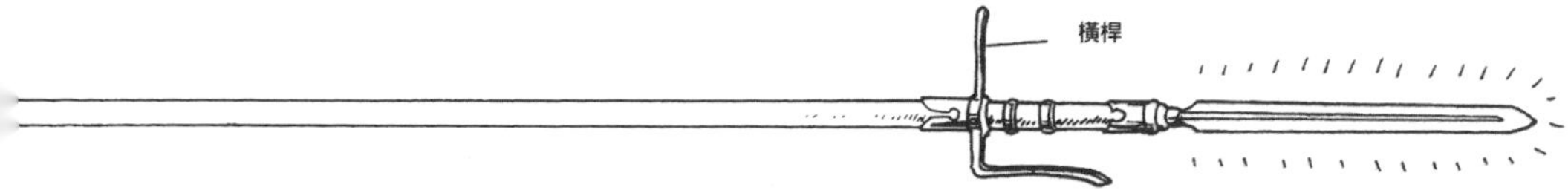

擊方式。對善使者而言是種很優秀的武器，但是要用得好必須在技術上練得很純熟才行，對雜兵或不學無術的武士而言並不適合。

148 生卒年1562～1611年。安土桃山時期的武將，自幼侍奉豐臣秀吉，爲有名的「賤岳七把槍」之一。

149 槍術的一派。奈良興福寺寶藏院的禪師胤榮（1521～1607）首創。善使十字鍵槍與鐮槍，故亦稱鐮寶藏院流。宮本武藏故事中亦有出現。

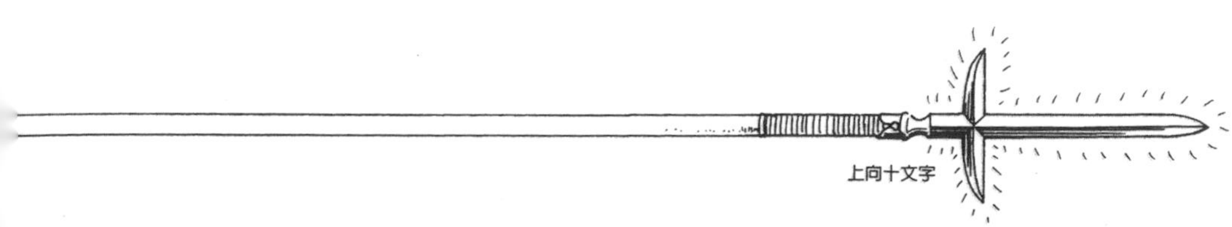

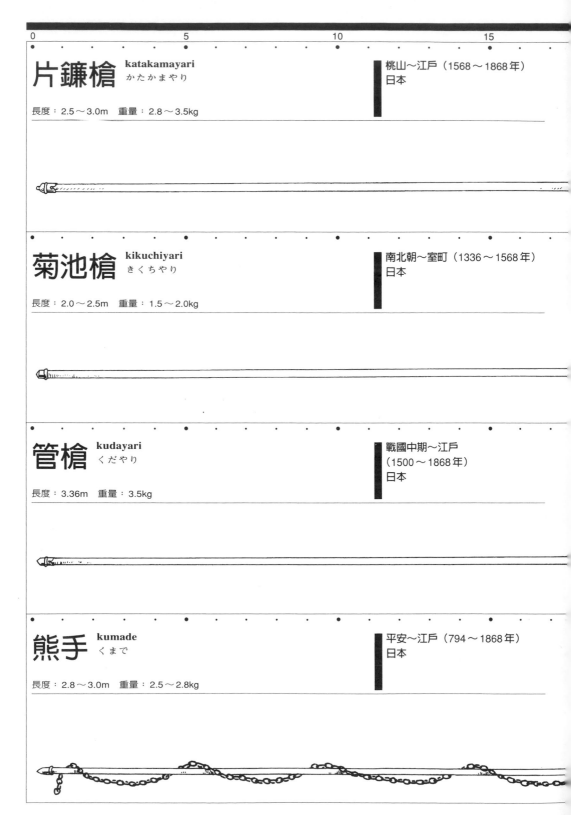

片鎌槍 **katakamayari**
かたかまやり

桃山～江戸（1568～1868年）
日本

長度：2.5～3.0m　重量：2.8～3.5kg

菊池槍 **kikuchiyari**
きくちやり

南北朝～室町（1336～1568年）
日本

長度：2.0～2.5m　重量：1.5～2.0kg

管槍 **kudayari**
くだやり

戦國中期～江戸
（1500～1868年）
日本

長度：3.36m　重量：3.5kg

熊手 **kumade**
くまで

平安～江戸（794～1868年）
日本

長度：2.8～3.0m　重量：2.5～2.8kg

138

片鐮槍是鐮槍的一種。槍身與柄接合處附近有一鐮刀狀或小突起之刀刃。隨鐮刀刃部的方向不同，名稱也不同。朝向槍尖側者稱上向片鐮，朝柄側者稱下向片鐮。上向者適於用來格擋敵人攻擊，下向者則適合鉤住敵人、拉扯撕裂攻擊等等。究竟這兩者孰優孰劣，隨使用者不同發揮的威力也不同，因此文獻上亦無明確的解

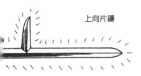

上向片鐮

答。有名的加藤清正（Kato Kiyomasa）[150]公使用的片鐮槍據民間故事曰原本是兩鐮，但在討伐木山禪正（Kiyama Zensho）[151]時，另說攻朝鮮時山路遇虎，因打鬥過於激烈而折斷。不過由今日清正公之遺物看來，應該原本就是片鐮，因爲上頭並無折斷之痕跡。

150 生卒年1562～1611年。安土桃山時期的武將，自幼侍奉豐臣秀吉，爲有名的「賤岳七把槍」之一。
151 安土桃山期的武將，以武勇聞名。秀吉進攻九州時與加藤清正單挑，兵敗而亡。一說原本清正原居劣勢，正當禪正要取下其首級時，卻被趕來相助的自己部下的槍誤刺，因而敗北。

菊池槍是直槍（suyari，別項長柄158③）的一種類別，與一般直槍的差異在於槍身上。這種槍身單刃，身長約20cm左右，十分短小。
　最早用於南北朝時代九州的筑紫國[152]一帶，因此也被叫做筑紫槍。南北朝合戰時，肥後豪族菊池武光與少貳賴尚戰於筑後川時，菊池將短刀綁在竹竿竿頭上應戰，結果效果超乎意料之外，後來以

此爲藍本，發明了狀似短刀的槍身，這就是流傳至今之菊池千本槍[153]的來源，其後流傳至全國。
　菊池槍與「槍」這種武器的發展時代一致，因此有人認爲今日稱之爲「槍」的武器應該皆是以菊池槍爲起源。

152 原指筑前、筑後、豐國、肥國等北九州地區，但也用來泛指九州整體。
153 據說武光戰後就進行量產，當時共作了1000把菊池槍，故號稱菊池千本槍，「本」爲口語中數細長物時的數量詞。

管槍也稱作早槍，柄上裝有可動圓管，使用者左手持管右手持柄，只需掄管抽動即可使出快速且勢猛之刺擊。圓管以鐵或銅製成，上端有道圓盤狀的鍔，鍔上有一對鉤爪，有些管槍的鍔上

繫有稱作「腕貫緒」繩索。鉤爪不常卡在槍頭與柄結合部之圓環上，刺擊時會鬆開。管槍的優點是，靠著掄動此管便能使出比平常單靠手抽動更猛銳的刺擊，但習槍者視此爲邪道。

熊手是由農具發展而來的長柄武器，上有三到四根鉤爪，樣子看起來就像熊的利爪，故得名。原本稱爲耕爪，用於攻城戰或海戰上。鐮倉時代以後柄上多纏有鎖鏈，這是爲了防止戰鬥中柄被切斷之設計。《太平記》[154]中散見熊爪用於拉倒敵城圍欄，攀登城壁之記載。另外諸如拉倒敵人、鉤住敵船周緣、救助落水者等等，於海戰

中也能發揮多用途的功能。平安時代末期源平之戰[155]時登場，經鐮倉時代至江戶時代時，用途轉變成捕捉犯人的工具。

154 描寫日本南北朝（1336～1392）之戰的文學作品。據說作者爲小島法師，實際則長期歷經多人修改，約1371年完成。
155 平家（Heike）與源氏（Genji）一樣屬天皇家系的子孫。如出自桓武天皇者稱「桓武平氏」，文德天皇者稱「文德平氏」等。桓武平氏後代平清盛（Taira no Kiyomori，1118～1181）創立之武士政權。平氏的專政後來引發各地討伐的聲浪，以源賴朝（Minamoto no Yoritomo，1147～1199）爲首的源氏一族聲勢最大，故史稱源平之戰。

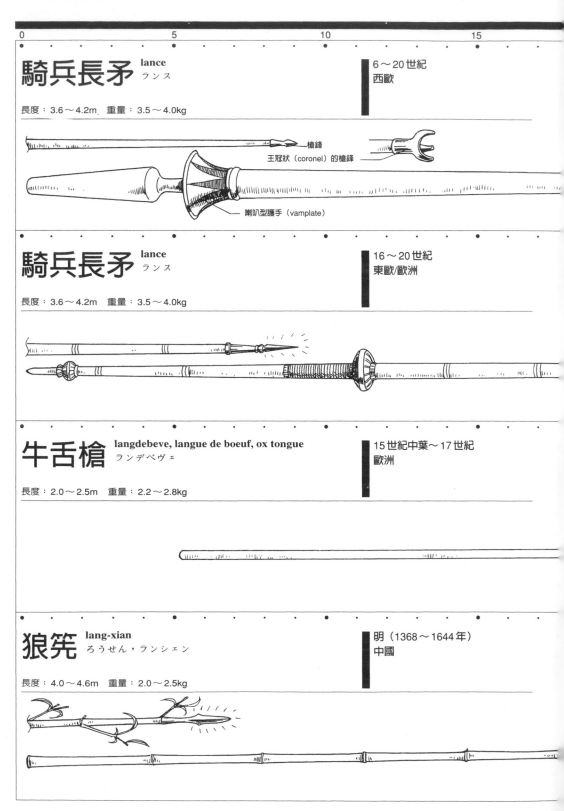

騎兵長矛 lance
ランス

6～20世紀
西歐

長度：3.6～4.2m　重量：3.5～4.0kg

槍鋒
王冠狀（coronel）的槍鋒

喇叭型護手（vamplate）

騎兵長矛 lance
ランス

16～20世紀
東歐/歐洲

長度：3.6～4.2m　重量：3.5～4.0kg

牛舌槍 langdebeve, langue de boeuf, ox tongue
ランデベヴェ

15世紀中葉～17世紀
歐洲

長度：2.0～2.5m　重量：2.2～2.8kg

狼筅 lang-xian
ろうせん，ランシェン

明（1368～1644年）
中國

長度：4.0～4.6m　重量：2.0～2.5kg

今日一提到「lance」就會立刻聯想到騎兵，其實「lance」的語源來自法語的「lancea」，這是一種六世紀左右法國人使用的槍，當時不僅騎兵，連步兵也使用。今日所見之正式的**騎兵長矛**

出現要到十六世紀以後。典型的造型爲三角錐狀。部分的騎兵長矛上握柄附近有寬大的喇叭型護手（vamplate）。槍尖爲可替換式，戰場用的是尖銳的槍狀，騎士時興的比武大賽上用的則是無尖的王冠狀（coronel）或是杯狀的槍鋒。

東歐使用的**騎兵長矛**與西歐的不同，槍尖接近長柄步矛（pike，別項長柄150④），非常尖銳。東歐地區由於緊鄰大國土耳其，因此長槍配合實戰需要也發展的更好使用。這種長槍在十七世紀以後也有多數騎兵使用。到了十八世紀以

後，主力兵器雖轉爲軍刀，但波蘭（圖：十七世紀末）或俄羅斯的哥薩克兵仍使用長槍且立下輝煌戰果，因此十八世紀後半到十九世紀初時，又再度恢復騎兵主力兵器的地位。一直到二十世紀初時，第一次世界大戰中證實了騎兵於戰場上已經不再具有任何效力，同時騎兵長矛也跟著消失在歷史舞台上。

牛舌槍是十五世紀中葉出現的闊頭槍，槍頭寬闊且具兩鋒。「langdebeve」由法文「牛舌」之意的「langue de boeuf」轉變而來，英語圈中稱作「ox tongue」。牛舌槍出現於文藝復興時期，

當時的義大利不僅在藝術文化上有許多發明，在武器的開發研究上也投注許多心力，因此試做出了許多種類的武器。當中，牛舌槍是研究者思考如何讓長柄兵器中的槍維持容易使用的優點且增加威力的成果。牛舌槍後來發展成闊頭槍（partizan，別項長柄150①），因其好用又威力大，故爲多數反抗體制壓迫而起事的農民使用。

狼筅是以刻意保留枝枒的竹子爲柄，加上槍頭製成的武器。發現狼筅運用價值的是明代的退倭名將戚繼光。明軍與倭寇戰鬥時，槍頭經常被日本刀砍斷而傷腦筋。而狼筅的柄非常堅硬，不

易切斷，故有很高的防禦效果。戚繼光的部隊具有獨特的陣型，他讓一個每個小隊的成員各自持不同種類的武器，這種編隊方式叫「花裝」。而狼筅正是立於陣型最前頭，負責阻擋敵人攻勢。
　　但是狼筅會讓小隊行動緩慢則是最大缺點。

```
0          5          10          15
```

洛哈伯鉤斧 lochaber axe
ロッコバー・アックス

15～18世紀
英國

長度：2.0～2.5m　重量：2.2～2.5kg

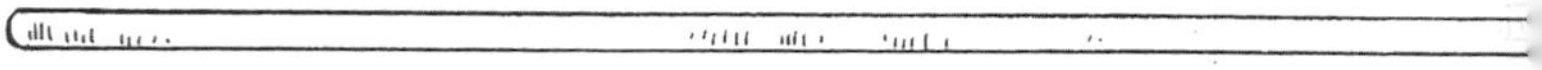

長矛 long spear
ロング・スピアー

年代不詳
全世界

長度：2.0～3.0m　重量：1.5～3.5kg

琉森戰鎚 lucerne hammer
ルツェルン・ハンマー

15～16世紀中葉
西歐

長度：3.0m　重量：3.5kg

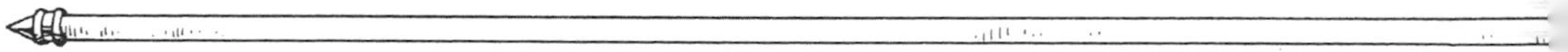

印度鉤槍 mard geer
マルド・ギール

16～18世紀
印度

長度：0.7～2.0m　重量：0.5～1.2kg

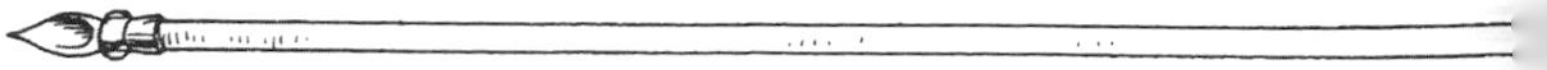

142

　　洛哈伯鉤斧是英國北方的蘇格蘭高地使用的一種長柄武器。斧鋒長約 40～50cm，且非常薄，僅以二個鐵箍著柄。武器特徵為斧頭以外，頂部還有鉤爪（fluke），能有效地扯

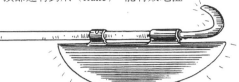

下馬上的敵人。這種只有鉤爪與斧頭的武器，形狀單純，對蘇格蘭農民出身的士兵而言最為好用。洛哈伯（lochaber）是蘇格蘭之一城鎮，由於這個地名最早出現於十六世紀，因此也有看法認為洛哈伯鉤斧是十七世紀初才於該市誕生。

　　長矛，正如名所示，為「較長的矛」。但是與短矛（short spear，別項長柄156④，長度約 1.2～2.0m 的矛）主要是在用法上作區分。短矛作主力武器的是以密集戰術為主流的時代，而為

了對抗密集兵團，人們想出了用戰車或遠隔武器來衝散後，以散兵作戰的方式擊退敵人的方法。至於長矛就是更進一步用來對抗的戰術，把武器加長以嚇阻敵人的衝鋒。結果遠隔兵器與長柄兵器的對立促進了部隊戰術的活性化，更進一步促進了新型武器的開發。因此我們可以說，長矛正是造就了各種武器的礎石。

　　琉森（Lucerne）為瑞士中部的一州，因此顧名思義，**琉森戰鎚**就是誕生於這裡的戰鎚（war hammer，別項打擊200②）。為號稱十五世紀當時最強的瑞士備兵部隊所使用。名稱雖為戰鎚，

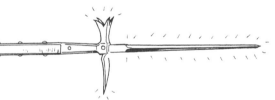

但具備槍尖與鉤爪得以拉扯敵人，或行突刺攻擊，因此說是萬能的槍或許更接近。另外琉森戰鎚主要用來對付步兵，他們的頭部只以簡單的頭盔防護，因此在鉤爪狀的鎚頭面前根本不堪一擊，往往直接揮下就能造成致命傷。另一面的四分叉狀鉤爪則可以纏住衣服。

　　「mard geer」若要直譯就是「捕人棒（man catcher）」。這種武器有兩種不同的型式，一種是前端為分叉的竹竿狀，另一種為長柄槍上附鉤爪。前者可用來壓制敵人，後者可靠鉤爪拉住敵人，或者將馬背上的人拉下。
　　雙叉的**印度鉤槍**普遍為長柄，用於壓制敵人後，其他同伴再進行攻擊的集團戰鬥上。長

度與應用範圍廣闊，對柄的長度並無硬性規定。
　　另一方面，具鉤爪的印度鉤槍則是以一個人也能進行拉倒、壓制、刺擊等單獨作戰的行動為考量。

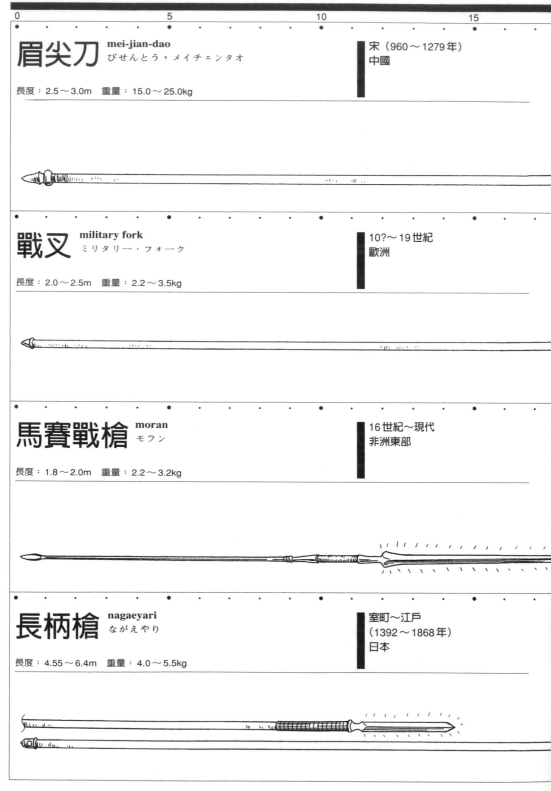

眉尖刀　mei-jian-dao
びせんとう，メイチェンタオ

長度：2.5〜3.0m　重量：15.0〜25.0kg

宋（960〜1279年）
中國

戰叉　military fork
ミリタリー・フォーク

長度：2.0〜2.5m　重量：2.2〜3.5kg

10?〜19世紀
歐洲

馬賽戰槍　moran
モラン

長度：1.8〜2.0m　重量：2.2〜3.2kg

16世紀〜現代
非洲東部

長柄槍　nagaeyari
ながえやり

長度：4.55〜6.4m　重量：4.0〜5.5kg

室町〜江戸
（1392〜1868年）
日本

眉尖刀是宋代常用的長柄武器，屬於長柄刀（chang-bing-dao，別項長柄120④）的一種。刀身構造簡單適合實戰，彎曲的鋒刃正如其名所示彷彿人眉形狀。由形狀看來可知是以砍殺為主的武器。1974年出土之一把南宋時代的眉尖刀，其

刀刃部分含碳量約4％左右，雖說還不到鋼的標準[156]但可以看出經過淬火（quenching）[157]的強化處理。與長柄刀相同，劈砍的威力驚人。部分眉尖刀的刀身根部具有鉤狀突起或護手，這種的可在與敵人交鋒時擋下攻擊，只不過敵人若也使用相同的武器效果如何便不可知。

156 鋼為鐵與碳合金，含碳量2%以下。純鐵太軟，加入少許的碳可提高硬度。但過高的含碳量則會形成鑄鐵，性質又大不相同。
157 金屬冶鍛的一種技術，指當金屬成形後，將之放入低溫的油或水中使急速冷卻。可使金屬產生高堅硬度。

戰叉用於許多軍隊，甚至可以單獨分成一種類別，具有許多類型，功用或造型也各不相同。不過戰叉這種類的定義，也就是共通特徵為前端一定是有分叉的雙槍頭。究竟最早自何時出現於戰場至今已不明瞭，但是作為正式武器大量運用在戰場上時是十世紀的十字軍戰爭中。之後十五世紀到十九世紀間的農民起事也經常使用戰叉。另外十

七世紀末時義大利、法國、德國等軍隊中也正式採用作為步兵對騎兵用的兵器。

馬賽戰槍是橫跨肯亞（Kenya）與坦尚尼亞（Tanzania）的大莽原地帶上的部族—馬賽族（Masai）的特有武器。中央為木製短柄，兩側則插上細長的插管式（socket）槍尖。槍尖一邊是錐狀另一邊則是具兩鋒的短劍狀。因此可以行刺擊與切砍等攻擊。另外，也有不是短劍狀而是寬闊的橢圓樹葉狀槍頭的。用法是一手持盾，另一手持馬

賽戰槍高舉過肩接近刺擊、切斬，有時也投擲攻擊。細長的槍尖可貫穿盾牌，傷害盾後的戰士，因為槍尖主要以金屬製成，因此具十分的貫穿力。

長柄槍如名所示，是一種柄非常長的槍，據說最早是織田信長開始使用。這個時代的作戰主要兵力是徵調來服役的農民。他們並非武術高手，所以訓練他們裝配長槍集團戰鬥。這種集團

稱為「槍組」，立於會戰的第一線作戰，依其活躍度甚至可左右戰局。因此長柄槍便是基於把槍柄加得更長的話應該更有利於戰鬥的考量下發明出來的。戰法是把槍一起舉高揮下，或者穩穩持槍，槍頭朝向斜前方恫嚇敵騎兵防止突擊。抑或手持槍柄末端筆直朝向敵人前進，這種陣形稱「槍襖（yaribusuma）」。

薙刀 **naginata**
なぎなた

平安～江戶（794～1868年）
日本

長度：1.2～3.0m　重量：2.5～5.0kg

　　薙刀也寫作長刀，據說是鉾（hoko，別項長柄134①）、或說是戟（ji，別項長柄134④）變形而來。長柄，前端爲具弧度的長刀身，可看出

主要攻擊方式爲切砍。記載了平安時代源義家（Minamoto no Yoshiie）與奧羽清原一族之戰的文獻《後三年記》158中有稱作「投刀」的武器，

薙鐮 **naigama**
ないがま

鎌倉～桃山（1192～1603年）
日本

長度：2.0～3.2m　重量：1.8～3.0kg

南蠻棒 **nanbanbō**
なんばんぼう

江戶（1603～1868年）
日本

長度：2.0～2.4m　重量：2.2～2.5kg

波斯長柄騎矛 **neem neza**
ニーム・ネザ

7～19世紀
中、近東

長度：2.5～4.0m　重量：2.1～3.5kg

似乎就是薙刀。源平之戰時期之各種文獻與插畫中均可見薙刀蹤影，到了鐮倉時代成爲步兵與僧兵的主力兵器。南北朝時出現了接近3m的大型

薙刀，於是把這種大型化的稱做大薙刀，原本1m前後的稱做小薙刀。後來其地位來到室町時代後被槍取代，到江戶時代則成了武士家女性作爲教養必學的項目。

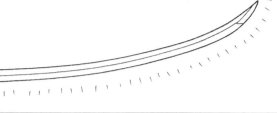

158 記載「後三年戰役」的文獻。後三年戰役爲平安後期1083～108/年間，奧羽（本州東北之古國）豪族清原氏引發之戰亂，源義家奉命討伐，同時也奠定了源氏在關東的勢力基礎。

薙鐮是一種把農耕用具的短鐮刀柄加長，用來鉤倒敵人、把人從馬上拉下、鉤住割斷敵人首級的武器。另外，於南北朝時期也用於水戰上，安土桃山時代的能島流水軍[159] 使用的「除藻鐮

（mohazushi）」據說也是與薙鐮相同型式的武器。除藻鐮原本是用來切除纏住櫂或舵上水草、浮游物時使用的器具，不過因形狀爲鉤爪狀，作爲輔助武器用於海戰上，如鉤拉敵船也很實用。鐮身約有10～40cm的長度，除藻鐮的鐮身做得較短，薙鐮則較長；至於柄長也與鐮身情形相同。

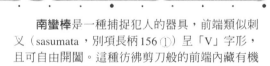

159 指南北朝、室町、戰國時代持續以瀨戶內海之能島、囚島、來島（合稱三島）爲根據地的村上水軍（海盜）。

南蠻棒是一種捕捉犯人的器具，前端類似刺叉（sasumata，別項長柄156①）呈「V」字形，且可自由開闔。這種彷彿剪刀般的前端內藏有機關，在手握處有控制活動的裝置，透過中空柄裡的

鐵棒牽引開闔，是種類似魔術手（magic hand）[160] 的構造。也有些機關做成彈簧式，平常卡住彈簧讓夾子保持開啓，當揮向對手時放開卡榫便會夾住。這些剪刀似的鋒刃通常做成鋸齒狀，可在夾住對手時無法輕易地掙脫開來。因爲這是江戶時代的發明，在這無戰事的年代與其說是武器還不如說是一種長柄工具。而且，實際上眞的用在戰爭上恐怕也發揮不了什麼效力吧。

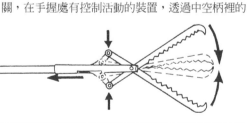

160 商品名，一種長柄的取物夾。

波斯長柄騎矛是波斯地方的騎兵使用的長矛，與西歐世界的騎兵長矛（lance，別項長柄140①）在定位上可說是很相近的武器。中東一帶一般以「neza」來稱呼這種武器，而「neem neza」則是其中的一種類型，爲波斯特有的武

器。柄以竹子之類的有節材料製成，中間設有金屬製的握柄，底部的鐏也很尖銳，具攻擊效力。這樣的設計在槍頭折斷時還能立刻換邊再戰。與過去亞歷山大大帝率領的馬其頓軍隊使用的薩里沙長矛（sarissa，別項長柄154④）非常形似，雖然沒有確實的證據可證明，但相信應該有受到強烈的影響。

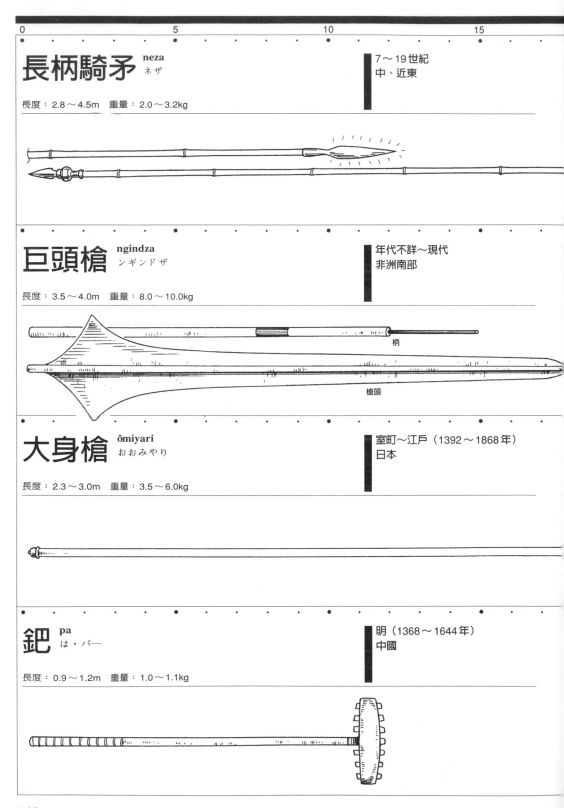

長柄騎矛 ^{neza}
ネザ

7〜19世紀
中、近東

長度：2.8〜4.5m　重量：2.0〜3.2kg

巨頭槍 ^{ngindza}
ンギンドザ

年代不詳〜現代
非洲南部

長度：3.5〜4.0m　重量：8.0〜10.0kg

柄

槍頭

大身槍 ^{ōmiyari}
おおみやり

室町〜江戸（1392〜1868年）
日本

長度：2.3〜3.0m　重量：3.5〜6.0kg

鈀 ^{pa}
は，パー

明（1368〜1644年）
中國

長度：0.9〜1.2m　重量：1.0〜1.1kg

長柄騎矛是阿拉伯、伊拉克、土耳其、印度北部等等中亞與美索不達米亞（Mesopotamia）地方人民從7世紀左右開始使用的騎兵用長矛。在定位上可說是東方的騎兵長矛（lance，別項長柄140①）吧。外型與普通的長矛別無二致。長柄騎矛依其形狀略微不同可分爲幾種型式。阿拉伯人使用的矛頭較短，但插管的管狀部分較長。北印度語（hindi）中稱之爲「bhala」，所指的主要以阿拉伯製的或一般的長柄騎矛。至於土耳其式矛頭較長的則稱爲「barchha」。

巨頭槍是薩伊（Zaire）境內的托波克人（Topoke）與姆布格布人（Mbugbu）使用的武器。特徵是槍頭非常巨大，且只有最強悍的戰士才配使用。通常槍頭與柄是分開的，移動時分別攜帶，必要時再將插管式（socket）的槍頭與柄組合起來。但是這麼巨大的槍頭是否眞能在實戰發揮作用並不清楚，恐怕視作強悍的戰士用來誇耀自己武勇的象徵會比較好。

今日「ngindza」一詞不僅指這種槍而已，凡是刃部寬闊的武器都是這個名字，例如姆布格布族使用的獨特飛刀也這麼稱呼。

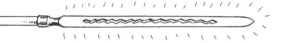

大身槍，或稱穗長槍、長身槍，如名所示是一種槍身長達30cm以上的槍。槍身究竟要達到多長才能稱作「大身」尚無定說，不過《大河內家傳》一書把槍身尺寸分爲大中小，其中「中」爲二尺（約66cm）爲止。若根據此一說法，則70cm以上者即可稱「大身」。這種槍最早於室町末期出現，在戰國時代被盛讚爲一擊必殺之強力武器，但也有人認爲因其重量過重，其實並不怎麼適合用於亂戰之中。歷史上紀錄中槍身最長的大身槍是駿州島田（今日靜岡縣中部）的刀工儀助製作之「御手杵槍」，其長據說達四尺六寸（139.3cm），但可惜實物已毀於地震中。

鈀是由農具發展而來的，到了明代以後才作爲武器使用。這種農具原本用來扒鬆土壤或將雜草、稻穗掃成一堆。魏晉南北朝（420～589）時原型已經存在。造型上近似我們熟知的方頭刷子一般，呈「T」字形，鈀頭上有十二根牙齒狀鐵製突起，可增加打擊力。這種武器在攻擊、防禦層面上皆適宜，對抗倭寇的時期開始也用在船戰上。

另外，鈀雖有數種類型，不過最常見的是鈀頭上附有九根15cm左右長度尖刺的類型，揮下攻擊時除打擊效果外也能給予突刺的傷害。

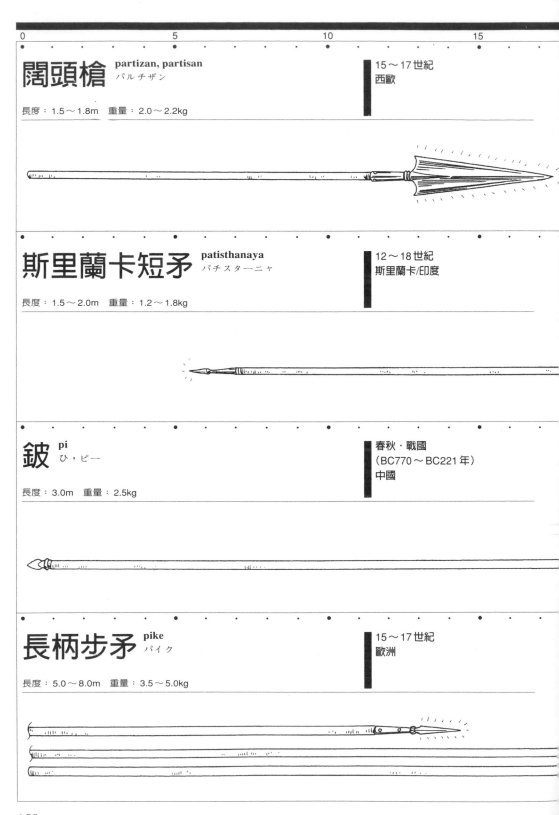

闊頭槍
partizan, partisan
パルチザン

長度：1.5〜1.8m　重量：2.0〜2.2kg

15〜17世紀
西歐

斯里蘭卡短矛
patisthanaya
パチスターニャ

長度：1.5〜2.0m　重量：1.2〜1.8kg

12〜18世紀
斯里蘭卡/印度

鈹
pi
ひ，ピー

長度：3.0m　重量：2.5kg

春秋・戰國
（BC770〜BC221年）
中國

長柄步矛
pike
パイク

長度：5.0〜8.0m　重量：3.5〜5.0kg

15〜17世紀
歐洲

闊頭槍是出現於十五世紀末的武器，最早使用於法國或義大利農民起義反抗體制時。最初只有非正規的軍隊才使用闊頭槍，進入十六世紀以後歐洲各國的正規軍也開始將之納入配備之一。但是到了十七世紀後其地位被短步矛（half pike，別項長柄132②）給取代。不過在專制主義（absolutism）[161]時期到法國大革命前的法國宮廷裡，上施有波旁王室（House of Bourbon）象徵性裝飾的闊頭槍一直是守衛宮廷的瑞士傭兵手中的標準配備。另外同樣地，在義大利統一前的那不勒斯王國（Napoles）[162]的波旁王室宮廷裡，一樣也配備這種闊頭槍。

161 指一種不受任何其他機構限制（不管是司法、立法、宗教、選舉等）的中央集權政體，多為君主制。最有名的代表即路易14世（1643～1715在位）時期的法國，他說「朕即國家（L'etat, c'est moi）」為這種政體下了最好註腳。
162 波旁王室曾於1734～1808統治過那不勒斯與西西里。

3
長
柄

P

斯里蘭卡短矛是斯里蘭卡人使用的一種長柄武器。矛頭短小雙面有鋒刃，特徵是矛頭底部有兩片對稱向外突出的部分。這是純粹刺擊用槍可見的特徵，恰好與西歐的翼矛（winged spear，別項長柄164①）類似。這種矛頭上的突起，也就是所謂的「翼」的部分是為了防止在刺入敵人體內時過度深入而難以拔出的設計。底部也有槍尖，這是印度地區的騎兵槍的標準造型，比起西歐的騎兵長矛（lance，別項長柄140①）的長度略短。這是因為印度迂迴複雜的山區多，這種長短恰好能適應當地環境，更具實戰性。

鈹是春秋戰國時期使用之詳細不明的兵器，其原貌一直要到一九七六年秦始皇兵馬俑開挖後才得知。在這之前雖從文獻上記載來看，其外型某種程度可以猜想得到，但從未發現過實物所以詳細不明。但是隨著考古的發現可知，鈹可說是槍（qiang，別項長柄152③）的前身，同時也知道了過去發掘出來一直被誤認為是刀劍的原來是鈹的刀身。特徵是與刀劍類似，為柄舌（tang）式著柄。與矛的差別就在於另一個是插管式（socket）著柄。由槍頭的構造亦可知，鈹是種切砍突刺均可的武器。

柄舌

極長的柄上裝有插管式矛頭正是長柄步矛的特徵，這是一種為了對抗騎兵長矛（lance，別項長柄140①）瑞士人設計出來的武器。語源出自法語中意為步兵用矛的「pique」。長柄步矛最早是在一四四二年的瑞士與米蘭大公之間的阿爾貝德戰役中登場。瑞士軍對以步矛擊退了號稱義大利第一的米蘭大公的騎兵隊，其表現非常出色。後來就成為對抗騎兵專用的防禦性兵器。雖然缺乏機動性，但戰術家思考出以步矛為中心的種種陣型，特別是三十年戰爭時的無敵方陣隊形「西班牙大方陣（tercio）」（參考章末166頁）最為出名。

羅馬雙尖木槍

pilum muralis
ピルム・ムルス

BC2〜AD3世紀
古羅馬

長度：1.8〜2.0m　重量：1.0〜1.3kg

長柄大斧

poleaxe
ポール・アックス

15〜16世紀
西歐

長度：1.8〜2.1m　重量：2.5〜2.9kg

槍

qiang
そう，チァン

三國〜清（220〜1912年）
中國

長度：3.0〜8.0m　重量：2.5〜6.0kg

槍鐮

qiang-lian
そうれん，チァンソエン

清（1644〜1912年）
中國

長度：2.0〜2.5m　重量：3.0〜3.5kg

羅馬雙尖木槍是兩頭削尖，握柄設於中央的長柄武器。這是古羅馬時代的武器，材質全以木材製成。

「pilum（別項投擲256①）」是指古羅馬軍常用的標槍，「muralis」則是「城牆」之意。因此其語意合起來便是「城塞用的槍」。用法為握住中間的握柄，或可丟擲或可突刺，緊急時應當時狀況可做出種種攻擊。又輕又長，方便好用。在防衛陣地或構築野營地時當作緊急用武器堆在一旁備用。

附帶一提，羅馬雙尖木槍形狀上很類似步壘使用的木樁，但根據今日留存的羅馬文獻可知，絕非作木樁用途之物。

長柄大斧是從丹麥人使用的戰斧演變而來。前端混合了鉤爪、鐵鎚、斧頭等部分，形狀會讓人聯想到戰鎚（war hammer，別項打擊200②），因此兩者經常被混淆。但是兩者間有個重要的差別，那就是長柄大斧的柄上有個圓形的護手。

大約十五世紀左右登場，非常的沉重且刃部銳利，因此與敵交戰時必須以雙手使用。其威力非常強大，足以打碎重甲騎士的鎧甲。

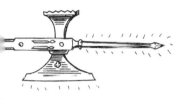

「槍」一字原指兩端削尖之木，漢代以前的文獻中亦可見此字。但是這時指的並非我們認知中的「槍」這一武器。而在槍作為一種武器獨立之前，已經有矛（mao，別項長柄116④）與鈹

（pi，別項長柄150③）這兩種先行武器存在了，何時開始明確地有分別，至今已不能確定，只知大約在隋代（589～618）以後。不過在這之前諸葛孔明已經發明槍這種兵器也是不爭的事實，他製造了許多的槍，並且教軍隊使用法。從此之後，槍在中國與西歐同樣成了長柄兵器之王君臨戰場，直到火器發達的時代為止，並且也發展出各種武術流派。

槍鐮是由農具的鐮刀演進而來的武器。可利用彎曲的刃部鉤住切砍對手。

中國十七世紀以後內亂頻發，農民起來對抗體制。在抗爭的同時，最常被當作武器的就是鐮刀了。原本他們使用的是割草用的鐮刀，但是因距離太短，對於不善武術的農民並非很安全。因此將草鐮的柄加長後完成的就是槍鐮了。柄變長後，就算不習武的農民也能做出有效的攻擊。而且用法跟一般鐮刀沒有兩樣，因此對於用習慣的農民而言，不需武術基礎也能發揮相當的威力。

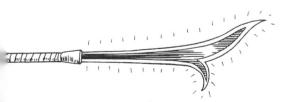

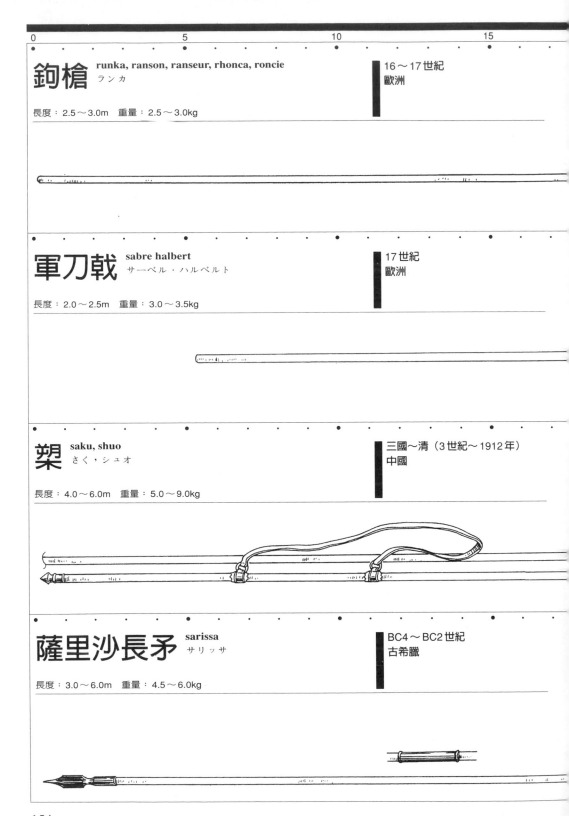

鉤槍 　**runka, ranson, ranseur, rhonca, roncie**
ランカ

長度：2.5〜3.0m　重量：2.5〜3.0kg

16〜17世紀
歐洲

軍刀戟 　**sabre halbert**
サーベル・ハルベルト

長度：2.0〜2.5m　重量：3.0〜3.5kg

17世紀
歐洲

槊 　**saku, shuo**
さく，シュオ

長度：4.0〜6.0m　重量：5.0〜9.0kg

三國〜清（3世紀〜1912年）
中國

薩里沙長矛 　*sarissa*
サリッサ

長度：3.0〜6.0m　重量：4.5〜6.0kg

BC4〜BC2世紀
古希臘

　　鉤槍是戈刀（bill，別項長柄116③）的發展型，用於十六～十七世紀之間。槍頭上同時具有突刺用的槍尖，拉扯、鉤切用的鉤爪等部分，因此顯得巨大而且非常顯眼。語源由義大利相近的武器—鉤戟（ronco，或作 runcone）而來。鉤戟也可說是戈刀的原型，但應該算不上是鉤槍直接的祖先，因為中途經過戈刀再變化而來的。

　　戈刀於十六世紀左右逐漸改變外型，原本單純只在刀身加上鉤爪的形狀已不足以應付戰況，因此外型上變得更複雜，同時也更多用途。在發展的過程中也受到瑞士戟（halbert，別項長柄132①）不少影響。但鉤槍由戈刀發展而來仍是不爭的事實。

　　軍刀戟是十七世紀時誕生於瑞士與德國特殊長柄武器。為了增加一般瑞士戟（halbert，別項長柄132①）的切斷與突刺效果，把尖端做得像軍刀一樣又細又長。

　　這種瑞士戟在十六、十七世紀之交大量地製作出來，目的是專門用來對付配備了長柄步矛（pike，別項長柄150④）的軍團，使之隊形潰散用的。但是當時已經逐漸轉型成火器的時代，在火器的彈幕下，步兵間的近距離戰鬥已不再興盛。因此這種違逆時代潮流的點子最後還是沒能獲得預期的效果。

　　槊是一種主要用於騎兵突擊時的大型長柄武器。由於其柄極長，可活用距離作攻擊。到了宋代為方便單手使用，柄上還附了繩帶以掛在肩上。槍頭末端有鉤爪，因此一旦刺入便難以拔

出，但同時也表示一擊能造成極大的效果。
　　「槊」也用來泛指一切長矛，因此也有一部分步兵用槊。為了作區別，騎兵用的稱「馬槊」，步兵用的稱「步槊」。

　　薩里沙長矛是西元前四世紀興起，以希臘半島為據點席捲歐亞的亞歷山大大帝麾下之馬其頓軍團使用的長矛，騎兵用的約3m，步兵用的則是長達5m。矛頭與鐏皆是插管（socket）式的，這種設計就算騎兵突擊時折斷矛頭也能立刻替換。步兵的用在構成軍隊核心之方陣（phalanx）[163]上，是方陣的重要兵器。柄的中間以金屬管銜接

更增柄長。亞歷山大死後，後繼者們為爭奪王位展開了激烈的戰爭。戰爭當中，更長的薩里沙長矛也被發明出來，但是不僅操作不易，也會限制了部隊的進行，因此在繼位戰爭結束後，也隨之從歷史舞台上消失。

163 亞歷山大方陣中的核心單元叫做「syntagma」，縱深一般為16人。每個士兵都裝備薩里沙長矛。前5排士兵水平地持長矛走在行進方陣的前面。後11排士兵則以垂直持矛。兩側是負責護衛行進的輕裝步兵與弓箭手、彈弓手和標槍手。裝備著劍和標槍的重騎兵負責保護兩翼，並準備衝入敵人的薄弱點。輕騎兵隊則負責偵察和小規模接觸。

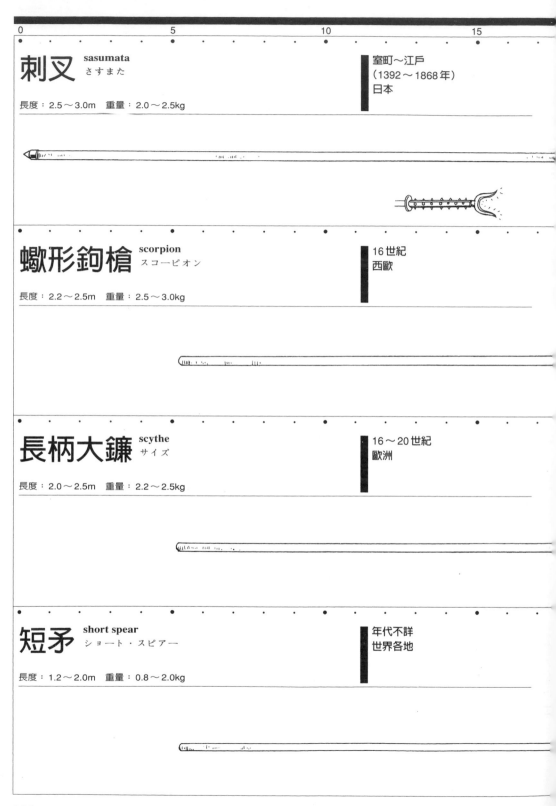

刺叉
sasumata
さすまた

長度：2.5〜3.0m　重量：2.0〜2.5kg

室町〜江戸
（1392〜1868年）
日本

蠍形鉤槍
scorpion
スコーピオン

長度：2.2〜2.5m　重量：2.5〜3.0kg

16世紀
西歐

長柄大鎌
scythe
サイズ

長度：2.0〜2.5m　重量：2.2〜2.5kg

16〜20世紀
歐洲

短矛
short spear
ショート・スピアー

長度：1.2〜2.0m　重量：0.8〜2.0kg

年代不詳
世界各地

刺叉也稱作「挾股」、「指叉」，是一種雙叉尖端略微外彎恰似雁頸的長柄武器，據說在室町時代時由中國傳入日本。形狀極具威嚴，故室町時代時用來當作警護用具，當時別名「琴柱」（kotoji）或「琴柱棒」。之所以有這種名稱是因為前端的六角柱近似琴上支撐琴弦的棒柱，故得名。到了江戶時代，衙門將之與袖溺（sodegarami，別項長柄158①）、突棒（tsukubou，別項長柄162②）一起裝飾於門口，當作衙門威嚴的象徵。當然在捕捉犯人時也會用到。叉上有線條隔成內外兩側，一般說來刺叉是沒有刃部的，不過有的刺叉內側具有刃部。使用法除了抵住對手外，可更進一步地扭動叉頭，以將對手僅僅壓制住。

蠍形鉤槍是誕生於英國的鉤槍（runka，別項長柄154①）的發展型就像鉤槍由戈刀（bill，別項長柄116③）發展而來的同時大幅改變了其外型，由鉤槍發展至蠍形鉤槍的同時，又改良了許多部分，形狀變得更具攻擊性與獨創性。

此武器出現於十六世紀，名稱之「scorpion」即「蠍子」之意，其獨特外型名符其實，令人聯想到那凶猛的節肢動物。許多文獻記載這是一種瑞士戟（halbert，別項長柄132①）的變形，但是筆者認為由戈刀發展而來的說法可靠性較高。這種前端造型複雜的長柄兵器用法通常非常多樣，而蠍形鉤槍或許可以說是當中攻擊最多樣化的武器了吧。

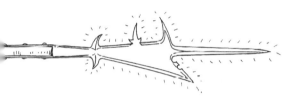

長柄大鐮就是裝上長柄的大型鐮刀。經常被人誤會是中世紀的武器，其實當作武器使用要到近代以後才開始。西歐民間故事中的死神形象經常是一副骸骨樣，手上必定持有大型鐮刀，那種大鐮刀其實就是長柄大鐮的原型。

長柄大鐮做為農具的歷史遠比當作武器的歷史還來得久多了，一直到十六世紀後期農民們才開始拿來當作武器使用。以平常收割除草慣用的農具作武器，用起來也比較順手。也因此這種武器並非軍隊正式採用之物，總是見於非正規軍用來當作臨時的武器。十七世紀時農民的暴動頻繁發生，長柄大鐮也同時經過多次改造，最後柄的構造終於跟矛槍類相同。

短矛的構造非常簡單，除去一些鋒刃形狀上的不同外，基本上都由柄與具有鋒刃的矛頭所組成。可做突刺攻擊，也可投擲攻擊。

人類尚以狩獵為生的太古蠻荒時代就已經開始使用，而正式作為一種武器則是在後來戰爭發達，軍隊組織成立之後。構造單純，因此不管是步兵還是騎兵都能運用。而且不管是用在接近戰還是遠距離戰都很有效，因此極為普及。

在火器成為主力兵器前，短矛是全世界製造最多，也是使用最盛的武器。

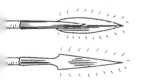

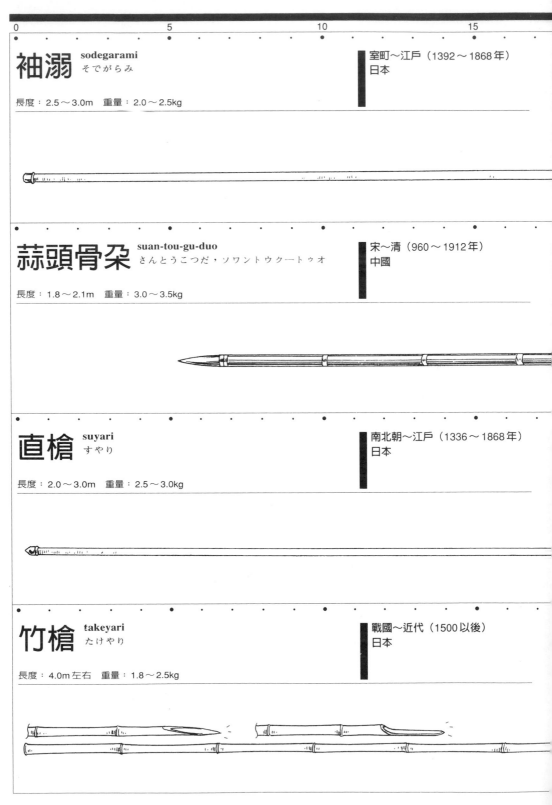

0　　　　　5　　　　　10　　　　　15

袖溺　**sodegarami**
そでがらみ

室町〜江戸（1392〜1868年）
日本

長度：2.5〜3.0m　重量：2.0〜2.5kg

蒜頭骨朶　**suan-tou-gu-duo**
さんとうこつだ・ソワントウクートゥオ

宋〜清（960〜1912年）
中國

長度：1.8〜2.1m　重量：3.0〜3.5kg

直槍　**suyari**
すやり

南北朝〜江戸（1336〜1868年）
日本

長度：2.0〜3.0m　重量：2.5〜3.0kg

竹槍　**takeyari**
たけやり

戦國〜近代（1500以後）
日本

長度：4.0m左右　重量：1.8〜2.5kg

袖溺是室町時期時，由中國傳入日本之一種用於水師的長柄武器。如名所示，用法便是鉤住對手的衣物或穿戴在身上的物品，藉以拉倒對手。另一方面也適合用來救助溺水者。別名「やがらもがら（yagaramogara）」，三島水軍[164]曾使

用過，而到了戰國時代時也用於攻城戰上，不再侷限於水上戰鬥中。但是袖溺使用最盛的時期卻是江戶時代。在這無戰爭的時代中，袖溺變成捕捉犯人的工具，發揮了新的功用。前端的鉤爪樣式並不固定，大體上分爲六～八根鉤爪分別向上向下，或者一根鐵鉤的前端又細分爲數根小枝等。

164 指南北朝、室町、戰國時代持續以瀬戶內海之能島、因島、來島（合稱三島）爲根據地的村上水軍（海盜）。

蒜頭骨朵是一種金屬錘頭加上長柄的兵器。球狀錘頭形似蒜頭，因而得名。

這種武器一般歸類於錘（chui，別項打擊176①），相當於西洋的釘頭錘（mace，別項打擊190①），一般而言柄並不長。但是增長柄也意味著揮下時的打擊力會倍增，因此攻擊力是可以期待的。尤其此武器的用法非

常簡單，就只是單純地揮下打擊而已。鐏通常做得很尖銳，因此也可使出突刺攻擊。

直槍也寫作「素槍」「徒槍」，由這些字義看來可知是一種步兵使用，槍柄槍身均筆直的長柄武器。單純的構造與西洋的短矛（short spear，別項長柄156④）或長矛（long spear，別項長柄142②）相近。不過槍頭的種類則分成正三角

形、兩縞（兩刃長條狀）、菱形、菊池槍（kikuchiyari，別項長柄138②）等，其中兩縞的型式又分爲笹穗（竹葉之意）、鷹羽形、鳥舌形、御幣形、椿形、鎬形、飛燕形、櫂形等各式各樣的形狀。上述類型除了菊池槍以外均爲兩刃，長度由6～60cm不等。槍頭筆直確實是全種類共通的特徵，不過有些槍頭並非扁平狀，而是略帶隆起，這類槍頭稱爲篠穗。雖然直槍是種筆直長柄與槍頭組成的武器，沒有任何特殊之處，但是卻是日本武器史上各種槍類的發展基礎。

竹槍分成以竹爲柄前端接上槍頭者，以及把竹竿削尖而成者兩種型式。而後者又分爲單純把前端斜切而成的型式與削成扁平的槍身狀兩種。基本上材料用的是厚實的青竹，一般多以竹根側

製成槍尖，槍尖部分直徑5cm、握柄部分直徑3cm的爲最佳。爲了強化削製成的槍頭，上塗油並以火燻，重複多次後油會滲入切口而變得更堅固。由於竹槍簡便易做，因此成爲農民起事或民間械鬥時的主要武器。同時也廣泛地運用在各種戰爭中，爲種種階級的士兵所使用。

钂 tang
とう，タング

長度：2.8〜3.0m　重量：2.5〜2.8kg

明（1368〜1644年）
中國

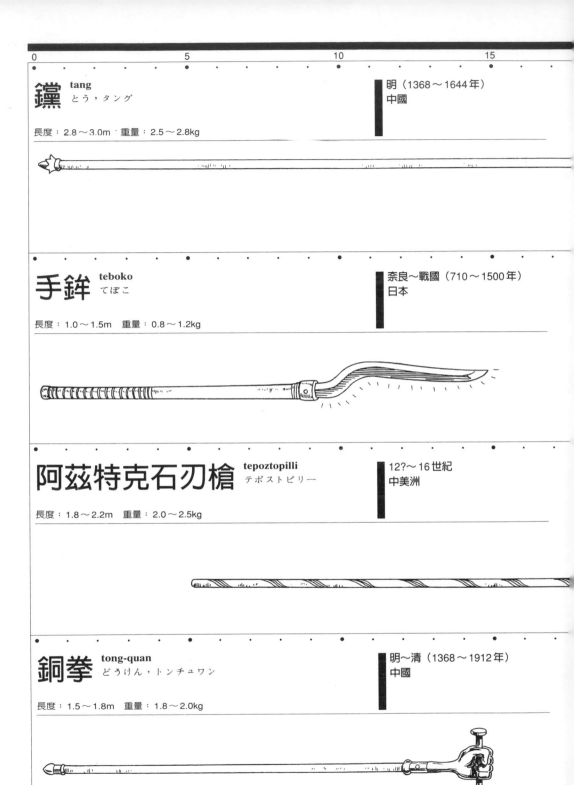

手鉾 teboko
てぼこ

長度：1.0〜1.5m　重量：0.8〜1.2kg

奈良〜戰國（710〜1500年）
日本

阿茲特克石刃槍 tepoztopilli
テポストピリー

長度：1.8〜2.2m　重量：2.0〜2.5kg

12?〜16世紀
中美洲

銅拳 tong-quan
どうけん，トンチュワン

長度：1.5〜1.8m　重量：1.8〜2.0kg

明〜清（1368〜1912年）
中國

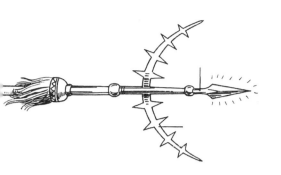

鏜是一種類似西歐的義大利月牙鏜（corsesca，別項長柄122④）或日本的兩鐮槍（kamayari，別項長柄136④）的武器。月牙可用來擋下敵人攻擊，當中特別以明朝的退倭名將戚繼光部隊使用的齒翼月牙鏜最爲有名。戚繼光直屬部隊一般呼作戚家軍，一個小隊內包含以下陣容：隊長一名、長牌（盾）手一名、藤牌（盾）手一名、狼筅手二名、長槍手四名、短兵手二名、火兵（負責廚房開火事宜）一名。而長槍手當中，有二名裝備鏜。

　　手鉾的攻擊方式以切砍、刺擊爲主。一般認爲這是於奈良時代由矛（hoko，別項長柄134①）發展而來的武器，但由中國傳入的武器發展而來之可能性亦很大。刀身部分呈「く」狀彎曲，雙鋒或單刃均有。全長約略與使用者同高或低個頭，因此與長刀的用法約略相同，以揮舞斬擊爲主。現存的手鉾僅有五把，收藏於正倉院[163]中，不過根據文獻的記述看來並非全然都是相同形狀。長門本《平家物語》[166]或《伴大納言繪詞》[167]等書中有關於手鉾之插圖，而《義貞記》[168]《義經記》[169]《關八洲古戰錄》[170]中也有文字描述

提及。因此可推測使用的年代應該是從源平、鎌倉時代到戰國時代左右。

163 奈良東大寺大佛殿西北的倉庫，內收有大量奈良時代的佛教美術品。
166 描寫平家盛衰的故事，約14世紀中葉完成，流傳版本極多。
167 繪卷（一邊文字一邊插圖的書籍），12世紀左右完成。對各式各樣人物的描寫十分出色。
168 描寫南北朝初期武將新田義貞（1301～1338年）的故事。
169 描寫平安末期，源平之戰中的悲劇英雄源義經的故事。室町前期（14世紀中葉）完成。
170 原文誤作「寒八州」，故訂正。所謂「關八州」指的是關東地方「相模、武藏、上野、下野、安房、上總、下總、常陸」八國。本書描寫室町末期到戰國初期的戰亂，作者爲槇島昭武。

　　阿茲特克石刃槍是阿茲特克人使用的槍，「tepoztopilli」一詞意爲「突刺用槍」。但是實際上用法不只限於突刺，也可以刃部削切敵人。槍身呈細長三角形或鵝卵形，約有30cm長，因此適合作削切攻擊。

　　由於阿茲特克除了黃金以外並不產其

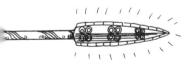

他金屬，因此他們的武器多以石頭做成，這種石槍也是以磨利的石片排列成鋒刃而成。鋒刃的形狀多樣，由今日留存的遺跡看來，也有長滿尖刺或鋸狀的。

　　整體塗以繽紛色彩，至於上頭的紋飾究竟是文化上的象徵抑或是部落的代表，今日已不得而知。

　　銅拳是載於《三才圖會》[171]之〈器用八卷〉中的武器。

　　由其名可想像得到，前端正是以金屬製成拳頭模樣，拳頭中還握著一根粗大釘子，彷彿正準備用鐵鎚敲打釘子的感覺。這根釘子的作用不僅能達到打擊的效果，更能以釘頭貫穿敵人鎧甲攻擊。

　　這種模擬人拳的前端也有種種類型，例如以筆狀物替代釘子的稱作「魁星筆」，緊握的拳頭中，只有中指伸直的稱作金龍抓。這些銅拳被歸

於「抓」類，大概到十七世紀左右才出現。

171 明代王圻與其子王思義合撰之圖鑑，內容網羅天文、地理、人事之知識，故稱三才。

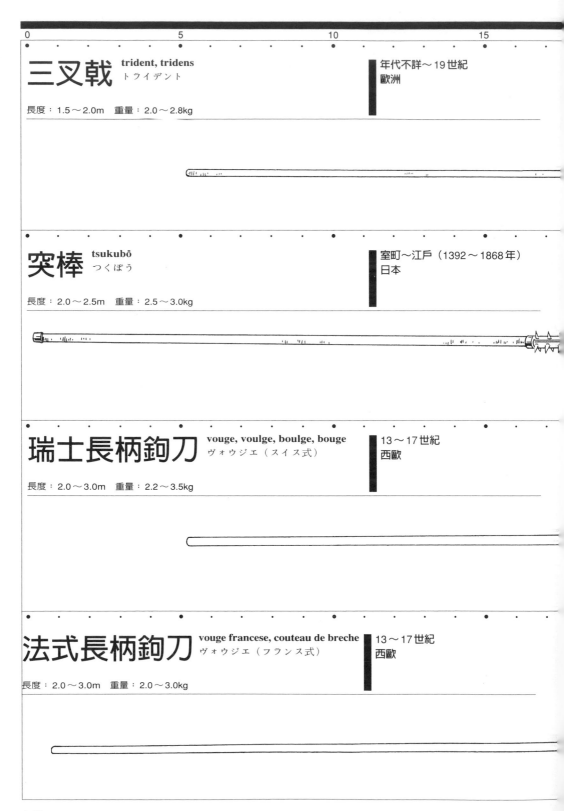

三叉戟 **trident, tridens**
トライデント

長度：1.5〜2.0m　重量：2.0〜2.8kg

年代不詳〜19世紀
歐洲

突棒 **tsukubō**
つくぼう

長度：2.0〜2.5m　重量：2.5〜3.0kg

室町〜江戸（1392〜1868年）
日本

瑞士長柄鉤刀 **vouge, voulge, boulge, bouge**
ヴォウジエ（スイス式）

長度：2.0〜3.0m　重量：2.2〜3.5kg

13〜17世紀
西歐

法式長柄鉤刀 **vouge francese, couteau de breche**
ヴォウジエ（フランス式）

長度：2.0〜3.0m　重量：2.0〜3.0kg

13〜17世紀
西歐

三叉戟原本是捕魚用的器具，長期以來只用於漁獵或農業上，即使到了現代，各國農家中也還是可見其蹤影。

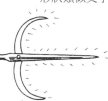

形狀類似叉子（fork），不過長柄上裝的是具三根刀部的槍頭。或許設計者認為尖端有三個的話，攻擊力會增加，命中率也會提高，這點可說是這種武器設計的基本概念吧。

另外也有被三叉戟刺中的傷口比較不易痊癒的說法。但是有趣的是，歷史上從來沒有任何一個國家正式採用三叉戟作為武器。

突棒別名有「鐵鈀」、「羽刊」、「月劍」、「作振」、「鉾」等等，主要用於警備工作或追捕犯人上。

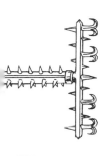

中國的文獻與室町時代的古文書中均可見記載，因此可推測最早應是室町時代由中國傳入日本，不至於更早就存在。

原本專門用來威嚇敵人，但是到了江戶時代後，與袖溺（sodegarami，別項長柄156①）、刺叉（sasumata，別項長柄158①）並稱為衙門三大捕具。

突棒最有效的用法是以前端橫桿部分壓制、拉倒敵人，另外也可用來擋住犯人的激烈反擊。

長柄鉤刀分為瑞士式樣與法國式樣，直呼「vouge」的通常指瑞士長柄鉤刀。這種武器據說是由英式鉤矛（gisarme，別項）發展而來，並且為後來的瑞士戟（halbert，別項長柄132①）之

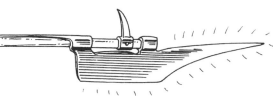

始祖。不過由於英式鉤矛應該是別種系統發展而來的武器，因此此說法相當可疑。而至於鉤爪部分，不同於瑞士戟，瑞士長柄鉤刀的完完全全是鉤子而已，是於攻城戰時用來攀登城牆之物。因此有人認為基於這點，在瑞士戟出現以前，也就是十五世紀以前的所有這類型的武器都算是瑞士長柄鉤刀。

法式長柄鉤刀別名「鉤爪刀（couteau de breche）[172]」，刀身的部分非常單純。原型可見於十三世紀時文獻上的插畫。不過現存之實物大半是十四世紀至十五世紀製作的物品。法式鉤刀與瑞士式樣的鉤刀（vouge，別項長柄162③）之起源是否相同，仍有討論的空間，但至少鉤爪刀由農耕器具發

展而來之說十分有力。由這種武器的用法就只有「砍」、「刺」、「打」等最為單純的方式亦可佐證。不過由法式長柄鉤刀發展成的德式偃月刀（couse，別項長柄124①）就是純粹的武器，主要用於守衛宮廷。

172 法文「couteau」為「刀子」之意，而「breche」則是「缺口、裂痕」之意，意指「刃部不平順的刀子」，是一種帶突起的武器。

翼矛 **winged spear**
ウィングド・スピアー

5～11世紀
西歐

長度：1.8～2.0m　重量：1.5～1.8kg

　　翼矛是中古黑暗時代使用的一種長柄兵器，特徵在槍尖上。在與柄之接合處上有類似翅膀（wing）狀的突起，因而命名爲翼矛（winged spear）。今日多將之視爲一種騎兵長矛（lance，別項長柄140①），但並非全爲騎兵使用，原本兩旁翼狀突起是爲了投擲時，不至於過度深入刺進敵軍體內而設計。但在八世紀諾曼人（Norman）[173]入侵時，已經幾乎只當作騎兵用矛使用了。這是因爲馬上突擊時的衝刺力強，翼矛的突起能更有效地擴大對手傷口，也因此翼狀突起面積後來有加大的趨勢。

筅槍 **xian-qiang**
せんそう，シェンチァン

明末～清初（1600～1700年）
中國

長度：3.0～4.0m　重量：3.5～4(6)kg

偃月刀 **yan-yue-dao**
えんげつとう，ヤンユエタオ

宋～清（960～1912年）
中國

長度：1.7～3.0m　重量：12.0～25.0kg

抓子棒 **zhua-zi-bang**
そうしぼう，チョワツーパン

唐～明（618～1644年）
中國

長度：1.5～1.8m　重量：2.0～2.5kg

173 字源爲「Nortmanni」，意即「北方人」，指來自丹麥、挪威、冰島等地的非基督教民族。8世紀時大舉對歐洲沿海地帶掠奪，9世紀後半對法國西部與北部的侵襲次數更增。10世紀初甚至在此建立了永久性據點，並定居此地。諾曼人定居的法國北部之地即爲諾曼地（Normandy），即使定居此地，改用法語，改信基督教，他們仍然不減侵略者本色，最有名的便是諾曼地公爵—征服者威廉（William the Conqueror）於1066年入侵並征服英格蘭，成爲英國國王。此事件使得英法間的王權問題複雜化，種下百年戰爭爆發的因子。

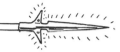

笔槍是種以竹爲柄，前端接上去掉樹葉、保留約四到五枝較粗枝枒的樹枝，並在最尖端處裝上槍頭而成的長柄武器。特意留下的枝枒具有擋下敵人攻擊的效果，並且能防止利刃輕易地切斷

槍頭。甚至還可以樹枝鉤住敵人的武器。與笔槍相同的武器另外還有狼笔（lang-xian，別項長柄140④），與之相比笔槍爲了更便於舞動，故將大半的枝枒去除。後來也發展出鐵製枝枒的類型，不過後者由於重量太重，即使在防禦面上有利也不實用。或許是這個因素，這種武器只流行於明末清初，後來就再也沒出現過。

偃月刀是長柄刀（chang-bing-dao，別項長柄120④）類中特別有名的一種。不過多半是用作展演性質而非戰鬥，因此上頭多有精細的雕飾，鐏側有刀刃者也很常見。偃月刀於明朝開始

發展，當時這類型的武器就只有鉤鐮刀與偃月刀兩種而已。鉤鐮刀其實就是偃月刀精簡化後更適合實戰使用的武器；而另一方面，偃月刀因其重量重而多作爲訓練用。清代之八旗軍內，屬漢旗的士兵使用的是挑刀、寬刃刀、片刀、虎牙刀等四種武器，這些也是由偃月刀發展而來，改良的較爲輕短好用的武器。

抓子棒是一種前端爲鉤爪的武器，可說是「抓」類武器的代表。北宋時代的武器書《武經總要》[174]中亦有提到，但是最早應從唐代就已經存在了。

前端的鉤爪具有鉤住並拉倒敵人，把馬上的士兵拉下來等作用，此外還能作打擊或突刺的攻擊。

最盛期是宋元之間，到了元代甚至禁止民間人使用這種武器，可見其效力。明代編纂的《三才圖會》[175]之器用六卷中亦記載了抓子棒，形狀

也與前代相差無幾。由此可知這種步兵、騎兵兩用武器使用的歷史相當長。

174 北宋曾公亮、丁度等人奉命編纂，內容詳述武器、兵法等，並佐以插圖解說。
175 明代王圻與其子王思義合撰之圖鑑，內容網羅天文、地理、人事之知識，故稱三才。

西班牙大方陣

西班牙大方陣（tercio）是西班牙的攻擊型方陣。構成的份子為長柄步矛（pike）兵與鎗手各為1：1（過去的比例為6：1），一個方陣的人數約由1500～3000人組成。長矛兵在面對騎兵時縮小成員間隔至原本的三分之一，而對付敵人的砲擊時則擴大到4m；鎗手上前射擊完立刻退下，後面的鎗手遞補上前射擊，在近接戰前持續以彈幕防護。雖然是很具攻擊力的陣型，不過缺點為方向轉換不易及應對戰場上的臨時變化能力不佳。隊列中間由40（寬）×38（深）名長矛兵構成，四角則是18×18名鎗手構成，且有二列的鎗手包圍住長矛兵。

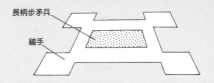

長柄步矛兵

鎗手

長柄
各部名稱
（譯名：英文名稱：
日文名稱：中文舊有名稱）

長柄武器

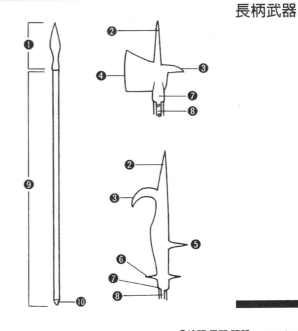

騎兵長矛

❶柄：Pole/shaft：柄
❷矛頭：spearheads：穗先
❸喇叭狀護手：vamplate：護拳
❹握柄：握り
❺槍繩：握り紐
❻刻槽：Fluting：フルーティング

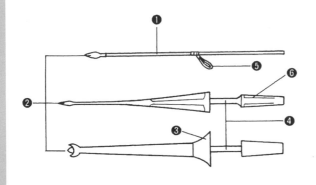

❶槍頭/矛頭/頭部：spearheads：
　穗先
❷槍尖/矛尖/尖端：spike：刺先：
　刺
❸鉤爪：fluke：錨爪/鉤爪：援
❹斧刃/刃部：Ax blade：斧刃
❺尖刺：peen：刺端
❻尖刺：lugs：突端
❼插管：socket：口金
❽補強金屬條：langet：柄舌
❾柄：Pole/shaft：柄：杆
❿鐏：butt：石突：鐏

166

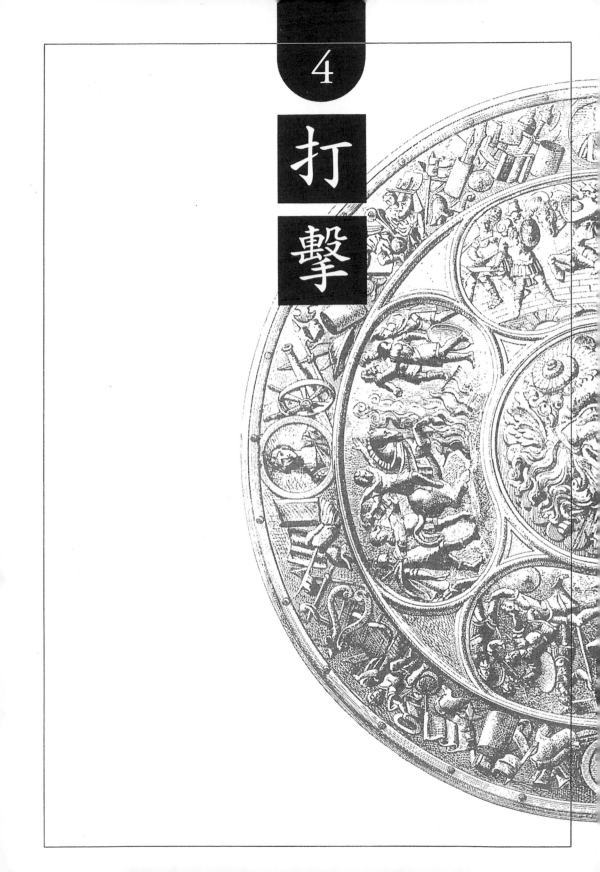

4

打撃

手斧 **adze, adz**
アッズ

BC7?世紀～近代
歐洲等地

長度：60～100cm　重量：0.6～1.2kg

柱型杖 **amood**
アムード

15～17世紀
南亞

長度：50～70cm　重量：0.5～0.7kg

眼形戰斧 **aqhu**
アクゥー

BC10～BC5世紀
古代中、近東

長度：70～100cm　重量：1.5～1.8kg

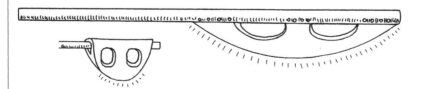

澳洲劍棍 **baggoro**
バッゴロ

14?世紀～近代
大洋洲

長度：60～80cm　重量：0.8～1.1kg

　　「adze」一般譯作「**手斧**」，與一般的斧頭差別在於著柄方式，手斧的刃部爲橫向，恰好與柄垂直相交。

　　這種類型的斧頭歷史久遠，可追溯到古代義大利埃特魯斯坎人（Etruscan）[176]使用手斧作爲工具與武器。這個時代的手斧刃部爲四角形鐵鍬狀，整體看起來就像個「L」。手斧用法簡單，此時尚無職業軍人，因此戰鬥時常以日常使用的工具或農具爲武器，不僅可以節省花費，用的也順手，是最好的選擇。

或許是著眼於便用性，一直到近代也還是有些國家使用手斧作爲軍隊的配備。

176 這是義大利中西部埃特魯里亞（Etruria）地區之古代民族。BC6世紀時，其都市文明達到鼎盛，後來該文化被統治義大利半島的羅馬人吸收。

　　「amood」一詞在阿拉伯語中爲「柱子」的意思。一看**柱形杖**的外型應該就能理解爲何如此稱呼，筆直的金屬棒上穿過數個類似算盤珠子的球狀體，特別是前端的錘頭更是當中最大的一顆，攻擊時以這個部位敲打，杖尾則是銳利的尖端，也可以這個部位做突刺攻擊。全以金屬製成，不過不只當作武器，平時也用作手杖，因此柄頭是握起來舒適的橢圓形。

　　這種手杖武器兼用的柱形杖爲蒙兀兒帝國（Mughal dynasty）[177]的官僚們所愛用，可見於今

日留存的官員肖像畫中。

177 或譯莫臥兒王朝，16世紀初～18世紀後半（1501～1775）統治印度北部絕大部分地區的伊斯蘭教王朝，統治者爲成吉思汗的後裔。

　　眼型戰斧是古代中、近東地區一帶使用的戰斧。因其獨特的造型，考古學家命名爲「eye axe」，也就是「眼形戰斧」。另外也有人認爲形狀近似希臘字母中的「ε（epsilon）」，因此也命名作「epsilon axe」。這是新石器時代的戰斧，最初以石材製成，後來也有銅或青銅材質的。不僅是眼形戰斧，戰斧的刃部多半既長且銳利，斧頭沉重，是一種深具攻擊性的強力武器。

　　澳洲劍棍是居住於澳洲東北部昆士蘭州（Queensland）原住民（Aborigines）使用的棍棒。乍看之下會以爲是刀劍類武器。事實上對他們而言，這種棍棒是一種「木製的刀劍，通常與盾牌搭配使用，上頭有劍（？）刃與劍（？）鋒，可用來切砍敵人」的武器。以堅硬木材製成，握柄又細又短，只能單手持用，很難說是良好的設計。既像棍棒又像刀劍，因此在各種層面上均能運用。

鏈球連枷 **ball & chain**
ボール・アンド・チェイン

13～14世紀
歐洲

長度：50～80cm　重量：2.0～2.5kg

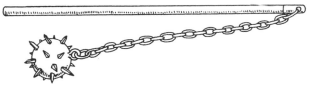

戰斧 **battle axe**
バトル・アックス

6世紀～近代
歐洲

長度：60～150cm　重量：0.5～3.0kg

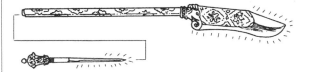

北印單手戰斧 **bhuj, kutti**
ブージ

16～19世紀
南亞

長度：40～70cm　重量：1.0～2.0kg

鞭 **bian**
べん，ピエン

唐～清（618～1912年）
中國

長度：90～100cm　重量：7.0～8.0kg

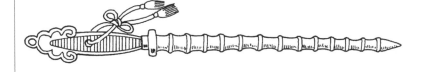

　　西歐的連枷原本是身份較低的侍從才使用的武器。但是隨著騎士的重裝備化，打擊力強的連枷也開始爲騎士們採用。其中**鏈球連枷**就是錘頭爲球狀的連枷之總稱。

　　球狀錘頭多爲帶有多道放射狀尖刺的星狀物，因此這種類型的鏈球連枷也稱爲「晨星（morning star）」。這種類型的武器最早出現於十三到十四世紀的德國。

　　球狀錘頭最大優點就是能把衝擊力集中在一點上，並且揮下的速度也很快，比起棒狀的體積也較小，故更不容易閃躲。

　　戰斧是由原本爲工具的斧頭發展而來的武器，某種意義上乃是與棍棒最接近的武器。形狀爲柄與斧頭的組合，基本上與釘頭錘（mace，別項打擊190①）構造相同。不過釘頭錘以毆打爲主，而戰斧則是以劈砍爲目的，這是兩者間最大的不同點。戰斧是這類武器的總稱，可以細分極多的類型，不過基本上構造都相差不多。

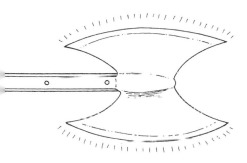

　　北印單手戰斧是鋒刃形似西洋大刀（glaive，別項長柄130①）的戰斧，柄爲中空且底部刻有螺紋，附屬的匕首上也有螺紋，可旋緊藏進這裡。匕首長約30cm，刀身細長適合突刺，不過通常並不用在戰鬥上，而是在用在軍陣中日常雜事上。

　　這是印度北部信德地方（sindh）[178]的戰斧，因材質以象牙做成，因此也稱做象刀（elephant's knife）。頭部非常有重量，是信德的騎兵士官使用的武器，因此裝飾也相當細緻。如上之說明，柄中藏有匕首，另外也有全以金屬材質製成的。

178 位於印度河下游，今日爲巴基斯坦南部省分。與印度北部拉賈斯坦(Rajasthan)和古吉拉特(Gujarat)邦相鄰。

　　鞭是全金屬製之棒狀打擊武器，靠重量來發揮威力。從唐代到清代，使用的歷史相當長久，材質也有青銅、鐵等，各時代所用材質不盡相同。形狀與刀劍類同樣設有握柄，作打擊的部分，也就是鞭身上頭有數層節狀物，同時也同樣具有尖端。外型看起來像是鞭子，因此也稱做鐵鞭。

　　與鞭同類的武器還有鐗，不過兩者的差別只有在打擊部的剖面形狀而已，鞭爲圓形，而鐗則是三角或方形，或者是四角星形。

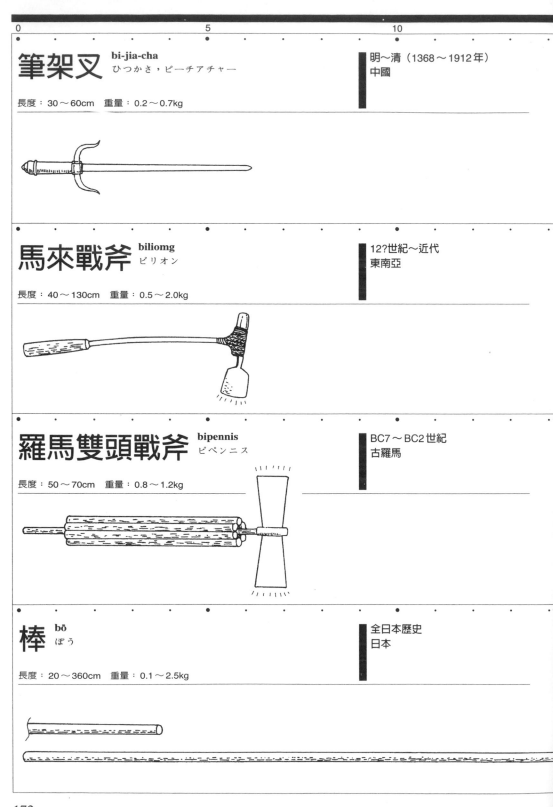

筆架叉

bi-jia-cha

ひつかさ，ピーチアチャー

長度：30〜60cm　重量：0.2〜0.7kg

明〜清（1368〜1912年）
中國

馬來戰斧

biliomg

ビリオン

長度：40〜130cm　重量：0.5〜2.0kg

12?世紀〜近代
東南亞

羅馬雙頭戰斧

bipennis

ビペンニス

長度：50〜70cm　重量：0.8〜1.2kg

BC7〜BC2世紀
古羅馬

棒

bō

ぼう

長度：20〜360cm　重量：0.1〜2.5kg

全日本歷史
日本

　　筆架叉是種具有三道分叉的護身武器，中間的細棒可以做刺擊或毆打，左右的棒稱作御手叉，御手叉可以用來擋架敵人攻擊。

　　筆架叉的用法通常是雙手各執一把，邊抵擋敵人攻擊邊伺機瞄準敵人持武器的手部。

　　另外，這種武器也可當作暗器使用。這種情形下的所持方式多半爲叉心向下。

　　筆架叉的起源究竟是何時並不清楚，至少可以追溯到明代初期。而且中國以外也流傳至周邊鄰國，帶給各國武器不小的影響。或許日本的十手（jitte，別項打擊184④）就是受其影響而生的也說不定。

　　馬來戰斧是馬來西亞東部婆羅洲（borneo）[179]島上西北的沙勞越州（Sarawak）一帶特有的戰斧。頭部呈四角形，細長的柄舌直接敲打入「L」字形的柄中，有時也會視其狀況捆上細繩補強。柄巧妙地利用了樹枝分叉的部位做成「L」字形。因爲這種分枝的部位是最強韌的，不過同時也使斧頭的重量增加，間接強化了打擊力。刃部雖然是與柄平行著柄，不過其他的特徵與手斧（adze，別項打擊168①）十分相似。柄細長而有彈性，接在較粗的圓棒上作爲握柄。

179 東南亞最大島嶼、世界第三大島— 加里曼丹（kalimantan）的舊稱。北部屬馬來西亞與汶萊，南部爲印尼領土。

　　「bipennis」在拉丁語裡是「兩方」的意思，這個詞也用來當作自石器時代以來的古代**雙頭斧**之總稱。另外在東方的西徐亞人（Scythian）[180]與地中海世界之克里特（Crete）島的文化[181]中亦可見到類似武器的蹤影。

　　羅馬人認爲斧頭代表野蠻人，不過如果是**雙頭斧**則認爲是神聖的象徵，尤其雙頭戰斧更是如此。埃特魯里亞（Etruria）的將軍以雙頭戰斧作爲自己的象徵，他們攜帶的戰斧柄上有數根棒子圍繞，用來增加重量，提高衝擊力。埃特魯斯坎人（Etruscan）[182]不同與羅馬人，好用斧形武器。

180 亦譯作塞西亞人，希臘人稱之作斯基泰人（Skythai）。爲西元前7～8世紀由中亞遷徙至南俄之具伊朗血統的游牧民族。尚武，曾建立起由敘利亞延伸到波斯南部之帝國，西元前6世紀時，曾擊退過居魯士一世的入侵。

181 指米諾斯文化（Minoan civilization），興盛期約爲BC3000～BC1100年，爲愛琴海的青銅器文化。約BC1500年左右影響了希臘半島上的邁錫尼（Mycenean）文化，並間接影響了希臘文化的誕生。

182 這是義大利中西部埃特魯里亞（Etruria）地區之古代民族。BC6世紀時，其都市文明達到鼎盛，後來該文化被統治義大利半島的羅馬人吸收。

　　棒是最簡單的打擊武器，不過用法卻很多樣，想用得好需要不少時間練習。由此也顯示出棒乃所有長柄兵器之本。依其長度有許多稱呼，首先，中指到手腕長度的棒子稱作「手切棒（tekiribo）」，中指到手肘長的稱「肘切棒（hijikiribo）」，地面到腰高的爲「腰切棒（koshikiribo）」。地面到乳頭高度的稱「乳切棒（chigiribo）」或「乳切木（chigiriki）」，到耳朵的則是「耳切棒（mimikiribo）」，比這更長的就叫做「六尺棒（rokushakubo）」。

球頭戰錘 **bulawa** ブラワ

14（BC16?）～18世紀
東歐/中東

長度：40～70cm　重量：0.3～0.8kg

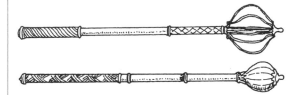

印度新月戰斧 **bullova** ブローバ

17世紀～近代
南亞

長度：120～150cm　重量：2.0～3.0kg

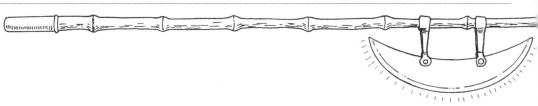

埃特魯斯坎平頭斧 **celtis** セルティス

BC7～BC1世紀
古羅馬

長度：50～70cm　重量：0.5～0.8kg

杵棒 **chu-bang** しょぼう，チューパン

宋（960～1279年）
中國

長度：150cm　重量：8.0kg

球頭戰錘是頭部如帶刺洋梨般形狀的釘頭錘（mace，別項打擊190①）類武器。廣佈於俄羅斯、匈牙利、波蘭以及土耳其、波斯、印度等地。

由遺留品可推測出其起源應可溯及古代美索不達米亞（Mesopotamia）或埃及古王朝時代。

土耳其以稱做「topus」的球頭戰錘最爲有名。對後來的歐洲，特別是東歐世界影響很深。

十七世紀以後已經不再作爲武器運用於戰場上，但仍可見特蘭西瓦尼亞（Transylvania）[183]的

王子或瓦拉吉亞（Warakiya）總督，抑或是波蘭、俄羅斯、烏克蘭等國的司令官手持球頭戰錘作爲司令的象徵。

183 爲東歐的歷史地名，11～16世紀屬匈牙利，16～17爲鄂圖曼土耳其帝國境內之一自治區。一次戰後與羅馬尼亞合併。

印度新月戰斧是居住於印度東部焦達那格浦爾（Chota Nagpur）高原之蒙達人（Munda，自稱爲「Horo」）使用之戰斧。寬闊的鋒刃呈新月形，以切砍攻擊爲主。

印度新月戰斧也與其他的斧類相同，有工具戰鬥兩用的與完全用在戰鬥上的兩種類型。兩者可以從外型作區別，戰鬥專用的於柄之前端加上了尖銳的槍頭。

柄的材質使用的是堅硬且具彈力的木材，因此雖然細長但耐衝擊，不易折斷。

埃特魯斯坎平頭斧這是古代埃特魯斯坎人（Etruscan）[184]使用的斧頭，特徵是斧頭形狀與鑿子相似。這種類型的斧一般歸爲手斧（adze，別項打擊168①），其原型在新石器時代就可見到。

埃特魯斯坎平頭斧有幾種代表性的種類，一般指的是埃特魯理亞（Etruria）時代以前的手斧之總稱。基本上呈「L」字，斧頭以插管式（socket）著柄，刃部十分銳利，一擊可割斷喉嚨，不過似乎多作爲工具使用而非武器。

184 這是義大利中西部埃特魯里亞（Etruria）地區之古代民族。BC6世紀時，其都市文明達到鼎盛，後來該文化被統治義大利半島的羅馬人吸收。

杵是一種與臼搭配使用，用來搗碎穀物的農具，傳說這是黃帝的臣子雍父發明的。

另外杵也用於建築上，築牆時用兩片木板中間夾土，以杵搗實作爲基礎，稱爲「版築」。因此軍隊建造土壘、城牆時經常會用到杵。

而到了宋代以杵爲原型製造而成的武器就是**杵棒**。根據《武經總要》[185]的記載，杵棒爲杵兩端的木頭加上矛頭並包以鐵、銅板強化，其上更追加無數約15cm的尖刺以增加殺傷力。

宋代由於重裝騎兵的出現，使得打擊武器重要性大增，杵棒又是其中威力最強，且是全新發明的武器。

185 北宋曾公亮、丁度等人奉命編纂，內容詳述武器、兵法等，並在以插圖解說。

4
打擊
B.C

175

錘 **chui**
すい，チョイ

長度：60〜80cm　重量：0.5〜2.0kg

宋〜清（960〜1912年）
中國

棍棒 **club**
クラブ

長度：60〜70cm　重量：1.3〜1.5kg

與人類歷史並存
全世界

大斧 **da-fu, daihu**
だいふ，ターフー

長度：3.0m　重量：5.0kg

宋（960〜1279年）
中國

多節棍 **duo-jie-gun**
たせつこん，トゥオチエクソ

長度：80〜200cm　重量：0.5〜2.0kg

春秋・戰國〜清
（BC770〜1912年）
中國

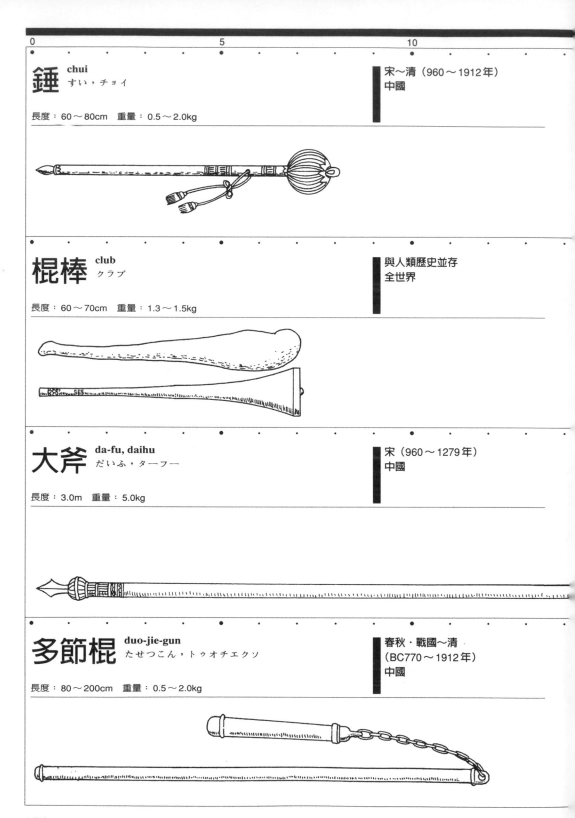

錘是柄上帶有球狀頭部的打擊武器，相當於西歐的釘頭錘（mace，別項打擊190①）。柄的長度不一，柄長的稱骨朵（可參考蒜頭骨朵suan-tou-gu-duo，別項長柄158②、蒺藜骨朵ji-li-gu-duo，別項長柄136①）。另外球狀頭部因酷似瓜類，因此也稱作「瓜」。

與西歐人使用的釘頭錘同樣，有各種造型。例如球狀頭部上附滿棘狀物的錘就與晨星錘（morgenstern，別項打擊190-②）很類似。這些尖刺稱作「蒺藜」，多為長柄的錘。

如果是短錘以下兩種類型最普遍，一為木芯包上鐵板強化，或者全以金屬製成。

棍棒是有史以來就存在之最古老且典型的打擊武器。形狀與特徵當然有無數的型式，但最初的棍棒就只是撿拾落在地上的斷木或獸骨直接使用而已。

隨著時代演進，為了增加便攜度而改良，更進一步就是為了強化威力而改良。前者稱作單純棍棒，後者為複合棍棒。

至少人類祖先，也就是原人們開始使用工具的時候，就是武器誕生的開始，起源之早已難以確切得知。

今日一般的棍棒多為以木材製成的筆直棒狀物，不過最早人類手裡拿的就只是未經加工的斷木或獸骨而已。

大斧是中國尺寸最大的斧，是宋代以後為了對付重裝化的敵人而製造出來的武器。與宋敵對的遼、西夏、金等國皆是擅長騎馬，擁有重裝騎兵的強敵。當時的重裝騎兵就算用弓弩也不易射

倒，因此不受硬甲影響照樣能造成傷害的打擊武器開始大量運用於戰場，而大斧就是在這種背景下，將農民們用慣了的斧頭加上長柄發明出來的。

多節棍的設計原理與西洋的連枷（步兵連枷footman's flail，別項打擊178①，騎兵連枷horseman's flail，別項打擊182④）相同，其原型於春秋戰國時代即可見。後來這種型式的武器消失了很長一段時間，直到宋代才又再度出現。

有人認為中國的多節棍是模仿西歐的連枷做成的，恐怕正好相反，西歐是東方傳過去的才對。這應該是起源於中國的武器，而且運用在騎兵與步兵上的時間也比西歐早一點。

多節棍依柄的長度可分為「長梢子」與「短

梢子」兩種類型，前者為步兵使用，後者為騎兵使用。

步兵連枷 footman's flail
フットマンズ・フレイル

14〜20世紀
歐洲

長度：1.6〜2.0m　重量：2.5〜3.5kg

斧 fu, hu
ふ，コー

宋〜清（960〜1912年）
中國

長度：80〜100cm　重量：1.5〜2.0kg

索托戰斧 gano
ガノ

18〜19世紀
非洲南部

長度：60〜75cm　重量：0.5〜0.7kg

「日安」連枷 godendag
ゴーデンダッグ

14世紀
歐洲

長度：180〜220cm　重量：3.0〜3.5kg

　　「日安」連枷是步兵連枷（footman's flail，別項打擊178①）的一種，冠以德語中「日安（godendag）」的愛稱。中古世紀的歷史學者維拉尼（Giovanni Villani）[186]在所著之《編年史》中數度提及這種武器，並做了一些描述。根據他的記載，這是一種握柄並不平滑，連桿的部分巨大且裝上數圈鐵棘，中間以鎖鏈連接的武器。這種武器在一三○二年的金馬刺戰役（Battle of Golden Spurs）[187]中發揮強大的威力，給予法國的騎兵軍團毀滅性打擊。根據維拉尼的記載，農民

步兵連枷是一種以鎖鏈將一長一短的棒子結合的武器，使用者雙手執長棒揮舞，靠旋轉加速的力量不僅可增加短棒的打擊力，同時也難以迴避。這種類型的武器泛稱連枷（flail），許多兵種都配備過。至於步兵連枷，如名所示，當然是步兵使用的武器。雙手只要揮動長棒自然就可使出強力的攻擊。就算力量不甚強的人來使用，也能給予穿著鎧甲的重裝戰士不小的打擊。

中國歷史上**斧**運用在戰爭上可溯及商朝（BC16～BC11世紀）。但是隨著矛（mao，別項長柄116④）與戈（ge，別項長柄128④）的出現，斧由戰場上退下來，轉用在與日常生活。再次用在戰場上則要到數十世紀後的宋代以後。之所以再度受到矚目是因為民兵把工具用的斧接在長柄上使用後，發揮了意想不到的效果。且對重裝部隊也有效，因此立刻再被運用於戰場上。

斧主要為單手使用，依其形狀有不同名稱，如板斧、宣花斧等等。

索托戰斧是居住於南非的賴索托（Lesotho）與賴國東北的波札那（Botswana）一帶之索托人（Sotho）使用的戰斧。

索托人為十八世紀以後移居到此地之民族，在素有「非洲的瑞士」之稱的巴蘇托（Basuto）高地建立國家。

十九世紀時受到祖魯人（Zulu）的侵略，不過他們在塔巴波修山上築起廓波西奈（qhobosheane）要塞成功地阻擋了祖魯人的進攻。

索托人的領導者蒙修修一世（1785?～1870）研究了祖魯人的戰術與武器，從中發明出許多武器來。而索托戰斧正是其中之一，新月型的鋒刃插入前端圓形鼓起的木材上，不僅能節省貴重的金屬材料，同時還能保持威力，可說是相當優秀的設計。

為主體的法蘭德斯（Flanders）[188]軍裝備「日安」連枷，血洗了近六千人的法國騎士團。

186 義大利佛羅倫斯的歷史學家，生卒年1275?～1348。最有名的著作為《編年史》（Cronica），又稱《佛羅倫斯史》（Storia fiorentina），為長達12巨冊的世界史。

187 或稱庫特賴戰役（Battle ot Courtrai），庫特賴為法蘭德斯外圍之地名。此戰役法軍以貴族為主體的騎兵死傷累累，法蘭德斯軍士兵從死者身上撿回大量的馬刺，因而得名。法蘭德斯軍之所以能獲勝的主因為交戰地佈於低窪地帶，騎兵無法有效運用之故。戰後法蘭德斯雖得以避免被法國併吞的威脅，但仍無法改變法國貴族在當地經濟上的支配地位。

188 法蘭德斯為歐洲西南的一地名，意思是「低窪地」。中古世紀時為一國家，今日分屬荷蘭、比利時、法國。

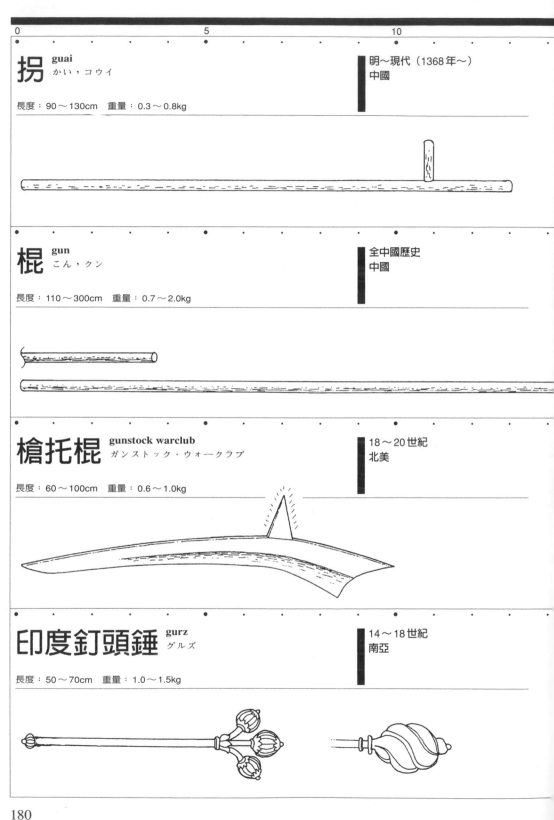

拐
guai
かい，コウイ

長度：90〜130cm　重量：0.3〜0.8kg

明〜現代（1368年〜）
中國

棍
gun
こん，クン

長度：110〜300cm　重量：0.7〜2.0kg

全中國歷史
中國

槍托棍
gunstock warclub
ガンストック・ウォークラブ

長度：60〜100cm　重量：0.6〜1.0kg

18〜20世紀
北美

印度釘頭錘
gurz
グルズ

長度：50〜70cm　重量：1.0〜1.5kg

14〜18世紀
南亞

　　拐是帶有橫把的棍棒。形狀多樣，有「T」字形、「L」字形、「Y」字形、「卜」字形、「十」字形等等。名稱則有羊角拐、牛角拐、轉堂拐、李公拐等等。另外依長度也分爲長拐與短拐。

　　這麼多樣的拐可見於宋代的《武經總要》[189]，不過《武經總要》裡介紹的拐是用來挖坑道的工具，實際上當作武器使用的拐要到明代以後才出現。另外多爲民間或習武人士使用，用法流傳至今，成爲一種護身武器流傳全世界。

189 北宋曾公亮、丁度等人奉命編纂，內容詳述武器、兵法等，並佐以插圖解說。

　　棍是一種以堅硬木材削成圓棒狀的打擊武器，長度不一，但最常用的大約是240cm左右。爲雙手使用的武器，用法單純，因此流傳廣泛。由單純只是木材加工的簡單構造也可得知，棍是自古以來爲中國士兵使用的武器。不過到了漢代以後就已經從主要兵器的位子上退下來，轉變爲象徵權位的儀杖。宋代以後，由於士兵的重裝化，打擊兵器重新受到重視，而棍也隨之再度回到戰場。

　　這是北美原住民印地安人使用的**特殊形狀木棍**。「gunstock」意即**槍托**，從西歐來到新大陸的人們見其外型與槍托相似故取了這種名字。外型呈「く」字狀，毆打對手時一般以「く」的內側攻擊，而「く」的頂點有個尖銳的突起，有金屬製成另外接上的與木製一體成型的兩種。如果以這部分毆打對手的話，明顯地可以造成對方的致命傷，且也能用來投擲攻擊，刺傷對手。移動時以繩索繫住掛在肩上，可知還算蠻有重量的。

　　印度釘頭錘是釘頭錘（mace，別項打擊190①）的一種，主要用於北印與波斯一帶。構造上雖然沒有特別明顯的特徵，不過當中某些具碩大棒頭的類型特別顯眼，帶給人特異的印象，因此這種就成了印度釘頭錘的代表。

　　今日有名的印度釘頭錘皆是蒙兀兒帝國（Mughal dynasty）[190]最盛期，也就是十六世紀末時留下來的，例如具三個頭的類型，或者很像霜淇淋一般，錘頭呈螺旋狀之類等等，族繁不及備載。但是作爲武器的壽命在火器發達後不久即刻告終，只剩下一些裝飾華美，設計用心，用作權力象徵的王室用物留了下來。

190 或譯莫臥兒王朝，16世紀初～18世紀後半（1501～1775）統治印度北部絕大部分地區的伊斯蘭教王朝，統治者爲成吉思汗的後裔。

鼻捻 **hananeji**
はなねじ

桃山～江戸（1568～1868年）
日本

長度：30～75cm　重量：0.1～0.5kg

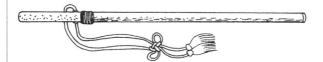

刺環連枷 **hitter**
ヒッター

15～16世紀
歐洲

長度：60～150cm　重量：1.5～3.5kg

鯨骨棒 **hoeroa**
ホエロア

14?～19世紀
大洋洲

長度：120～130cm　重量：2.0～2.5kg

騎兵連枷 **horseman's flail**
ホースマンズ・フレイル

12～16世紀
歐洲

長度：30～50cm　重量：1.0～2.0kg

鼻捻是日本江戶時期與十手（jitte，別項打擊184④）、萬力鎖（manrikigusari，別項特殊282④）並稱爲捕快三寶。奇妙的名稱由用法而來，當馬兒受驚暴動起來時，以這種棍子上頭的繩子套在鼻上並撐緊棍子就可讓馬安靜下來，故名。

起源不明，文獻記載最早於《大阪軍記》中提及，當時作爲搜捕犯人的臨時武器使用。以之抵擋敵人攻擊，且除了打擊以外也可刺擊。根據資料判斷，恐怕從安土桃山時期就已開始使用了。

全長60cm前後者最爲普遍，攜帶用的則較短，要強化威力者就加長等等。爲後來警官使用的警棍之起源。

刺環連枷基本上屬於步兵連枷（footman's flail，別項打擊178①）的一種，基本構造爲柄與錘頭（head）以鎖鏈連結起來這點並沒有差別。不過刺環連枷的特點在於錘頭，其錘頭爲帶有放射狀尖刺的鐵環。

這種武器是十六世紀德國農民抗爭時臨時製作而成的武器。農民們瞭解有刺的連枷威力十足，這類型的武器他們稱做「kettenmorgenstern」，意思就是「接在鎖鏈上的晨昱錘（morgenstern，別項打擊190②）」。這種類型的連枷在十五世紀

初時大量被製作，其中頭部不止刺環，也有其他武器的回收品，當中甚至連刀劍的柄頭（pommel）都拿來當錘頭的也有。

鯨骨棒是紐西蘭之原住民，屬玻里尼西亞（Polynesia）人的毛利人（Maori）使用的武器，兼具打擊與切斬效果。

這種武器直接以抹香鯨之顎骨製成，由側邊看來帶有波浪般線條。雖說只是骨頭，但既長又硬，其實具有相當的威力。尖端雖然磨圓了，不過還是帶有尖銳度，橫掃到依舊會留下某種程度的割傷。另外如果以正面（？）攻擊的話，則能達到棍棒的打擊效果。

可惜的是，毛利人與十九世紀企圖佔領此地

的英國人作戰時，早已是火器的時代，因此這種武器無法派上用場。

騎兵連枷是適合騎馬時使用的短柄單手用連枷。重物的形狀很多種，不過基本的構造都是以鎖鏈串起柄與錘頭。十二世紀以前的錘頭多是金屬棒狀，頂多加上尖刺。到了十二世紀中葉以後比較輕巧但打擊威力不變的球狀錘頭開始出現。

這種武器的魅力與之前騎士們使用的釘頭錘不同的是，以同樣力道揮動，連枷可藉由旋轉的加速力使破壞力提高。另外鎖鏈較長的連枷則有不易閃躲的優點。

4
打擊
H

183

騎兵戰鎚 horseman's hammer
ホースマンズ・ハンマー

13〜17世紀
歐洲

長度：50〜80cm　重量：1.5〜2.0kg

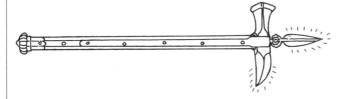

印地安戰錘 i-wata-jinga
イ・ワタ・ジンガ

17?世紀〜近代
北美

長度：50〜90cm　重量：0.5〜0.8kg

球頭棍 ja dagna
ジャ・ダグナ

17?世紀〜近代
北美

長度：50〜70cm　重量：0.8〜1.2kg

十手 jitte
じって

桃山〜江戸（1568〜1868年）
日本

長度：30〜70cm　重量：0.5〜1.2kg

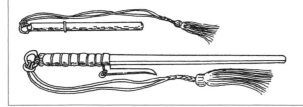

騎兵戰鎚同釘頭錘（mace，別項打擊190①）、騎兵連枷（horseman's flail，別項打擊182④），原爲步兵使用的武器，經德國人改良輕量化後，變成適合單手使用的騎兵用武器。

約十三世紀中葉出現，全盛期爲十六到十七世紀，這是個重裝備化的時代，因此打擊類的武器也跟著興盛。

外型與日常用的鐵鎚幾乎沒兩樣，不過一部份具有刃部，柄上多以鐵條補強，有些握柄上還設有護手。

騎兵戰鎚的類型很多，特別是東歐一帶種類更是多樣。另外，十四到十六世紀初之間甚至出現過在馬背上投擲攻擊的類型。

印地安戰錘是住在北美平原地帶的印地安原住民奧馬哈人（omaha）使用的棍棒，該族名稱的意思是「逆風溯流而行的人們」。

奧馬哈人主要居於內布拉斯加州（Nebraska）與奧克拉荷馬州（Oklahoma），以狩獵與農耕爲生。印地安戰錘是該族用於生活上的工具，同時也用於戰鬥中。棒頭以石頭做成，有球狀的與兩頭磨尖的類型。柄爲木製，長度頗長，石頭用皮革固定在柄上。

狩獵或戰鬥用的印地安戰錘柄長稍長，而儀式用的則綑有彩繪馬皮作裝飾。

球頭棍是北美大部分原住民都有使用的一種戰鬥用棍棒，頭部形狀爲球狀十分特殊，因此西歐來的人們依其形狀取名爲「球頭棍（ball-headed club）」。

這種棍棒之所以廣佈北美大陸有其理由。原本居住於太平洋岸的奧吉布瓦人（Ojibwa）被易洛魁人（Iroguoi）趕跑，部族也分散成渥太華人（Ottawa）與波塔瓦托米人（Potawatomi）三支。奧吉布瓦人來到東部的森林地帶居住，其他兩族向南遷徙。因此球頭棍也隨之散播到各地去了。

基本上以木材製成，不過也有上頭植入無數金屬尖刺的類型。

十手也寫作「十挺」、「實手」等，一般認爲是從安土桃山時代開始使用的武器。

有名的宮本武藏之父新免無二齋（Shinmen Munisai）[191]據文獻記載就是十手術的高手，不過當時的十手是否與我們今日所知的相同尚且不明。

另外名稱的由來也不清楚，據說是由十字鐮槍（kamayari，別項長柄136④）的十字形橫向鋒刃部分得到構想發明而來的，故稱十手。其他還有因爲用法有十種，或者因爲一把在手如有十人之力相助等等說法。

到了江戶時代，十手與鼻捻（hananeji，別項打擊182①）、萬力鎖（manrikigusari，別項特殊292④）並稱爲捕快三寶。

191 生平不詳，據說曾受室町幕府的末代將軍足利義昭（Ashikaga Yoshiaki）賜與「日下無雙兵術者」之稱號，創立「當理流（touri-ryu）」，爲一種綜合了一刀劍法、兩刀劍法、十手術、手裡劍術的武術。

掛矢

kakeya
かけや

平安～江戸（784～1868年）
日本

長度：80～120cm　重量：3.0～3.5kg

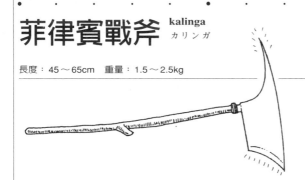

菲律賓戰斧

kalinga
カリンガ

15?世紀～近代
東南亞

長度：45～65cm　重量：1.5～2.5kg

金碎棒

kanasaibō
かなさいぼう

鎌倉～室町（1192～1568年）
日本

長度：200～360cm　重量：3.0～5.0kg

　　金碎棒是強化過以其增加打擊力的棍棒，把堅硬的木棒削成六角或八角形，在各面加上補強板或打入尖刺。這種棍棒最早用於戰場是在源平

之戰時，其記載於《義經記》[194]、《源平盛衰記》[195]中均可散見。後來武家政權確立，腕力、威武被視爲爲武士應有的美德，能使用金碎棒象徵著榮

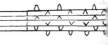

魚骨棍

khar-i-mahi
ハー・イ・マヒ

13～17世紀
南亞

長度：30～50cm　重量：0.3～0.5kg

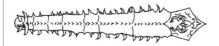

掛矢是以橡木等堅固木材製成的大鎚，用途很廣。戰場上多用於佈置防止敵人突擊前進的亂杭（木椿），不過攻城戰時也用來打破城門。例如電影中赤穗浪士[192]進攻吉良官邸，以掛矢擊破門扉的這幕場景令人印象深刻。雖說掛矢給人的感覺與其說是武器更像是工具，但剛登場的平安時代時，其實是作爲個人的武器使用的。比如說著名的豪傑弁慶（Benkei）[193]使用的七項武器中，也有掛矢的存在。但是不可否認的是，戰場上作爲工具使用的時期確實比戰鬥用久的多了。

192 日本有名的忠君報仇故事。1702 年 12 月 14 日夜晚（元祿 15 年），原赤穗藩（今兵庫縣西南）的 47 名武士爲報主君淺野之仇，攻進吉良義央官邸一事。由於江戶時期武士報仇之風氣很盛，被視爲最高的名譽，因此此一故事廣泛流傳，改編成淨瑠璃、歌舞伎等戲碼，這些以赤穗浪士報仇故事爲主的統稱爲「忠臣藏」。

193 平安末期到鐮倉初期的僧侶，生卒年?-1189。以勇猛聞名，侍奉源義經，後來隨源義經一同戰死。其事蹟爲人讚頌，因此留下許多傳說故事。

菲律賓戰斧的斧頭非常有特色，歐美世界稱之爲「頭形斧（head axe）」。這是菲律賓共和國呂宋（Luzon）島北部山區原住民伊戈羅特人（Igorot，爲阿帕瑤、廷剛、加林加、伊夫高、邦托克、康卡內、伊巴萊、加坦等族的總稱）使用的戰斧。

斧頭橫向寬闊且十分沉重，刃部的背面有道類似尾巴般的鉤爪，可用來刺擊敵人，不過原本的目的是不使用時以之插在地面固定用的。

刃部有帶弧度的與筆直的兩種，伊戈羅特各族在刃部形狀各有差異，因此一看就能辨知是哪一族的戰斧。

耀，因此更加流行。根據《太平記》[196]可知，接下來的南北朝時代金碎棒更廣泛地運用於戰場，同時也有了種種別稱，如「金棒（kanabo）」「黑鐵棒（kuroganebo）」等等。這種武器一直用到室町時代末期，來到戰國以後，個人力量的優勢爲組織化的軍事力所淘汰，因此金碎棒也不再見於戰場。

194 描寫平安末期，源平之戰中的悲劇英雄源義經的故事。室町前期（14 世紀中葉）完成。

195 鐮倉時代後期完成的軍記物語。屬『平家物語』的一種，不過比較重視史實的呈現，因此文體較缺乏流暢感。

196 描寫日本南北朝（1336～1392）之戰的文學作品。據說作者爲小島法師，實際則長期歷經多人修改，約 1371 年完成。

魚骨棍是非常特別的武器。因爲這種武器直接以大型魚的背骨製成。因此棍的兩側留有許多棘狀突出，因此不只打擊，也可以利用尖刺攻擊。

這種混合了魚骨與金屬材料的武器據說起源於蒙古，十三世紀傳入印度。因此在蒙古鄰國，也就是中國的文獻中亦可見到相關記載。同時這種武器也曾傳入中國，關於這點，印度的文獻也曾提及。總之，是種傳播廣泛的武器。

切肝棒 kotiate
コチアト

14?～19世紀
大洋洲

長度：30～50cm　重量：0.3～0.8kg

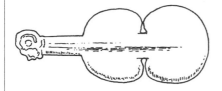

狼牙棒 lang-ya-bang
ろうがぼう，ランヤーパン

宋（960～1279年）
中國

長度：40～190cm　重量：0.5～3.0kg

阿富汗戰鎬 lohar
ロハー

14～19世紀
中亞

長度：30～45cm　重量：0.5～0.7kg

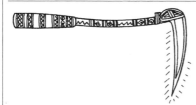

蓋亞那棍棒 macana
マカーナ

13?～18世紀
南美

長度：25～60cm　重量：0.1～0.5kg

切肝棒是紐西蘭之原住民，屬玻里尼西亞（Polynesia）人的毛利人（Maori）使用的特殊棍棒。形狀特殊，很像小提琴，材料以堅硬木材或抹香鯨之骨製成。西歐稱此棍棒爲「liver cutter」，亦即「切肝棒」。是否眞的用於這種用途並不清楚。

毛利人在十七世紀歐洲人發現前的狀態一切不明，其中又可細分五十個部落（毛利人稱部落爲「iwi」）。切肝棒爲當中許多部落使用，類似小提琴的外型是共通的造型，但柄的部分則有各部落特有的雕刻裝飾。

4
打擊
K,L,M

狼 牙 棒是近似骨朵、錘（chui，別項）類的打擊武器，前端的紡垂形頭部長滿了牙狀尖刺爲其特徵。這是宋代時爲了對抗重裝

化的敵人，即使穿著鎧甲也能給予致命攻擊而發明出來的武器。但由今日出土的遺物中可知，其源頭可溯及春秋戰國時期。

狼牙棒類似西歐的晨星錘（morgenstern，別項打擊190②），同樣也是騎兵的愛用武器。因此有時也被稱作「槊」（shuo，別項長柄154③），也就是騎兵用槍。另外也有步兵使用的狼牙棒，步兵用的柄較長。

阿富汗戰鎬是巴基斯坦與阿富汗國境之開伯爾山口（Khyber Pass）[197]周邊之民族—巴諾契人（Bannochie）使用的小型戰鎬（war pick，別項打擊200③）。這種武器是他們日常最常使用的工具。尺寸雖小不過不全以金屬製成，多半以青銅或鋼鐵製作而成，全體以銀作裝飾。每一把阿富汗戰鎬像是同一模子做出來似的，大小形狀幾乎完全一樣，不過上面的裝飾卻相反，每把都非常獨特，完全沒有相同的。

開伯爾山口是戰略要地，東西文化往來的十字路口。相信印度戰鎬（zaghnol，別項打擊200④）就是受到此一武器的影響而生的。

197 亦拼作「Khaibar Pass」，阿富汗與巴基斯坦邊界上薩菲德山脈（Safed Koh Range）的山口。長約53公里，歷史上要入侵印度必須經過這裡，波斯人、希臘人、蒙古人、阿富汗人和英國人等都曾穿過。目前在巴基斯坦的控制下。

蓋亞那棍棒的外型非常特殊，這是南美蓋亞那（Guyana）人使用的棍棒。外型類似琴撥子，長短不一。基本上中間爲握柄，上刻有紋路或纏上藤條，意在防止手滑。有些帶有四角形刃部，也有邊緣磨得很尖銳的。只不過尖銳並非爲了能作切砍攻擊，而是爲了增加揮下時的速度或增加投擲時的威力之設計。以堅硬木材製成，因此當十八世紀歐洲人已經不再裝備鎧甲，來到此地與當地人作戰時，吃足了這種棍棒的苦頭。

釘頭錘 **mace** メイス

長度：30〜80cm　重量：2.0〜3.0kg

BC14〜AD17世紀
歐洲

晨星錘 **morgenstern** モルゲンステルン

長度：50〜80cm　重量：2.0〜2.5kg

13〜17世紀
歐洲

鍛棒 **naeshi** なえし

長度：30〜40cm　重量：0.1〜0.2kg

江戸（1603〜1868年）
日本

澳洲雙尖棍棒 **nil li** ニリ・リ

長度：60〜80cm　重量：1.5〜2.0kg

14?世紀〜近代
大洋洲

釘頭錘是最具代表性的毆打武器，爲帶有錘頭的複合型棍棒。種類繁多，因此難以一概而論，不過當中最有名的是前端隆起且帶尖刺的類型（接近中國的狼牙棒 lang-ya-bang，別項打擊 188②）、以數片鐵片以放射狀組合成的類型（附圖的便是）、以及裝了星形鐵球的晨星錘（morgenstern，別項打擊 190②）等類型最有名。

釘頭錘發展最盛的是德國與義大利，放射狀鐵片型的大概在十四世紀中部地方可見其原型，約十六世紀時發展成今日我們熟知的形狀。當時，釘頭錘可說是對穿著板金鎧甲（plate armor）的敵人最有效的武器。

晨星錘是生於德國的釘頭錘（mace，別項打擊 190①）類的武器，爲整個中世紀騎士與士兵最愛用的武器。形狀十分單純，頭部呈球型、圓柱狀、或橢圓型，上頭有數根尖刺呈放射線狀伸出。這種具星形錘頭的武器通稱爲「晨星」（morning star），不只限於釘頭錘類，任何武器上有星球的都可這麼稱呼。

晨星錘深受西歐騎士們的歡迎，據說形狀像當時聖職者灑聖水的棒子（holy water sprinkler），不過晨星錘以外也有其他形似的棍棒，因此是否爲眞就不確定了。

鍛棒與十手（jitte，別項打擊 184④）同爲江戶時代捕快使用的武器之一，外型就像是十手去掉橫桿而已。「naeshi」有兩個意義，一個是「打擊對手使其無力反擊」，另一是「鍛打而成的棒子」。柄的末端繫有總長約 1m 對折而成的繩環，必要時可手持繩索甩動鍛棒威嚇對手。

棒身有四角、五角、六角等類型，這是因爲鍛棒並非正式的捕具，而是給平民中協助搜捕活動者之使用物。因此特殊的造型必要時可表示其身份。

另外因攜帶方便，爲隱密行動時不可或缺的武器。

澳洲雙尖棍棒是居住於澳洲東北部昆士蘭州（Queensland）原住民（Aborigines）使用的棍棒。

大洋洲的棍棒分佈通常帶有戰爭與領土擴張的文化背景，具有相同歷史背景的話也會反映在他們的棍棒上。

澳洲的原住民使用的種種棍棒中，澳洲雙尖棍棒是最具攻擊性的，前端套上原筒狀的石環以增加攻擊力。環上刻有牙齒狀四角型刻痕，因此毆打出來的傷口會更複雜而難以痊癒。另外棍棒兩頭也特別削尖，可以用來做刺擊。

斧 ono
おの

長度：60〜150cm　重量：0.5〜5.0kg

石器〜戰國（BC10〜AD17世紀）
日本

毛利短棍 patu
パツゥ

長度：25〜50cm　重量：0.2〜0.8kg

14?〜19世紀
大洋洲

球頭連枷 piazi
ピアジ

長度：50〜80cm　重量：0.4〜0.6kg

14〜19世紀
南亞

四角棍 quarterstaff
クゥオータースタッフ

長度：2.0〜3.0m　重量：0.8〜1.2kg

10〜16世紀
歐洲

日本自石器時代就開始使用**斧**，當時是作為主要的武器來使用，同時也在出征之際授與斧頭，作為指揮官的象徵。

斧有時也與鉞（masakari）混同，但嚴格來講這兩種是不同的武器。斧的頭部較小且厚實，

而鉞則是碩大且薄。原本斧並非作戰用的武器，單純只是一種生活上的工具而已。到了鎌倉時代具實戰性的鉞出現，緊接著南北朝時則有稱作「大鉞」的大型斧出現在戰場。但是隨著弓與槍的發達與戰術的改變，斧頭在戰爭中的功用變成只能用來破壞敵人碉堡或城門而已。

毛利短棍是紐西蘭的玻里尼西亞系原住民毛利人（Maori）使用的短棍棒。

事實上「patu」為短棍的總稱，形狀大致相同，材質則是多采多姿，而名稱則視材質而定。玄武岩製成的稱為「patu onewa」，抹香鯨魚骨的則是「patu paraoa」，而翡翠的就叫「patu pounamou」等等。另外，翡翠製的另有別名，稱「mere」。

各部族的短棍雖然有各自的裝飾，不過柄的部分有可穿繩的開口則是共通特徵。

球頭連枷是印度使用的連枷。錘頭（head）幾乎都是圓球形，其中也有放射狀金屬線接合成洋蔥形的。不過這並不奇怪，因為「piazi」由波斯語中意為「洋蔥」的「piaz」而來。

這種連枷的類型也很多，當中也有較特別的錘頭，不過有趣的是一律都是球狀。另外，如果錘頭是帶有多數尖刺的球體則另外稱作「binnol」。

這種刺球與西歐的晨星錘（morgenstern，別項打擊190-②）雖然很類似，但兩者並無關連。

四角棍是最單純的棒狀武器，多以橡木材製成，兩端箍上金屬環強化。為中古世紀非常普遍的武器，使用者意外地遍及歐洲各國。特別是英國人，面對敵人的瑞士戟（halbert，別項長柄132①）或長矛（long spear，別項長柄142②）

等長柄兵器攻擊時經常以四角棍來護身。在攻擊面上，朝敵人亂揮一通也有不錯的效果，因此通常是農民兵等沒什麼作戰經驗的人使用，另外製作成本低廉亦是一大優點，因此許多軍隊均採用過這種武器。

0　　　　　　　　　　5　　　　　　　　　　10

澳洲曲棍 quirriang an wun
クゥリーアング・アン・ワン

17?世紀〜近代
澳洲

長度：90cm左右　重量：0.5kg左右

短棍 sap
サップ

19〜20世紀
北美

長度：30〜50cm　重量：0.3〜0.5kg

蠍尾連枷 scorpion tail
スコーピオン・テイル

11〜15世紀
歐洲

長度：40〜70cm　重量：2.0〜3.5kg

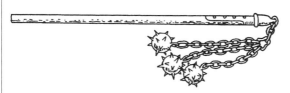

六刃錘 shashbur, shishpar
シャシブル

15〜19世紀
南亞

長度：30〜50cm　重量：0.3〜0.5kg

澳洲曲棍是澳洲東南維多利亞（Victoria）州發現的棍棒。外型類似回力棒（boomerang，別項投擲242③），因此推測應能作投擲攻擊。這是澳洲原住民當中某一族使用的武器，造型呈「ㄑ」字彎曲，恰與他們使用的回力棒十分酷似。但是如果從正面（視線與棒身平行）看來棒身並不平整，帶有多重複雜的曲線，因此就算拿來投擲也沒辦法維持平穩的飛行。

遺憾的是對於這種武器的用法所知就只有這麼多，由上述的觀察只能得到一個結論，就是這應是屬棒類的武器。

「sap」是近年才開始使用的名詞，爲**短棍**類的總稱。原本並沒有「sap」此一名詞，爲後來由用棍棒攻擊頭部之意的「sapping」轉變而成的美國俚語。

短棍可以藏在口袋裡，伺機抽出毆打對手的後頭部。這種較短的棍棒目的並非用來殺傷對手，而是用來剝奪其抵抗能力而已。構造上沒有鋒刃與尖銳的部分，因此可以讓對手不致流血就倒下，反而給人一種和平非暴力性的矛盾印象。當然，依毆打部分也是有可能造成對手死亡的。

另外也有與短棍相同性質的棍棒，稱「黑傑克（black jack）」，這種棍棒的長度則較長。

蠍尾連枷是源自十一世紀十字軍東征時代的武器，這個時代騎兵開始重裝備化，特別是頭盔變得非常堅固。因此以強化打擊力爲前提之改良過後的連枷就此登場。

在數種前端當中，公認最有效果的是星狀鐵球，這在釘頭錘（mace，別項打擊190①）裡也可見到相近者。帶有星狀鐵球的連枷稱作晨星連枷（morning star），而具有三顆小型鐵球的蠍尾連枷則是其改良過後的。增加前端鐵球的數量可以有效地增加數倍的威力，同時攻擊範圍也變得更廣。於是蠍尾連枷就這麼成了西歐世界馬背上的騎士們愛用的兵器了。

六刃錘是印度特有的釘頭錘類（mace，別項打擊190①）武器。棍頭上有六到八片呈放射形翼狀刃部，歐洲也有與其相近的釘頭錘。其中，刀片形似肺狀的叫「shashbur」，其他的稱「shishpar」，不過基本上是相同的武器。柄的型式有兩種，分別是單純的棒狀的與跟刀劍相同具握柄護手的。後者（附圖）的握柄稱爲旁遮普樣式（Punjab style），是當時印度流行的造型，不論在哪種武器上都可見到。

修卡戰斧 **shoka**
ショカ

17?〜19世紀
東非

長度：80〜100cm　重量：0.6〜0.8kg

釘頭棒 **spiked clubs**
スパイクド・クラブ

11〜16世紀
歐洲

長度：50〜80cm　重量：0.8〜1.5kg

印度半月戰斧 **tabar**
タバール

15〜18世紀
南亞

長度：50〜100cm　重量：1.0〜2.0kg

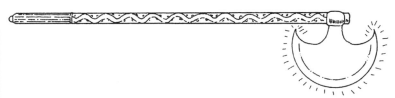

印度單手戰斧 **tabarzin**
タバルジン

15〜18世紀
南亞

長度：45〜70cm　重量：0.8〜1.2kg

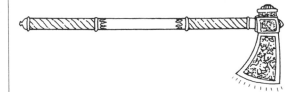

修卡戰斧是居住於薩伊與坦尚尼亞之間的坦干依喀湖（Lake Tanganyika）周邊部族使用的武器。頭部呈尖銳的三角形十分獨特，設有柄舌直接打入柄中。

這種斧頭不只用於戰鬥，也當作日常的工具使用，可說與當地人民的生活密不可分。

修卡戰斧的柄使用的是羊蹄甲屬（Bauhinia）植物的莖，是一種豆科的植物。這種樹材的優點是不但堅硬，而且跟藤條一樣具彈力，用在斧頭這種打擊型武器上可以緩和傳到使用者手上的衝擊力。

釘頭棒是一種前端帶有數根放射狀釘子的棍棒。相信這種設計的原型從人類開始使用棍棒沒多久就出現了。例如前端捆上獸骨的碎片的棒子就可說是這類型的鼻祖。因此究竟這種類型的棍棒從何時開始使用很難斷定確切年代。歐洲大概在十二世紀左右就已經廣泛可見使用，而十六世紀的圖畫中也可見到這種武器的存在，可見其歷史十分長久。

附帶一提，釘頭棒與晨星錘（morgenstern，別項打擊190②）的差別恐怕只有一個是棒（club）一個是錘（mace）的不同而已。

印度半月戰斧是印度中古時代的戰斧，斧頭呈半月狀。不過當中也有許多特別的造型，如極端半月狀的，或雙頭式的等等。柄以木製者爲多，比較特殊的也有金屬製的，這種在柄側多藏有短劍。

半月戰斧的特點是半月狀斧頭兩端彎曲的部分爲雙面有刃，用這部分能鉤住並割斷敵人馬匹的馬勒（bridle）。刀身長約35cm，其中有的甚至長達50cm。雙頭的半月戰斧只出現於初期，實際使用的大半爲單刃的。

印度單手戰斧是印度中古時代的戰斧，斧頭呈馬鞍狀，且鋒刃的尖端往下呈鉤狀，這是斧頭類常見的特徵，另外也有些單手戰斧裝飾得很華麗。分類上屬戰斧，因此攻擊方式以劈砍爲主，不過單手戰斧算比較小型且輕量的，因此與釘頭錘（mace，別項打擊190①）類之打擊型武器使用法差不多。

印度戰斧類武器的全盛期約是十五世紀到十八世紀。在這漫長的歷史中，最受歡迎的就是這種單手戰斧。

另外，屬平頭戰斧類的武器中，也有種稱「chakmaq」的戰斧。

毛利重頭棍 **tewha tewha**
トゥハ・トゥハ

14?〜19世紀
大洋洲

長度：100〜160cm　重量：1.5〜2.2kg

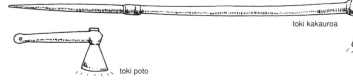

毛利戰斧 **toki**
トキ

14?〜19世紀
大洋洲

長度：30〜100cm　重量：0.3〜1.5kg

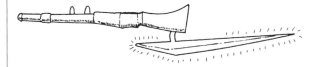

toki kakauroa

toki poto

恩戈尼戰斧 **tshirovha**
チュイロバアー

17〜19世紀
非洲東部

長度：60〜75cm　重量：0.6〜0.8kg

孔德戰斧 **tungi**
タンギ

17〜19世紀
南亞

長度：30〜40cm　重量：0.2〜0.3kg

毛利重頭棍是紐西蘭的玻里尼西亞系原住民毛利人（Maori）使用的棍棒中最廣為人熟知的一種。材質為木頭，不過非常堅硬，且整體很仔細磨過。前端部分有圓弧形的頭部，頭部的尖端較薄且呈三角形。不過打擊時並非以這個部分作

攻擊，這是一種特殊設計，要增加棍棒威力並非單純增加頭部重量就好，這種設計能減少空氣阻力增加揮下速度，進而達到強化威力的目的。同時也可鉤住敵人肩膀將之拉近身邊。另外握柄側的末端做得很尖銳，必要時也可以做刺擊。

毛利戰斧是紐西蘭的玻里尼西亞系原住民毛利人（Maori）使用之最具代表性的戰斧。

可依柄長分為兩種，「toki kakauroa」指的是長柄戰斧，柄側末端尖銳，這與毛利重頭棍（tewha tewha，別項打擊198①）相同，為必要時也能做刺擊的設計。

另一種毛利戰斧則是短柄、輕便型的斧頭，不僅用於戰鬥，也作日常工具使用。這種叫做「toki poto」，不過兩者間除了柄長以外，大部分特徵幾乎都相同。

恩戈尼戰斧是恩戈尼人（Ngoni）使用的戰斧，恩戈尼人是居住於坦尚尼亞（Tanzania）、馬拉威（Malawi）、尚比亞（Zambia）諸國交界處之尼亞沙湖（Lake Nyasa）周邊之部族，恩戈尼人當中又分為好幾個族群，而恩戈尼戰斧乃其中住在尼亞沙湖南岸到莫三比克（Mozambique）國境高地一帶部族使用的武器。而同樣地居住於辛巴威（Zimbabwe）之布拉約瓦市附近之恩德貝勒人（Ndebele）也使用這種武器。

這種斧的特徵是，刃部由柄舌向上延伸的部

分細長且具雙刃。除了同一般斧頭能行毆打攻擊以外，還能行刺擊。另外柄舌下方的刃部也是雙刃，這應該與鉤爪有相似作用。握柄上有兩個凸起，是防手滑的設計。

孔德戰斧是居於東印度奧里薩邦（Orissa）[198]境內東高止山脈（Eastern Ghats）上之印度政府指定保護民族—孔德人（khond）使用的斧頭。

孔德人的氏族中，代代擔任祭司的是達爾·孔德，擔任戰士的則是阿蒂·孔德。關於孔德人的記載多與該族活人生祭的習俗有關，這些文獻記載多半集中於十八世紀左右。我們透過文獻得知該族使用戰斧的型式。

孔德戰斧的特點是刀刃薄且上揚，這並不是用於戰爭的武器，而是一對一近距離格鬥用的。

198 印度東部之一邦，瀕臨孟加拉灣，東北鄰西孟加拉邦（West Bengal），西接中央邦（Madhya Pradesh）。

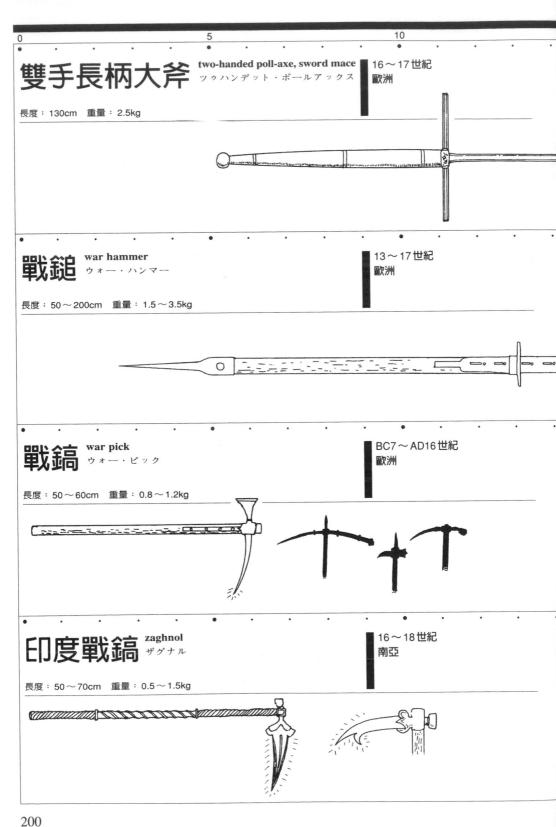

雙手長柄大斧

two-handed poll-axe, sword mace
ツゥハンデット・ポールアックス

16～17世紀
歐洲

長度：130cm　重量：2.5kg

戰鎚

war hammer
ウォー・ハンマー

13～17世紀
歐洲

長度：50～200cm　重量：1.5～3.5kg

戰鎬

war pick
ウォー・ピック

BC7～AD16世紀
歐洲

長度：50～60cm　重量：0.8～1.2kg

印度戰鎬

zaghnol
ザグナル

16～18世紀
南亞

長度：50～70cm　重量：0.5～1.5kg

雙手長柄大斧 因具有柄頭（pommel）、握柄（grip）、護手（quillon）等刀劍類的特徵，因此也被叫做劍錘（sword mace）。全以金屬製成，因此非常沉重，需要雙手才能使用。用法上與戰鎚（war hammer，別項打擊190②）可說沒什麼差異。

為十六世紀末到十七世紀初製作的實驗性武器，僅用於當時騎士間的決鬥或儀式上而已。

十八世紀末約翰・漢米爾頓（John Hamilton）所著《倫敦塔的武器》插圖中也有畫出雙手長柄大斧，只不過並沒有柄，柄的部分似乎是後世才做的。

戰鎚 與我們日常使用的鐵鎚形狀大致相同。與柄垂直相交的柄頭上一邊是平坦的鎚狀，另一邊則是像鉤爪一般尖起來。兩邊都可用來攻擊，

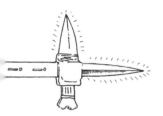

即使對上特別堅硬的鎧甲，以平坦面打擊仍可給予相當大的傷害。

如果把戰鎚視為釘頭錘（mace，別項打擊190①）的一種，那麼舊石器時代時，人們把石頭捆在木棒上就可說是這類武器的起源。

另外「hammer」一字的語源由日耳曼語而來，意思是「石頭做的武器」。

戰鎬 是騎兵用的武器，算是戰鎚（war hammer，別項打擊190②）的一種，如名所示，與工具中的十字鎬（pick）可說是相同的物品。最早為古代東歐一帶的騎馬民族西徐亞人（Scythian）[199]或更早以前的波斯人等等以騎兵為主的國家所使用。

西歐由於一直以來都以騎兵長矛（lance，別項長柄140①）作為武器，因此十三世紀中葉以前並不使用戰鎬。不過隨著鎧甲的強化與騎士之間的接近戰增加，戰鎬變成一種十分有效的武器

而受到重視。以鎚頭打擊的威力不受鎧甲強韌度的影響，而用尖嘴的部分來破壞鎧甲也能獲得極大效果。

199 亦譯作塞西亞人，希臘人稱之為斯基泰人（Skythai）。為西元前8～7世紀由中亞遷徙至南俄之具伊朗血統的游牧民族。尚武，曾建立起由敘利亞延伸到波斯南部之帝國，西元前6世紀時，曾擊退過居魯士一世的入侵。

印度戰鎬 是印度人使用的武器，屬戰鎬（war pick，別項打擊200③）的一種。尖端部很尖銳不用說，同時頭部也具有鋒利的兩刃，因此也可以像鐮刀一樣進行鉤切與削砍攻擊。

「zaghnol」的意思是「鴉啄」，外型確實令人聯想到鳥類的嘴巴。

同時，有些印度戰鎬的「嘴」上還帶有一個小鉤爪，用這個部分可以拉住對手，將人鉤下馬，或者攀登城牆等等。

另外也有材質全以金屬構成的，這種則是騎

兵戰用的，威力十足。

斧

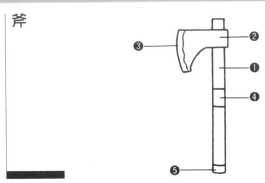

❶柄：pole：柄
❷斧頭：Ax head：斧頭：身
❸刃部：Ax blade：刃先：刀
❹箍：ferule：責金
❺斧尾：butt：石突

連枷

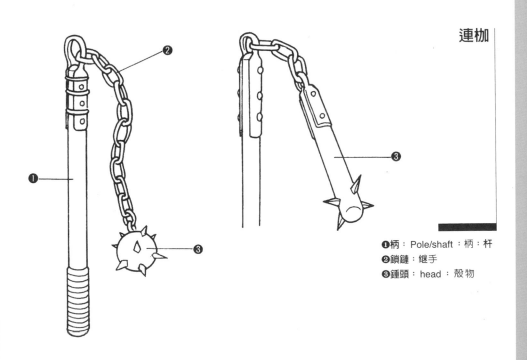

❶柄：Pole/shaft：柄：杆
❷鎖鏈：継手
❸錘頭：head：殼物

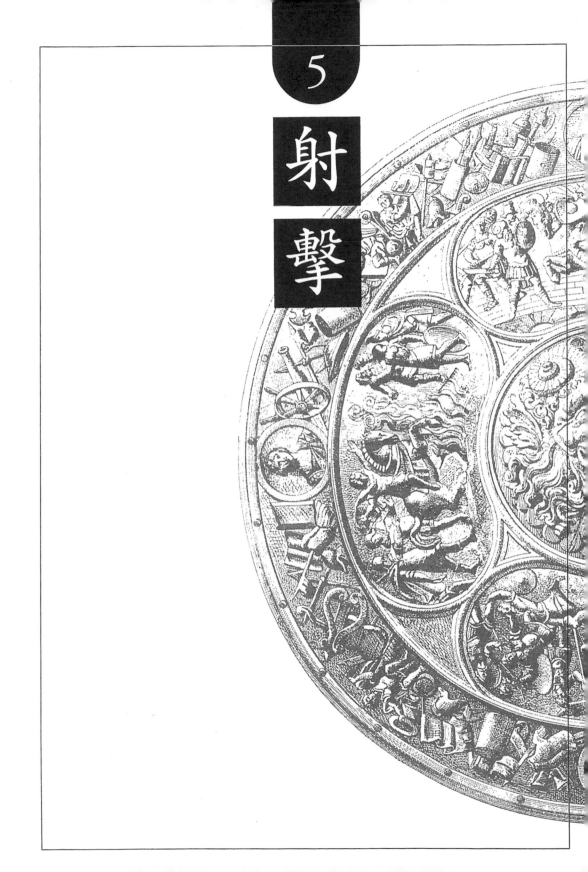

5

射擊

阿拉伯十字弓 aqqar
アクゥアル

長度：60cm（全長）/100cm（寛）　　重量：4.0～6.0kg

12～13世紀
中、近東

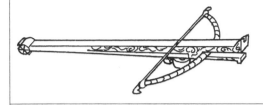

義大利十字弓 **arbalest, arbalete, alblast, arblast**
アルバレスト

長度：75cm（全長）/120cm（寛）　　重量：6.0～8.0kg

13～15世紀
西歐

掛肩火銃 **arquebus, harquebus**
アークゥイバス

長度：75～120cm　　重量：2.5～4.0kg

14～15世紀
歐洲

馬上筒 **bajōdutsu**
ばじょうづつ

長度：30～40cm　　重量：0.2～0.25kg

戰國末期～江戸
日本

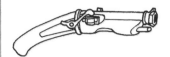

阿拉伯十字弓是阿拉伯世界最早的十字弓（crossbow，別項射擊208①）之一。爲第三次十字軍東征剛開始的十二世紀末時，薩拉丁（Saradin）[202]統治時代之記錄中提到之武器。他們稱之爲「腳弓」。因爲要將弦拉開必須以腳抵住後，用全身力量拉起。十字弓傳進阿拉伯世界的路徑有二，一是由西歐世界傳入，另一則是由中國經波斯或土耳其傳入。經由前者傳來的稱爲「jarkh」，後者稱「zanburak」。

[202] 生卒年1137～1193。中世紀統治埃及、葉門、敘利亞與巴勒斯坦地區的蘇丹，同時也是回教世界最著名的英雄。在他統治期間，成功地阻擋了十字軍的進擊，特別是第三次十字軍東征，年老的他面對軍事天才獅心王理查（Richard the Lion-Heart）仍讓他們一無所獲地回去。

義大利十字弓是十三世紀盛行於義大利的一種十字弓。原本是十字軍東征中使用的武器，但其他歐洲國家並未採用，只有義大利的各城邦率先大量採用這種武器。例如熱那亞（Genoa）[200]人的傭兵即是以使用義大利十字弓聞名的，據說一三四〇年法國就雇了二萬個熱那亞傭兵。法國人認爲弩比長弓（long bow，別項射擊218③）更有效，因此克雷西戰役（Battle of Crecy）[201]時把熱那亞傭兵安排在前衛，結果卻大敗。但是法軍不改初衷，一直重用義人利十字弓直到火器興起爲止。

[200] 義大利西北的港市，十四世紀末時法國曾短暫統治過這裡。
[201] 百年戰爭初期的一場戰役，發生於1346年，此戰結果英軍大勝。

掛肩火銃語源爲德語之「hakenbuchse」，意思是「有鉤爪的槍」。這是十四～十五世紀製作的初期火器，名稱來到十五世紀時變成「arcubusariis」，後來就定名爲「arquebus」了。與鉤爪火銃（hakenbuchse，別項射擊212①）的差別在於掛肩火銃應用了十字弓（crossbow，別項射擊208①）的原理，裝上槍托而已。結果就成了今日步槍造型的先驅。也就是說此兩種火器的差異就只有槍托之有無而已，擊發方式都是使用直接點火投入藥鍋（pan）的投火式（touch hole）擊發法。

馬上筒是能夠單手使用的火繩槍，因爲是馬上的武士使用之物，因而得名。主要用來護身，最早開始使用約是戰國末期左右，根據《武林往昔日記》中記載，大坂之戰（十七世紀初）[203]時的斥候兵就使用過馬上筒。

不過在日本發展出類似西歐的輪旋射擊陣型（Caracoles，參見手槍〔pistol，別項射擊244②〕內文）前就已經進入江戶時代，因此馬上筒之類的手槍並沒有機會獲得更進一步的發展。結果變成護身專用的武器，且體積變得越來越小，不只是在馬上使用，也方便藏在身上。射程大概都是30m左右，殺傷距離則大約5m前後。

[203] 爲慶長19年（1614），德川家康發動之戰爭。關原之戰後雖已決定天下歸德川氏所有，但家康並不安心，企圖滅絕豐臣氏。1614年冬藉口攻入大坂城，一時無法攻落，因而議和。但翌年夏戰事再起，最後豐臣氏敗北。史稱大坂冬之陣、夏之陣，合稱大坂之陣。

印度火箭 **ban**
バン

14〜19世紀
南亞

長度：1.5〜2.0m　重量：2.5〜3.0kg

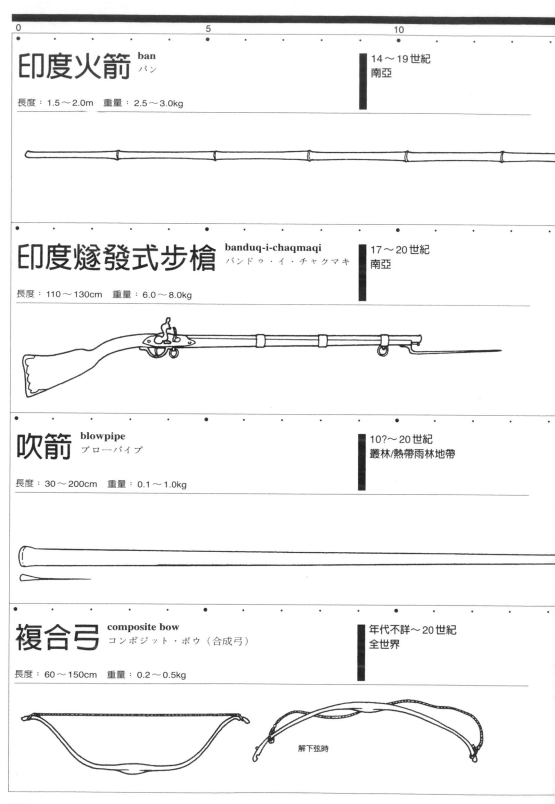

印度燧發式步槍 **banduq-i-chaqmaqi**
バンドゥ・イ・チャクマキ

17〜20世紀
南亞

長度：110〜130cm　重量：6.0〜8.0kg

吹箭 **blowpipe**
ブローパイプ

10?〜20世紀
叢林/熱帶雨林地帶

長度：30〜200cm　重量：0.1〜1.0kg

複合弓 **composite bow**
コンポジット・ボウ（合成弓）

年代不詳〜20世紀
全世界

長度：60〜150cm　重量：0.2〜0.5kg

解下弦時

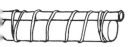

印度火箭是印度人發明的火箭彈。火藥自中國傳入印度大約是十三世紀左右的事情，而印度最早運用火藥的武器就是這種火箭，根據文獻記載是一三六八～一三六九年左右發明的。裝火藥的管子全長30cm，直徑75mm左右，以皮革綁在竹柄上，底部插上導火線。使用法主要以道路上移動的騎兵爲目標，其產生的聲音與爆發據說具有不小的效果。但是要能準確地命中敵人據說需要相當的技術。後來英國人入侵印度時，據說也吃了這種火箭不少苦頭。射程高達900m以上。

印度燧發式步槍是從西歐傳入印度的燧發式槍機（flint-lock）的槍枝。用於戰場上最早是一七二九年德里（Delhi）的暴動，後來邁索爾（Mysore）[204]王國於一七五一年讓孟買（Bombay）的防衛部隊配備了兩千挺帶刺刀（bayonet，別項匕首82④）的燧發式步槍。接著那姆‧那拉揚與撒拉‧阿蘭二世交戰時據說使用了六千挺的燧發式步槍。邁索爾王國與英國間於一七六七年展開的戰爭[205]中，邁索爾王海德爾‧阿里（Hyder Ali）以這種十六世紀左右水準的槍枝二次抵抗了英國的侵略。

[204] 印度西南部卡塔那克（Karnataka）邦之一市。
[205] 英國與邁索爾王國之間發生四次的戰爭，時間依序是1767～176、1780～1784、1790～1792、1799。海德爾‧阿里於1782年死去，因此其在位期間共與英國交戰過二次。

「blowpipe」一般譯作「**吹箭**」。常可見東南亞、南美、北美五人湖地區的民族使用。原理是向細管吹氣，靠空氣壓縮後的膨脹力把箭射出。吹箭在物理上的傷害力雖然很微小，但因箭上多半塗有劇毒，因此致死率很高。有名的箭毒有東南亞的「ipoh」與南美的「curare」[206]。

吹箭除上述的地區以外，其實世界各地都可見使用，特別是刀劍、槍、弓等武器難以使用的叢林地帶特別興盛，不過由武器史的角度觀之，吹箭可說是所有武器類型中最晚登場的。

[206] 兩種有名的箭毒，前者由主要由桑科植物提煉，有強心效果，導致獵物死亡。後者則是從馬錢子屬（Strychnos）等植物提煉，能使肌肉麻痺、鬆軟無力。

弓不限大小，可依材料分成幾種類。以同一木材做成弓身的稱做「單弓（self bow）」。而**複合弓**正如其名所示，是以三種不同的材質組合而成的弓。通常以木材與動物的筋腱等製成。不過如果是以動物筋補強，包上皮革的則不叫複合弓，改稱爲強化弓（wrapped bow）。以數種材料製作單純是爲了增加彈力，這種技術製成的弓可以輕易地提高射程。不過同時多少也會增加弓手拉弦時的負擔。

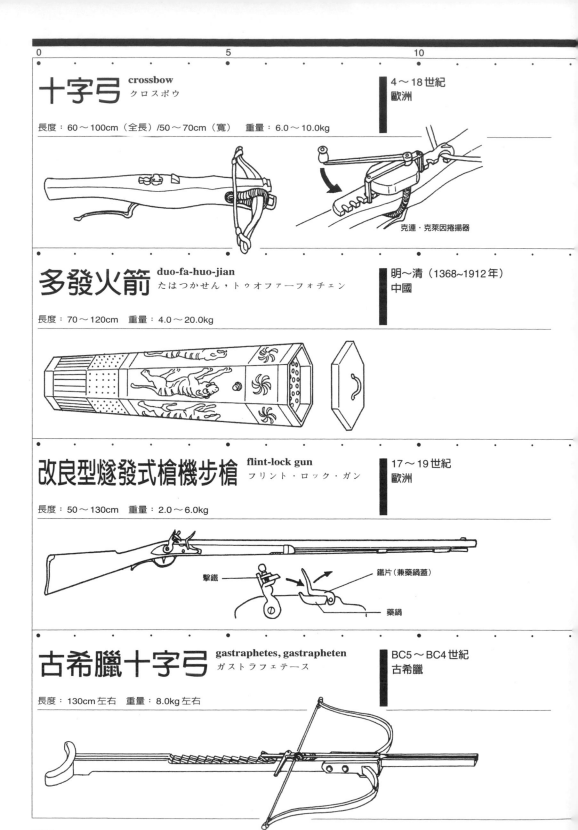

十字弓 crossbow
クロスボウ

4～18世紀
歐洲

長度：60～100cm（全長）/50～70cm（寬）　重量：6.0～10.0kg

克連・克萊因捲揚器

多發火箭 duo-fa-huo-jian
たはつかせん，トゥオファーフォチエン

明～清（1368~1912年）
中國

長度：70～120cm　重量：4.0～20.0kg

改良型燧發式槍機步槍 flint-lock gun
フリント・ロック・ガン

17～19世紀
歐洲

長度：50～130cm　重量：2.0～6.0kg

擊鐵
鐵片（兼藥鍋蓋）
藥鍋

古希臘十字弓 gastraphetes, gastrapheten
ガストラフェテース

BC5～BC4世紀
古希臘

長度：130cm左右　重量：8.0kg左右

十字弓不同於需要專業訓練才能使用的長弓（long bow，別項射擊218③），只要學會基本操作就能放出射程長又深具威力的箭來，因此自中世紀以來廣泛用於歐洲各國。

　　構造上比一般的弓多出了放置箭的溝槽與固定、鬆開弦用的扳機（trigger）。為了能發出更強力的箭，因此弓的張力通常不是單純以臂力能拉開的，故有些十字弓也設有專用的捲揚器。就威力與射程方面看來，是非常優秀的武器，但發射間隔太長是致命性的缺點。

　　十字弓專用的箭較粗且短，稱做「弩箭（quarrel/bolt）」。

多發火箭是一次能同時發射多數火箭（huo-jian，別項射擊214③）的裝置。種類很多種，而能同時發射數也從三發到一百發的都有，當中特別有名的是能發射三十二發的「一窩蜂」與能發射四十發的「群豹橫奔箭」（插圖為後者）。這兩者在構造上非常簡單，以板子做成中空六角形的箱子，當中放置可收納火箭的管。所有火箭的導火線全部牽引到六角箱外頭上一處稱作火門的洞穴上，發射時打開發射口的蓋子，抱在腋下，並引燃火門的導火線即可。

改良型燧發式槍機取代了火繩槍機（match-lock）與簧輪式槍機（wheel-lock）成為前膛槍採用最久的擊發裝置。原理改良自燧發式槍機（snaphance lock），鐵片（steel）與藥鍋蓋（priming pan）改為一體成形，當燧石擊中鐵片時，藥鍋蓋一邊磨擦一邊蓋上，因此火花會確實地落入藥鍋中引燃火藥。附帶一提，一塊燧石約可發射二十發左右。此為一六二〇年左右法國利雪（Lisieux）[207]的馬林・布爾吉瓦（Marin le Bourgeoys）所發明，是直到十九世紀撞擊式槍機（percussion lock）發明以前全世界最流行的擊發裝置。

[207] 法國北部卡爾瓦道斯(Calvados)省之城鎮。

古希臘十字弓是古希臘人發明的西洋世界最早的十字弓。

　　根據希羅（Hero of Alexandria）[208]的記載，這種弩尾端裝設一個帶弧度的台座，拉弦時前端抵住地面，尾端台座抵住腹部，靠使用者身體的重量來拉。因此被稱做「gastraphetes」，也就是「抵腹器」的意思。克特西比烏斯（Ctesibius of Alexandria）[209]與菲羅（Philon of Byzantium）的記載中也提到這項武器。希羅認為這是古希臘時代的武器，而他自己則是死於西元七五年。

[208] 希臘幾何學家、發明家，以著名的希羅公式（求三角形面積的公式）與發明第一台蒸汽動力裝置聞名。活動時間約為AD62年。
[209] 希臘物理學家、發明家。發現了空氣的彈性，並發明過壓縮空氣的器械。活動時間約為BC270年。

爪哇弓 **gendawa**
ジェンダワ

長度：110〜120cm　重量：0.7kg

年代不詳〜17世紀
東南亞

弓 **gong, kyŭ**
きゅう，コン

長度：60〜170cm　重量：0.7〜1.0kg

全中國歷史
中國

榴彈槍 **grenade gun**
グレネード・ガン

長度：60〜80cm　重量：5.0〜6.0kg

16〜18世紀
歐洲

拐子銃 **guai-zi-chong**
かいしじゅう，コワイツーチョン

長度：80cm　重量：4.0kg

明（1368〜1644年）
中國

　　爪哇弓是爪哇島上特有的單弓（self bow）。弓身以一根木材製成，並沒使用其他材料強化或組合。不過只有弓弭的部分用了其他材質—分叉的獸角製成中間的弓柄處特別肥大，與弓身相同，為木製品。這種粗大的弓柄同時也是爪哇弓的代表性特徵。

　　爪哇島民從相當久以前就開始使用這種弓，但是到十七世紀末時，這種型式的弓已經幾乎完全淘汰了。

　　中國人用**弓**的歷史並不會比他國還晚。最早用於車戰當中，使弓的戰士立於車上射敵。而中國周邊的游牧民族個個皆是擅使弓的高手，在馬背上亦能發箭，其傳統一直持續，後來由元代繼承。

　　不過隨著弩（nu，別項射擊222②）的出現地位受到動搖，結果成為發射間隔太長的弩的輔助兵器，而免於被淘汰的命運。

　　到了元代以後，以騎兵為中心的軍隊出現，弩無法在馬背上使用，因此弓又再度受到重視，直到明代火器發達以後，弩被淘汰，而弓則再度成為火器運用的輔助性武器。

　　榴彈槍是一種能射出以導火線引燃的小型球型炸彈之槍械。口徑大，槍管為筒狀。擊發系統與當時火器的潮流並進，因此由火繩槍機（match-lock）型到燧發槍機（flint-lock）型的都有。

　　射出的榴彈以沿拋物線飛行，因此可以攻擊躲在障礙物後方的敵人。但是射程十分短，只有30～50m左右，因此要命中敵人的話就必須冒險進入他種火器的射程範圍內。因此使用榴彈槍的士兵特稱為榴彈槍兵（grenader），是十七到十九世紀間最優秀士兵的代名詞。

　　拐子銃是明代時製作，很特別的連發式火器。這個時代原本所有火器都是子彈與火藥分別裝填，但是拐子銃則是採用了藥鍋與子彈合為一體，稱作「子銃」的子彈來攻擊，這麼一來裝彈的速度便可大幅增快。然後稱做「母銃」的槍身中可裝填數個子彈（子炮），故可順序發射。

　　拐子銃的點子由當時盛行的佛朗機炮的構造應用而來。子炮大小大約10cm，一個子炮裝了兩發約8mm大的子彈。但是因為子炮以導火線引火，因此很難迅速發炮。

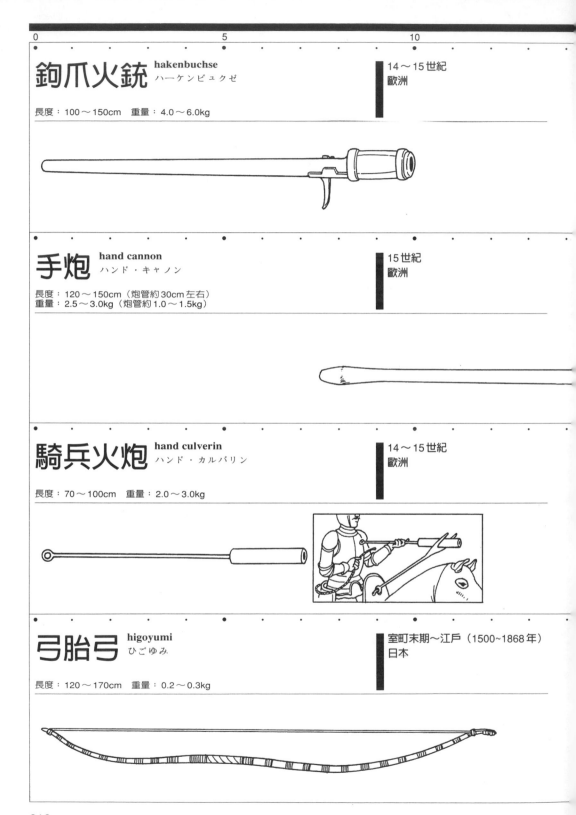

鉤爪火銃 hakenbuchse
ハーケンビュクゼ

14～15世紀
歐洲

長度：100～150cm　重量：4.0～6.0kg

手炮 hand cannon
ハンド・キャノン

15世紀
歐洲

長度：120～150cm（炮管約30cm左右）
重量：2.5～3.0kg（炮管約1.0～1.5kg）

騎兵火炮 hand culverin
ハンド・カルバリン

14～15世紀
歐洲

長度：70～100cm　重量：2.0～3.0kg

弓胎弓 higoyumi
ひごゆみ

室町末期～江戸（1500~1868年）
日本

長度：120～170cm　重量：0.2～0.3kg

「hakenbuchse」是德語，為「有鉤爪的槍」之意。這是十四到十五世紀間製作的投火式（touch hole）火器，槍管固定在木柄上，底下設有鉤爪。這種鉤爪是為了在發射之際能鉤住城牆等，以穩定準心，減緩發射時的後座力用的。這個點子在槍托發明之前不失為一固定槍身之有效方法。但是野戰時則有不易找到適合放置的位置之缺點，因此多用於城戰上。不過最後在槍架（musket rest）[210]出現後終遭淘汰的命運。

[210]為一約達成人臉部高度之長柄棒狀物，底部尖銳，可以插在土中固定，頭部成分叉狀，用來置放火器穩定射擊時使用。

目前已知的歐洲火器當中，**手炮**可說是最早期的類型。與中國的火銃（huo-chong，別項射擊214②）或神鎗（shen-qiang，別項射擊226③）非常類似，恐怕是隨蒙古人進攻歐洲時傳入的吧。

炮彈由炮管前方開口填入，為直接從引火口點火的投火式（touch hole）火器。有些手炮將二～四管炮管結合在一起，使其火力之效果範圍更加廣闊。射程並不長，約只有100m左右而已，但與弓弩不同的是，即使敵人衝鋒接近面前了才發射一樣能確實打倒敵人。

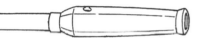

騎兵火炮是為了能在馬上使用而設計的小型火器。這是在槍枝剛發明的時代，為了讓騎兵也能與步兵同樣使用火器而製作的。構造十分簡單，只要在炮管前方的發射口中塞進炮彈，從後方的引火口裝入火藥，然後以火繩引燃火藥即可發射。因為只能以單手持用，因此難以承受發射時的後座力，於是在馬鞍上設置了叉形金屬架來支撐火炮。

使用騎兵火炮能攻擊的距離雖比騎兵長矛（lance，別項長柄140①）還遠，但發射時必須

停下來則是一大缺點。

弓胎弓是室町末期設計出來的合成弓。弓胎指的是材料，也就是竹子劈成的細條。通常稱做「竹弓胎（takehigo）」，用這種材料製成的弓就叫做弓胎弓。製作法是先將三～五片扁平的弓胎以面積較大的面黏合成一條狀長方體，然後在邊較短的兩邊再以弓胎黏上補強。依使用的弓胎數目稱做三本弓胎與五本弓胎。這種方法製作出來的弓比起過去的方式製成的威力更強，而且材料一樣容易取得，是種非常優秀的發明。

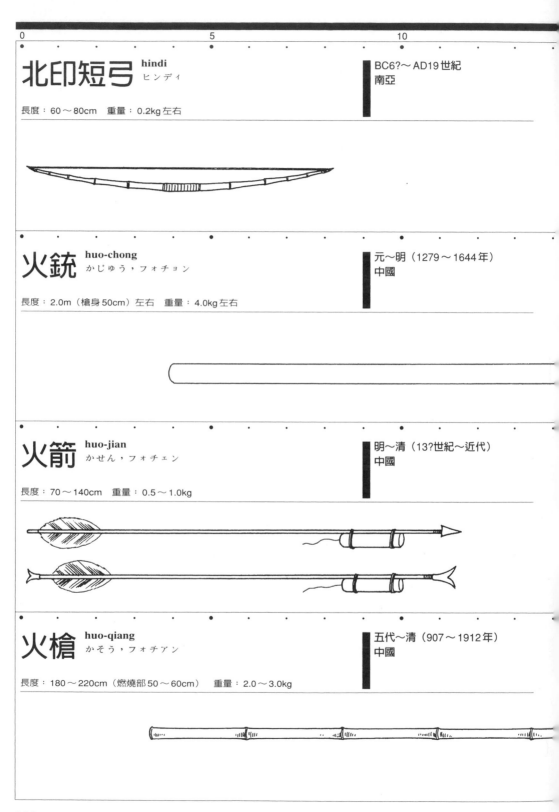

北印短弓 **hindi** ヒンディ

BC6?〜AD19世紀
南亞

長度：60〜80cm　重量：0.2kg左右

火銃 **huo-chong** かじゅう，フォチョン

元〜明（1279〜1644年）
中國

長度：2.0m（槍身50cm）左右　重量：4.0kg左右

火箭 **huo-jian** かせん，フォチェン

明〜清（13?世紀〜近代）
中國

長度：70〜140cm　重量：0.5〜1.0kg

火槍 **huo-qiang** かそう，フォチアン

五代〜清（907〜1912年）
中國

長度：180〜220cm（燃燒部50〜60cm）　重量：2.0〜3.0kg

北印短弓構造非常單純，印度從古使用至今。可以確定的是至少於西元前四世紀亞歷山大大帝侵攻北印時，這種弓就已經存在了。

北印短弓的特色是專用於攻擊短距離的敵人，與同一型式的長弓—北印長弓（kamtha，別項射擊218①）恰成一對比。其構造以短距離攻擊下能獲得最大破壞力爲前提設計，根據亞歷山大大帝在希達斯皮斯（Hydaspes）河[211]與波羅斯（Porus）[212]交戰的紀錄所言，「其威力足以與標槍匹敵」。

211 流經印度西北部之旁遮普邦與巴基斯坦的河流。
212 印度的王公，曾統治希達斯皮斯(Hydaspes)河流域，亞歷山大入侵時與之交戰，後敗北降服，對亞歷山大宣示忠誠。亞歷山大允許其保有領土，但後來被人暗殺。

火銃是由元代開始使用，爲十六世紀鳥銃（niao-chong，別項射擊222①）登場以前的主要火器之一。全以金屬鑄造而成，後半爲柄。中間膨起的部分爲藥鍋（pan），由前方開口裝填火藥與子彈後，點火投入藥鍋上的引火口中即可發射。槍口到藥鍋之間維持相同的口徑可以有效率地讓火藥燃燒的能量轉化成子彈的發射。子彈一次通常放入數顆，不過理所當然的是單發式的。發射時需要兩名操作員，一名固定槍身，另一名控制槍口方向並點火。

火箭是一種類似沖天炮的武器，利用火藥燃燒時產生的推力，不靠弓弩之類的投射器也能使箭射出。其構想於十三世紀左右就已出現，直到十四世紀以後才實用化。

火箭雖然本身就具有射出的能力，但如果直接點燃發射的話彈道不穩定，無法準確地射中目標。因此通常放在桶、箱內或架在發射台上。不過與一般弓箭只在發射方法不同而已，威力並無多大差異。但火箭最大的魅力就是只要改良投射機，便可一次同時發射多把箭，且最大射程達800m，而有效射程也有500m以上。

火槍是把裝有火藥的管子接在木竹的柄上而成的武器，可說是一種火焰噴射器。有時也直接接在普通的槍上，另外亦有先端同時裝上數個噴射管的。十世紀中葉發現的敦煌壁畫中亦可見，因此可推測這種武器於五代左右就已經存在了。南宋時用來襲擊守城用的投石器、攻城塔、雲梯車等兵器。當時稱之爲梨火槍，而敵對的金國也模仿宋的梨火槍，應用在與元的戰爭上。後來的明清軍隊也使用這種武器。

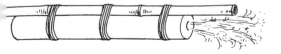

阿富汗歩槍 **jezail**
ジェザイル

16〜20世紀
中亞

長度：120〜150cm　重量：5.0〜8.0kg

十眼銃 **shi-yan-chong**
じゅうがんじゅう，シーイェンチョン

明（1368〜1644年）
中國

長度：155cm　重量：10.0kg

芥炮 **kaihō**
かいほう

江戸（1603〜1868年）
日本

長度：15〜25cm　重量：0.2〜0.3kg

抱式大筒 **kakae-no-ōdutsu**
かかえのおおづつ

江戸〜（1603年〜）
日本

長度：90〜140cm　重量：8.0〜12.0kg

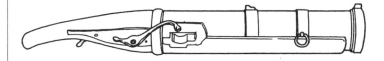

千人殺

阿富汗步槍，別名開伯爾步槍（khyber gun），是種槍托特殊，槍管細長的火器。這種槍的前身是蛇桿槍機步槍（serpentine lock gun，別項射擊226①），不過長期獨自研發的結果，保留原有的特色中也採用過燧發式槍機（flint-lock）或撞擊式槍機（percussion-lock）。

這種槍的優點是射程距離，當然每把的距離會隨槍管長短而改變，不過大致都有 200～300m 左右。如果考慮到當時其他槍枝的射程，這算是非常優秀的成績了。

阿富汗步槍也傳入印度、西藏、西伯利亞等地，被稱做「羊槍」。

十眼銃是一種分段發射砲，於十六世紀中葉登場。

這種槍的優點是一開始就裝填好十發分的的子彈，因此可以一段段連續發射。與之相同構造的武器還有改良自火銃（huo-chong，別項射擊214②）的三出連珠。

不過這種點子在實戰中並沒辦法

發揮很好的效果。因為前面的子彈經過的槍管長度太短，所以射程與命中率都不佳。

由於技術性問題難以克服，所以這類火器就沒有發達起來了。

芥炮是江戶時代中期登場的短槍，以雷汞作起爆劑。所謂雷汞乃是以在硝酸中溶解的水銀與乙醇煉成之化合物，又稱雷酸汞（$Hg(ONC)_2$）。這是一種只要受熱或輕微撞擊就會爆發的不安定化合物，利用其性質當作火器的引爆劑者稱雷汞式。芥炮就是以這種方式發射子彈，因此不需要複雜的機構，單純只要握緊就可射出，爲日本獨自發明的火器。不過射程短且亦不精準，因此多作爲護身用具而非戰鬥。

抱式大筒可說是種大口徑的前方裝填滑膛式火繩槍。根據《和漢三才圖會》[213]解釋，口徑 27mm 以上者屬之，不過參考數名砲術家的意見，則認爲應該要 30～40mm 以上才算。槍身長約 90cm，分爲與一般火繩槍同樣抱著使用的，與置放在台座上發射的，前者稱做抱式大筒，後者稱做置筒。

抱式大筒原本是爲了發射稱做「棒火矢」的燒夷彈而發明的武器，今日留存的口徑高達 80mm 以上，可用來發射一種稱作「千人殺」的

散彈。射程雖超過 800m，但命中率並不甚佳。

213 日人寺島良安（Terashima Ryoan）模仿中國的《三才圖會》於 1712 年完成之附有插圖百科全書，內容包含中日兩國各種器物。

北印長弓 kamtha

カマサ

BC6?〜AD19世紀
南亞

長度：180〜200cm　重量：0.5kg左右

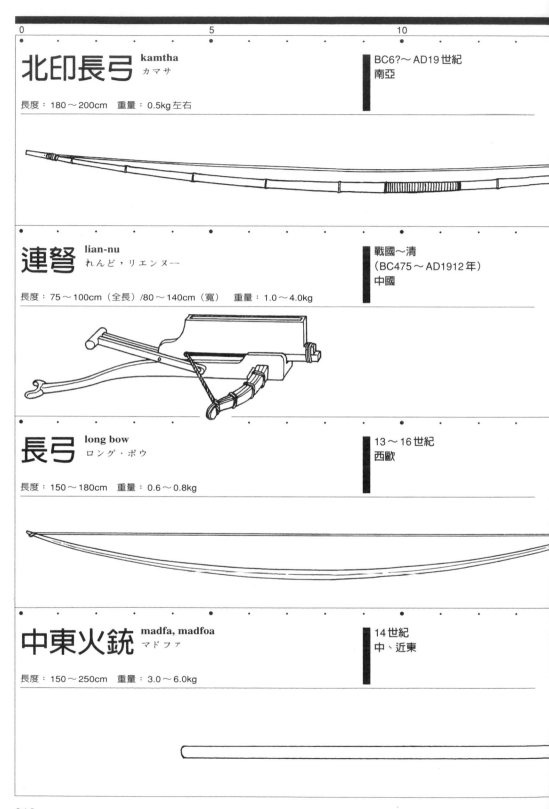

連弩 lian-nu

れんど，リエンヌー

戦國〜清
（BC475〜AD1912年）
中國

長度：75〜100cm（全長）/80〜140cm（寛）　重量：1.0〜4.0kg

長弓 long bow

ロング・ボウ

13〜16世紀
西歐

長度：150〜180cm　重量：0.6〜0.8kg

中東火銃 madfa, madfoa

マドファ

14世紀
中、近東

長度：150〜250cm　重量：3.0〜6.0kg

北印長弓是印度中西部山岳地帶之比爾人（Bhil）使用的長弓。構造十分單純，繼承了古代印度戰士的竹弓樣式。事實上北印長弓與亞歷山大大帝進攻印度時遇上的長弓幾乎完全相同。

　　比爾族的族名語源即「弓」的意思，該族經常給人優秀獵人與士兵的印象。而從語源方面思考的話，相信該族自古以來就與弓有深刻關連。

比爾族是印度第二大少數民族，廣泛分佈於拉賈斯坦（Rajasthan）、古吉拉特（Gujarat）、中央邦（Madhya Pradesh）、馬哈拉施特拉（Maharashtra）等邦[214]。

214 這些邦均位於印度中西部一帶。

連弩分成兩種，一種是一次能發射多發箭的，另一種則是只需簡單操作就能連射的。

　　弩（nu，別項射擊222②）用於戰場大約是春秋戰國時代的事，當時連弩的構想就已產生，到了西漢時，最早的連弩正式用於戰場上。三國時代蜀國的名軍師諸葛亮據說也改良過連弩，不過其構造今日已不明。

　　到了明代時有人試圖將諸葛亮改良的連弩重現，發明了「諸葛弩」，這種連弩在底座上接了一個能裝十發箭的箱子，以拉桿操作就能把弦拉

上。但是射程只有35m左右，且箭的威力也很低，被人譏笑說是不塗毒就毫無作用。

如其名所示，**長弓**最大的特徵便是長度較過去使用的弓更長。

　　長弓在歷史上盛大地登場是百年戰爭時，使用長弓的士兵幾乎全都是自由民（yeoman）[215]。他們有義務每週要到訓練場練習射箭，也被允許乘馬匹前往戰場。過去弓在戰鬥中只是種輔助性兵器而已，不過英軍積極地想讓弓成為攻擊的主要武器，結果法軍的騎兵在長弓的威力下慘遭痛擊。

　　長弓的射程並沒有比十字弓（crossbow，別

項射擊208①）遠，不過如果是訓練過的士兵，每十秒就能發一枝箭，如果不瞄準的話甚至每六秒就能射一箭。

215 英格蘭歷史中，「yeoman」指的是介於雇傭與貴族間的一個階級。他們可能擁有土地，但也可能是個侍從、警官等等。這一詞彙的定義並不十分明確，不過多半指擁有小片土地的自耕農。

中東火銃據說是模仿中國的火器而發明的。目前已經沒有實物留存，記載此一火器的文獻是俄國的彼得大帝（Peter the Great）收集於一七〇三年，目前收藏在聖彼得堡（St. Petersburg）的圖書館中之《閃姆·愛丁·穆罕默德之書

（Schems Eddin Mohamened）》。簡單敘述其內容的話便是，這是一種「帶柄木管中填入粉狀火藥，然後將導火線穿過小洞點燃火藥，炮口置有球狀物、彈丸、或燒夷彈等，握著柄發射」的武器。根據最近的研究顯示，這批文獻至少是一三〇〇年以前記載的。

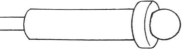

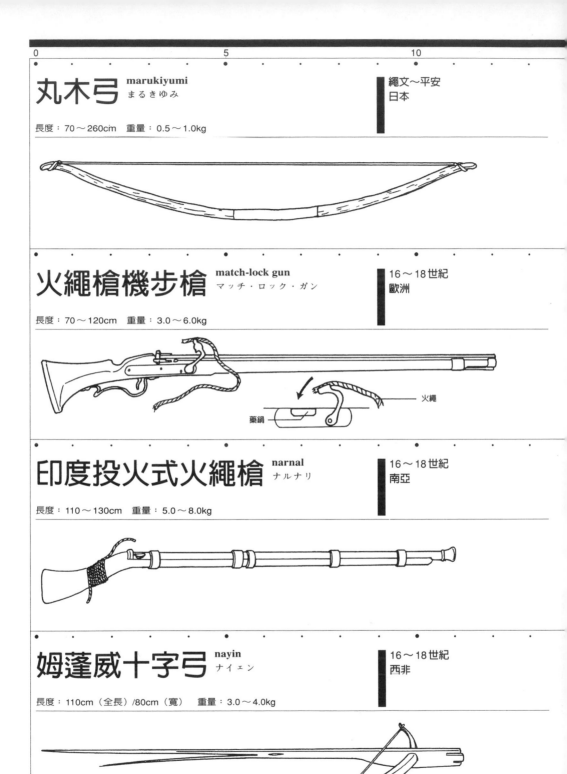

丸木弓 **marukiyumi**
まるきゆみ

縄文～平安
日本

長度：70～260cm　重量：0.5～1.0kg

火繩槍機歩槍 **match-lock gun**
マッチ・ロック・ガン

16～18世紀
歐洲

長度：70～120cm　重量：3.0～6.0kg

火繩

藥鍋

印度投火式火繩槍 **narnal**
ナルナリ

16～18世紀
南亞

長度：110～130cm　重量：5.0～8.0kg

姆蓬威十字弓 **nayin**
ナイェン

16～18世紀
西非

長度：110cm（全長）/80cm（寛）　重量：3.0～4.0kg

　　如名所示，**丸木弓**就是直接以削圓的木材製成的弓，從上古時代就可見使用，結構極爲單純簡樸。大小隨時代演進而變化，繩文（jomon）時代[216]以 70~170cm 大小的爲主流，當中較長的要到繩文晚期才開始出現。古墳時代到平安時代則是變得更長，甚至達到 260cm 之多。弓的材質也很多樣，根據《四季草》[217]的記載，有梓弓、檀弓、槻弓、櫨弓等等，使用什麼木材就以其爲名。這種單純的弓最大射程達 300m，有效射程也有 100m 左右。

216 日本考古學上的時代區分，舊石器時代之後，到西元前 3 世紀
　　彌生（yayoi）時代開始前。
217 江戶中期之朝臣與典故學者的伊勢貞丈（Ise Sadatake，1717
　　～1784）著，共七卷。

　　「**槍機（lock）**」指的是發射子彈時的擊發裝置。**火繩槍機（match-lock）**的意思就是以火繩擊發子彈的方式來射擊。扣動扳機（trigger）後，箝住火繩的金屬夾就會彈入藥鍋點燃起爆藥（priming powder）發射子彈。乍看之下雖然結構很簡單，但是卻是經過長期實驗才完成的構造。以扳機牽動火繩夾的機構跟十字弓（crossbow，別項射擊 208①）的沒有多大差別，可以直接拿來使用，但是「火繩」這種火種的發明卻是火繩槍機中最花時間的了。

　　印度投火式火繩槍是印度早期的火繩槍，沒有扳機等機構，以投火式（touch hole）點火。不過由於設有槍托，因此外型看起來與普通的步槍沒什麼兩樣。

　　火藥於十四世紀傳入印度，一三六八～一三六九年印度人發明了印度火箭（ban，別項射擊 206①）。後來開始發展槍枝則要到十五世紀末以後，他們從西歐找來技師，積極投入槍枝的開發、研究與製作。特別是蒙兀兒帝國（Mughal dynasty）[218]時期，槍枝的研究更是興盛，大量的火器運用在戰場上。印度投火式火繩槍對他們而言一樣是貴重的武器，因此到後來有其他槍枝發明了也還是一起運用。

218 或譯莫臥兒王朝，16 世紀初～18 世紀後半（1501～1775）
　　統治印度北部絕大部分地區的伊斯蘭教王朝，統治者爲成吉
　　思汗的後裔。

　　姆蓬威十字弓是加彭（Gabon）[219]首都自由市（Libreville）周邊的民族—姆蓬威人（Mpongwe）使用的十字弓。底座（tiller）線條類似鹿腳的大腿，非常細長，弓身裝在底座最寬的部分。這麼細長的底座能發出比西歐使用的十字弓還長，達 60cm 的箭。箭以竹製成，箭鏃塗有毒液，只要命中就足以致命。

　　姆蓬威人因居住於海岸附近，所以較早接觸西歐文化，但這種十字弓並非西歐傳入，而是他們獨創的。

219 非洲西海岸的國家，地跨赤道，周邊鄰國有喀麥隆
　　（Cameroon）、赤道幾內亞（Equatorial Guinea）、剛果（Congo）
　　等等。

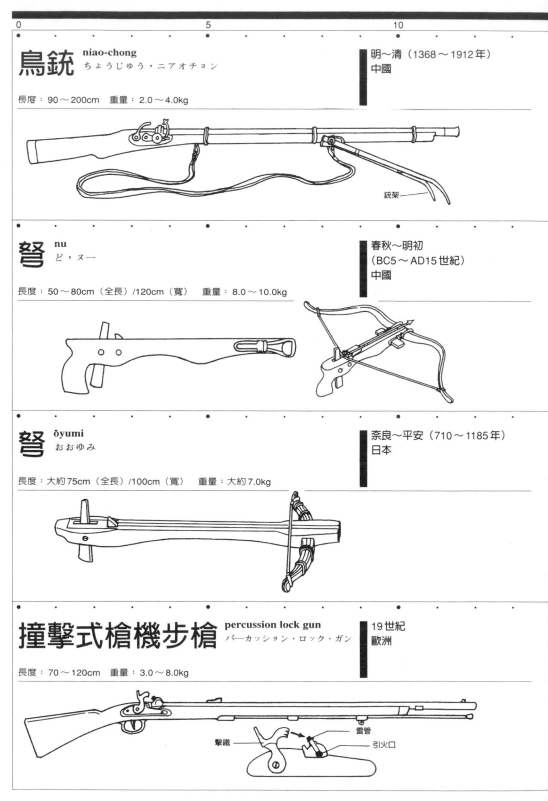

鳥銃
niao-chong
ちょうじゅう，ニアオチョン

明～清（1368～1912 年）
中國

長度：90～200cm　重量：2.0～4.0kg

銃架

弩
nu
ど，ヌー

春秋～明初
（BC5～AD15 世紀）
中國

長度：50～80cm（全長）/120cm（寬）　重量：8.0～10.0kg

弩
ōyumi
おおゆみ

奈良～平安（710～1185 年）
日本

長度：大約 75cm（全長）/100cm（寬）　重量：大約 7.0kg

撞擊式槍機步槍
percussion lock gun
パーカッション・ロック・ガン

19 世紀
歐洲

長度：70～120cm　重量：3.0～8.0kg

撃鐵　　　　　雷管
引火口

　　鳥銃是西歐傳入的小型前膛式步槍。傳入中國有兩個途徑，一是經由侵擾沿海一帶的倭寇，另一則是從土耳其經由絲路傳入。倭寇傳來的稱爲「鳥嘴銃」，土耳其傳來的則稱作「魯密銃」，直接由西歐傳入的則是「挈電銃」。

　　鳥銃比過去的火器更優秀的部分在於命中準確度。也就是說，這種槍連飛鳥都能擊落，可說是劃時代的武器，因此也成了名稱的由來。

　　不過最大問題還是在發射速度上，因此與弩（nu，別項射擊 222②）相同，採取三列縱隊方式來運用。

　　中國人很早就開始使用**弩**，最遲在西元前五世紀就已經大量運用在戰爭上了。經過春秋戰國時代之後更爲普及，之後在火器登場以前一直是軍隊的標準配備。比較著名的例子是三國時代的蜀把弩當作對付騎兵的利器來運用，不過其實弩運用的最多的是宋代。

　　弩的缺點是就算有效射程高達150m，但是面對騎兵的衝鋒卻頂多只能發射一、二發而已。爲了克服此一缺點，他們想出一個辦法，那就是採取三列縱隊的方式發射，或者在再度發射的間隔中以弓（gong，別項射擊 210②）作掩護射擊。於是弩就這樣一直運用到明代，直到火器發達後才被淘汰。

　　弩在日語中正確讀法是「ōyumi」，奈良時代由中國傳入並用於軍事上。《日本書紀》與《續日本紀》[220]中也有關於弩的記載，上頭說這是種威力強且射程長的優秀兵器。不過當時的日本弓類武器的用法是接近敵人後才放箭，發射間隔太長的弩並不合用，因此逐漸淘汰。另外，就算射程長命中率也不高，因此他們也不知該把弩用在哪裡。且更致命的是製作價格太高，與當時一套鎧甲的造價相當。因此弩在日本早早就消失，被人們遺忘曾有這種武器存在了。

220 《日本書紀》於720年撰成，爲官修史書，但除了歷史以外還保存了大量的古代傳說。《續日本紀》則是平安時代初期撰成的編年體史書，內容記述了文武天皇到桓武天皇（697～791）之間95年的史事。

　　撞擊式槍機步槍是前膛槍中最先進的設計，在這之後就全面轉變成後膛槍的天下了。特徵是以雷管引火，裡面裝有稍受衝擊立刻會引爆的化學物質—雷汞（fulminate，化學式爲 $Hg(ONC)_2$），只要扣下扳機，擊錘（hammer）就會敲擊雷管引發雷汞爆炸，以此引火來發射子彈。

　　撞擊式槍機的構想其實早在十七世紀就已經存在，但是發明出來的是蘇格蘭的牧師亞歷山大·約翰·福賽思（Alexander John Forsyth），他在一八〇七年以此項發明取得專利。

法式騎兵胸槍 petronel, petrinal, poitrinal
ペトロネル

16 〜 17 世紀
歐洲

長度：76〜91cm　重量：4.0〜5.0kg

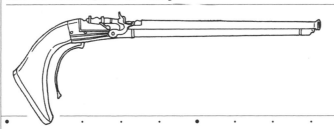

手槍 pistol
ピストル

16 〜 20 世紀
歐洲

長度：30〜40cm　重量：1.0〜3.0kg

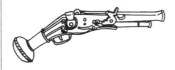

連發銃 renpatsujū
れんぱつじゅう

江戸（1603〜1868年）
日本

長度：60〜100cm　重量：3.0〜10.0kg

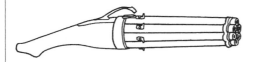

三眼銃 san-yan-chong, sanganjū
さんがんじゅう，サンイェンチョン

明（1368〜1644年）
中國

長度：120〜150cm（槍管30〜40cm）　重量：4.0〜5.0kg

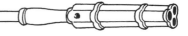

「petronel」由法語中「抵住胸口」之意的「poitrinal」而來。**法式騎兵胸槍**是一五七五年發明的小型火器。這種槍外型的特徵是，槍托底部傾斜恰好可以用來抵住胸前，因此而得名。主要作爲騎兵用的小型火器而發明，輕巧且射程不差，因此成爲騎兵愛用的武器，也是後來騎兵用步槍的卡賓槍（carbine）之鼻祖。十七世紀左右德國、英國也開始使用，傳入西班牙後則改稱爲「pedrenales」。

「pistol」原本是種短劍的名稱，十六世紀中葉以後則用來指小型火器。

西歐隨著火器的發達也研發出數種配合火器的戰術。其中使用**手槍**的戰術最有名的就是「輪旋射擊陣型（Caracoles）」了。這是種以手槍射擊，以彈幕掩護下接近敵人攻擊的戰術，與士氣較低的部隊組成縱隊讓他們突擊可以提高士氣。

另外三十年戰爭（Thirty Years' War）[221]時，瑞典國王古斯塔夫・阿道夫（Gustavus Adolphus）也發展出瑞典式突擊。這種陣型編成三列縱隊以減緩火力的傷害，衝入敵陣中以手槍攻擊並進行近距離作戰。

221 1618～1648。這是一場因宗教、王朝、領土、與商業競爭等多重原因造成的在歐洲各地斷續進行的戰爭。全面戰爭是由神聖羅馬帝國與荷蘭等擁護新教的國家之間進行。三十年戰爭造成了原本的勢力平衡瓦解，法國成爲兩歐強權。

連發銃的發明者據說是江戶時代幕府的鐵砲方（teppo-kata）[222]，井上外記所發明，連發銃別名「三捷神機」或「五雷神機」。不過井上外記其實是由中國的《武備志》[223]得到靈感發明的。

日本的連發銃槍管數多半很多，以國友打造的最爲有名。有三、五、六、八、二十連發等種類，除了六連發的以外，全部都是扣動扳機就會一口氣全彈發射。六連發的名稱爲「六連發輪迴式火繩銃」（見附圖），藉由槍管迴轉可連續發射。

不過若是要比較連發式與齊射式孰優孰劣，考慮到射程僅有100m左右的話，應該是齊射式的比較有效吧。

222 江戶幕府的職銜之一，負責研發鐵砲（也就是槍械）的單位，由井上與田付兩家代代繼承。
223 明代茅元儀編，1621年完成。全書共240卷，專談軍備武術之事。

三眼銃是種類似火銃，將槍管接在長柄前端而成的武器。槍管三根疊合成「品」字狀。與火銃相同，槍管爲鑄造而成的，上箍有鐵環。藥鍋是共用的，因此點燃後三根槍管中的子彈會同時射出。雖說有些三眼銃個別槍管上皆設有引火口，不過共用的是最普遍的類型。

這種槍的魅力在於面對密集襲來敵人最能發揮威力，以少數的士兵就能防守住據點。明代的退倭名將戚繼光注意到三眼銃的優點，因此也讓自己部隊採用。

蛇桿槍機步槍

serpentine lock gun
サーペンタイン・ロック・ガン

15世紀
歐洲

長度：100〜120cm　　　　重量：3.0〜5.0kg

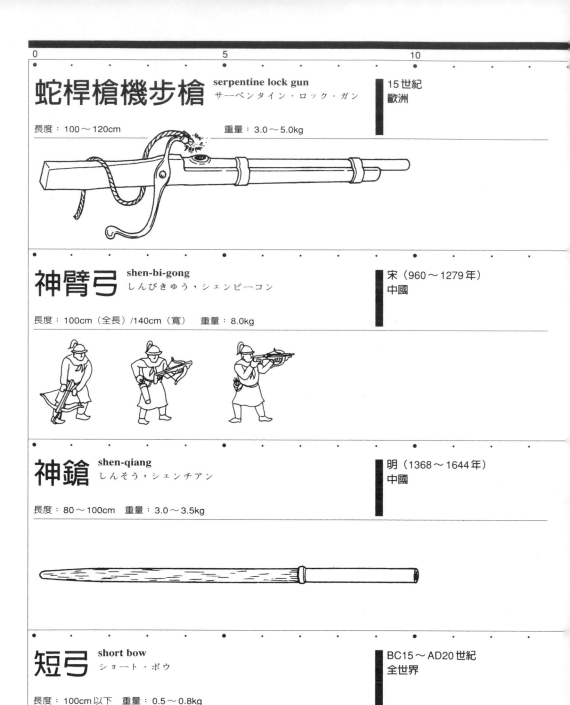

神臂弓

shen-bi-gong
しんぴきゅう，シェンピーコン

宋（960〜1279年）
中國

長度：100cm（全長）/140cm（寬）　重量：8.0kg

神鎗

shen-qiang
しんそう，シェンチアン

明（1368〜1644年）
中國

長度：80〜100cm　重量：3.0〜3.5kg

短弓

short bow
ショート・ボウ

BC15〜AD20世紀
全世界

長度：100cm以下　重量：0.5〜0.8kg

20　　　　　　　25　　　　　　　30

蛇桿槍機步槍是由投火式（touch hole）的掛肩火銃（arquebus，別項射擊204③）演化到火繩槍機步槍（match-lock gun，別項射擊220②）的過程中出現的火器。之前的投火式點火的問題在於無法維持安定的瞄準與發射，而為了解決這個問題，蛇桿槍機就這樣誕生了。

所謂蛇桿（serpentine）是一種「S」字形的金屬桿，一邊接上火種，另一邊以手指控制，輕輕推動便可把火種送進引火凵內。

人們把蛇桿裝在掛肩槍上，而火種也經過長

期的實驗後採用了火繩。這就是火繩槍發展的開端。

神臂弓是十一世紀時李宏發明的強化弩（nu，別項射擊222②）。李宏將自己的發明獻給太守，結果被採納為軍隊的配備。其威力可以輕易射穿當時的金屬鎧甲，有效射程達400m以上。十二世紀以後，還有改良自神臂弓的克敵弓與神勁弓出現。西歐的十字弓（crossbow，別項射擊208①）由於發射的準備時間太久，因此評價不一；不過宋軍則是採用三列縱隊的編隊，最後一列負責拉弦，傳給第二列，第一列負責瞄準射擊。靠著這樣的方法解決了問題。

神鎗是鳥銃（niao-chong，別項射擊222①）從西歐傳入中國以前使用的火器。是一種散彈槍，子彈為直徑7mm的子彈，一次裝填二十發左右。子彈在裝填以前會先浸泡毒藥，因此即使沒貫穿敵人鎧甲只要命中，其毒性也能讓傷者致死。

這種武器改良自元代使用的火銃（huo-chong，別項射擊214②），槍管比火銃更長。明成祖十五世紀初遠征安南時模仿敵軍使用的火銃製成，結果比原本使用的火銃射程更長。明成祖

讓自軍配備神鎗，特設專門使用神鎗的部隊，稱「神機營」。

短弓可說是所有射擊武器中最普遍的一種。舊石器時代晚期到新石器時代前期（BC12000～BC8000，亦合稱做中石器時代）就已經出現。最初用於狩獵，以地中海世界為中心快速地流傳開來。由今日留存於世界各地的洞窟壁畫與出土的文物可知此一事實。何時開始成為武器今日已經不明，但相信攻擊對象由一開始的動物轉到人類身上並沒經過多久。戰場上多用於減少敵陣前排士兵，或在雙方部隊正式交鋒前增加敵人傷兵，破壞敵人陣形上。

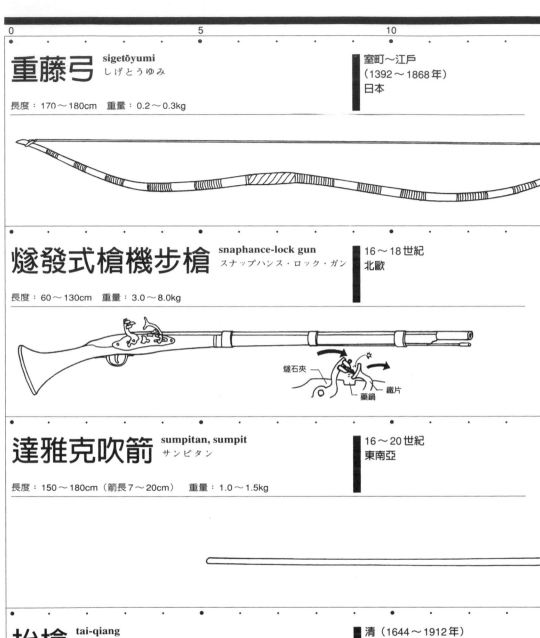

重藤弓 **sigetōyumi**
しげとうゆみ

室町～江戸
（1392～1868年）
日本

長度：170～180cm　重量：0.2～0.3kg

燧發式槍機步槍 **snaphance-lock gun**
スナップハンス・ロック・ガン

16～18世紀
北歐

長度：60～130cm　重量：3.0～8.0kg

燧石夾
藥鍋
鐵片

達雅克吹箭 **sumpitan, sumpit**
サンピタン

16～20世紀
東南亞

長度：150～180cm（箭長7～20cm）　重量：1.0～1.5kg

抬槍 **tai-qiang**
たいそう，タイチアン

清（1644～1912年）
中國

長度：300cm　重量：12.0～18.0kg

重藤弓是指上纏有多重的藤皮的弓，也寫作「滋藤」。原本是用來防止四方竹弓（四邊貼上竹子的複合弓）之類，多種材質黏合而成的複合弓因受潮而散開的措施。這個名詞後來專指武家、大將使用的弓，室町時代以後，重藤弓成爲一專有名詞。

　　纏藤的方法隨時代與流派而有所不同，最普遍的是上弓臂纏三十六道，下弓臂纏二十八道，弓柄纏九或七道藤皮。這象徵地上的三十六禽、九曜或七曜，以及天上的二十八宿。

燧發式槍機步槍是採用了繼火繩槍機（match-lock）、簧輪式槍機（wheel-lock）之後的新型擊發方式之步槍。以燧石替代原有的火繩，裝置在稱爲燧石夾（cock）的金屬臂上，只要扣下扳機，燧石夾就會落下打中鐵片（steel）打出火花來（此時鐵片會被彈起仵前倒）。火花則成爲火種落入藥鍋（pan）中點燃火藥。這種方式是一五四七年瑞典人發明的，一五五六年瑞典之國立工房開始正式開發。一五八〇年傳入英國，十七世紀傳入俄國進入全盛期。

達雅克吹箭是婆羅洲島上馬來原住民達雅克族（Dyak,Dayak,Dajak：正確來說是達雅克諸族）中的一支，屬陸達雅克人的比達友族（bidayuh）使用的吹箭。他們認爲最好的是以鐵樹（iron-wood）製成的吹管，堅固又有彈性，因此略微上翹，所以使用時據說會因本身重量而剛好變得筆直。他們用金屬的工具製作，因此不管多長也不需剖開都能漂亮地製成管狀。管子前端有個小環，是用來瞄準的設計。同時前端也接上矛頭，可用來了結中箭敵人的生命。

抬槍是將鳥銃（nido-chong，別項射擊222①）加大而成的火器。鳥銃是西歐傳來的武器，而抬槍模仿其構造製成。基本上是種前膛式火繩槍，不過由於太重所以無法一人獨立操作，發射時需要搭在其他士兵肩上，或是架在專用的三腳架上。

　　近代發射機關槍也有搭在肩上使用的例子，或許可說是十分妥當的運用方法。

　　槍管越巨大威力就越強，但相對的發射速度與輕便性也越低，因此不見得就比較好用。

　　不過抬槍替代舊式大砲，一直運用到晚清末年，甲午戰爭時也曾使用過。

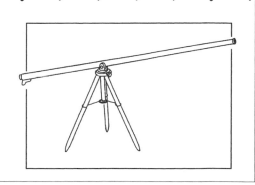

印度弩　**takhsh**
タクシュ

15〜18世紀
南亞

長度：60〜75cm（全長）/100cm（寬）　重量：2.0〜4.0kg

種子島銃　**tanegashimajū**
たねがしまじゅう

戰國末期〜江戶
（1550〜1868年）
日本

長度：80〜185cm　重量：1.5〜5.0kg

彈弓　**tankon**
だんきゅう・タンコン

全中國歷史
中國

長度：40〜170cm　重量：0.1〜0.3kg

坦能堡火銃　**tannenberg gun**
タンネンベルク・ガン

14世紀
歐洲

長度：120〜150cm（槍管為33cm）　重量：2.5kg左右（槍管重1.24kg）

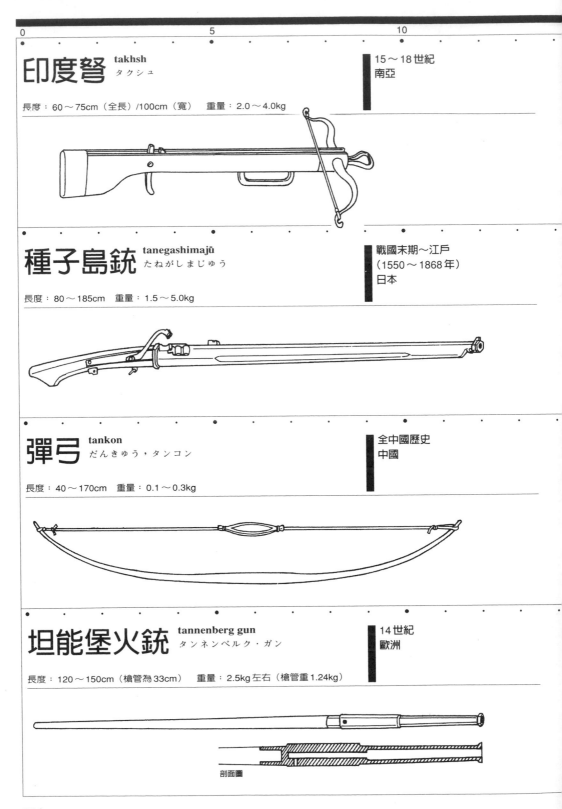

剖面圖

印度弩是印度人使用的十字弓（crossbow，別項射擊208①），由中國傳入帖木兒王朝（Timurid dynasty）[224]，之後又透過戰爭傳入印度。另外，後來也由印度傳向波斯、埃及等地，名稱也改成「zafar nama」。威力與複合弓（composite bow，別項射擊206④）相當，因此一時相當受到重視。但是印度多以騎兵為主，而弩並不適用於馬上，比不上複合弓的方便，因此這類弩屬的武器在印度並沒受到廣泛使用。

224 為蒙古人帖木兒（Timur，1336～1405）建立起的突厥人回教帝國。

種子島銃特指日本製的火繩槍。一五四三年葡萄牙人漂流到種子島（tanegashima）[225]而將火繩槍傳入日本，八板金兵衛模仿其構造製造出第一把日本製的火繩槍，因此以此地名稱命名，不久後迅速傳遍日本。最初因發射速度的問題並沒有受到多大重視，不過殺傷力比當時的弓還強。實戰中使用的弓箭最大射程400m，殺傷距離80m，確實殺傷距離40m，相對於此火繩槍則高達殺傷距離200m，確實殺傷距離50m。由此可知火繩槍的威力明顯比弓還強不少。特別是戰國武將織田信長（Oda Nobunaga）[226]在長篠之戰[227]中以火繩槍給予武田（Takeda）[228]的騎兵毀滅性打擊一事給予世間巨大的衝擊。

225 日本九州南部鹿兒島（Kagoshima）縣內的小島。
226 生卒年1534～1582。戰國時代的武將，自1560年桶狹間（okehazama）一戰成名以來以驚人的氣勢實行其統一天下的野心，但統一的夢想已在眼前之際被部下明智光秀（Akechi Mitsuhide，1528～1582）奇襲，死於本能寺。
227 1575年發生之織田與德川聯軍與騎兵名之武田軍的戰爭。為日本史上初次大量運用火器並獲得極大成果的戰役。
228 戰國時代的武士家族。據有甲斐（今山梨縣）。武田信玄（Takeda Shingen，1521～1573）時代勢力最龐大，不過其子勝賴（Takeda Katsuyori，1546～1582）於長篠之戰敗給織田信長後步入衰途滅亡。

彈弓是弓（gong，別項射擊210②）出現以前，為了提高投石的效果而發明的武器。以此彈射石頭。不過當弓箭發明以後，明顯地命中率高了很多，因此彈弓立刻從戰場上退了下來。這是春秋戰國時代的事，約西元前六世紀左右軍隊就不再採用彈弓為武器，此後彈弓只用於狩獵等用途上。

彈弓也有其優點，例如射出的石頭不易看清，也不像箭一般容易被打落，同時可用作子彈的東西容易隨身攜帶不被發現。因此彈弓有時也用於暗殺之上。奈良時代（710～784）傳入日本。

坦能堡火銃是歐洲已知製作年代的火器最早的一種。這種火器與中國的火銃（huo-chong）構造相同，從槍管的前方開口塞入火藥與子彈，然後把火投入後方的引火口中即可發射，這種點火方式稱做投火式（touch hole style）。

這種火器是路德維希三世（Ludwig III）[229]於一八四九年命人挖掘坦能堡城廢墟時發現的，城於一三九九年陷落，因此可確定坦能堡火銃是之前發明的。今日原本號稱十四世紀發明的火器實際上幾乎都是十五世紀以後才發明的，這麼說來十四世紀以前發明的，可說只有坦能堡火銃而已吧。

229 路德維希三世擔任巴伐利亞最後一任國王的時間才六年，巴伐利亞便在第一次大戰後的1919年加入德國聯邦，結束維特斯巴赫家族（Wittelsbach Family）統治巴伐利亞七百多年的輝煌歷史。若照時間推斷，當時的普魯士國王應是威廉一世，疑原文有誤。

暹羅弩 thami ティム

16〜19世紀
東南亞

長度：120〜150cm（全長）/120cm（寬）　　重量：4.0〜5.0kg

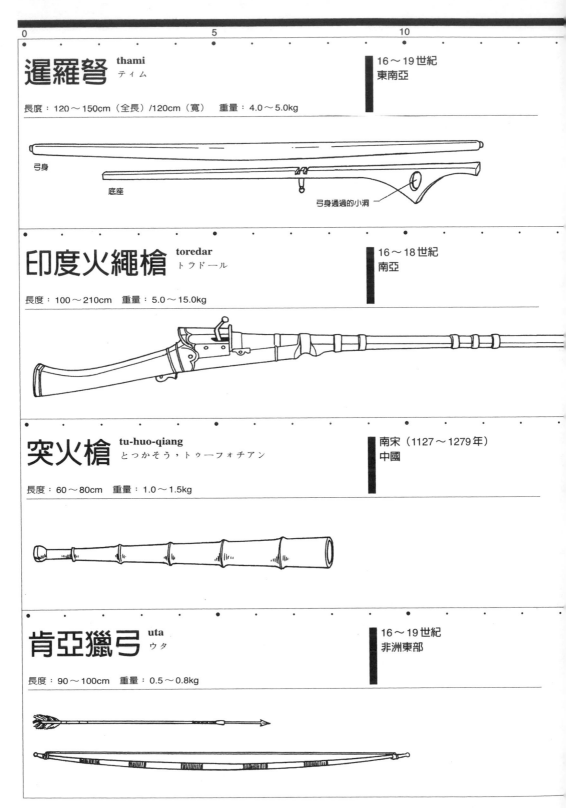

弓身

底座

弓身通過的小洞

印度火繩槍 toredar トラドール

16〜18世紀
南亞

長度：100〜210cm　　重量：5.0〜15.0kg

突火槍 tu-huo-qiang とつかそう・トゥーフォチアン

南宋（1127〜1279年）
中國

長度：60〜80cm　　重量：1.0〜1.5kg

肯亞獵弓 uta ウタ

16〜19世紀
非洲東部

長度：90〜100cm　　重量：0.5〜0.8kg

暹羅弩是暹羅人（Siamese，自稱是泰人〔Thai, Khon Thai〕）特有的弩。細長的底座上開了讓弓身通過的小洞，弓身以木材或金屬製成。平常是拆下來的狀態，使用時再組合起來。箭算是比較小型的，不過威力十足，可以一箭射死老虎，而大象或犀牛也能在100m左右的距離內射殺。此外也用來獵殺水裡的魚。箭上通常會塗毒，特別要獵殺大型獵物時可說一定會塗毒。在毒的效果下威力更顯強大。

印度火繩槍是印度使用的火繩槍。特徵是槍托為有稜角的造型，不過大小與種類很豐富。蒙兀兒帝國（Mughal dynasty）[230]時期製作了數種類型，阿克巴（Akbar）[231]大帝時全長110~170cm的為主流，不過後來為了增加射程，槍管造得越來越長，最後甚至長達210cm的都出現了。這種特別長的印度火繩槍有獨自的名稱，叫「shakh-i-tufang」。
　　印度雖然大量運用火器，但技術卻不發達，一直到二十世紀火繩槍仍然用在第一線上。

230 或譯莫臥兒王朝，16世紀初～18世紀後半（1501～1775）統治印度北部絕大部分地區的伊斯蘭教王朝，統治者為成吉思汗的後裔。
231 全名 Abu-ul-Fath Jalal-ud-Din Muhammad Akbar，一般尊稱其為阿克巴大帝（Akbar the Great）。生卒年1542～1605。為蒙兀兒王朝最偉大的皇帝，不僅在領土擴張上有貢獻，對藝術文化的發展也不遺餘力。

突火槍是最早期的火器之一，屬於管狀火器。槍管以竹子製成，把竹節挖空後，尾部以棒子拴上。在上方開一引火口，由前方的開口塞入子彈與火藥，從引火口點火發射。因為是竹子做成的，因此只能發射一次，為拋棄式火器。這種火器同時以射出的子彈與火藥燃燒噴出的火焰來攻擊。只不過缺點是有效射程只有5m不到。但亦有便宜、製作容易、隨身攜帶也不容易被人發現、重量輕等優點。

肯亞獵弓是居住於肯亞（Kenya）中部塔納河（River Tana）到泰塔（Taita）丘陵的坎巴人（Kamba）使用的弓。
　　弓身為圓柱形，常可見有銅環套於其上，不過這些銅環為裝飾用，而非讓弓更強韌的裝置。基本上套法並無一定，不過為了美觀大致上還是會排列得整整齊齊的。
　　坎巴人稱箭為「mize」，箭頭有三種類型。「moluka」與「maange」是狩獵用的，前者專射地上動物，後者專射天上飛的動物，以堅硬的木材製成。戰鬥用的則稱作「musi」，以金屬製成，被射中會深深刺入體內。

簧輪式槍機步槍

wheel-lock gun
ホィール・ロック・ガン

16～17世紀
歐洲

長度：60～130cm　重量：4.0～8.0kg

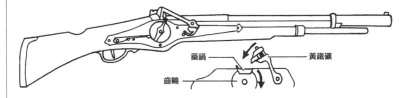

藥鍋　　　　　　　黃鐵礦

齒輪

絞盤十字弓

windlass crossbow
ウィンドラス・クロスボウ

13～18世紀
歐洲

長度：縱80～120cm（全長）/80～120cm（寬）　重量：8.0～15.0kg

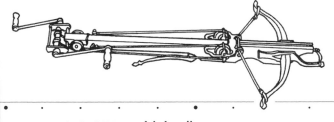

五雷神機

wu-lei-shen-ji
でらいしんき，ウーレイシェンチー

明（1368～1644年）
中國

長度：110cm　重量：8.0kg

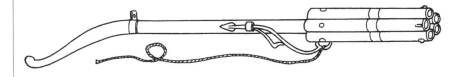

迅雷銃

xun-lei-chong
じんらいじゅう，シュンレイチョン

明末～清
（1600年左右～1912年）
中國

長度：110cm　重量：10kg

簧輪式槍機步槍是爲了改良火繩槍機步槍（match-lock gun，別項射擊220②）的不便而發明的火器。這種槍的優點是只要扣下扳機（trigger），藥鍋蓋（pan cover）就會轉動，齒輪與落下的黃鐵礦石摩擦而打出火花，進而引燃火藥使子彈發射。

發明當初原本以爲這劃時代的設計會全面取代火繩槍機成爲新一代的寵兒，但是缺點是有時擦不出火花，更重要的是構造複雜因此價格高昂，結果沒能取代火繩槍機的天下。不過王公貴族們則是十分擁護這種火器。

絞盤十字弓是爲了發出更強力的箭，採用了更強力的弓，但緊繃的弦靠手的力量難以扣上，因此加上絞盤以方便捲弦。絞盤設在弩托上，以繩索與滑輪與弦連結，絞盤兩側有把手可捲動繩索。

絞盤十字弓靠這種構造來拉開弦攻擊，不過問題在於絞動時不得不背向敵人，因此野戰時士兵背上會背盾牌防禦。但是這樣一來又缺乏機動性，因此這種武器主要用在攻城戰上，攻守雙方以之交互射擊。

五雷神機是明代的五連發槍，同時備有五個槍管。這種具有數個槍管的火器稱做「多管砲」。不過並非各槍管同時發射，而是做成可旋轉的型式，射完一發後轉動槍管立刻可以再次發射。以火繩方式點火，操作者分成負責旋轉槍管的與負責瞄準與射擊的。這是記載於《武備志》232中的武器，同書中還有類似的武器，稱爲「三捷神機」，槍管數目爲三管。根據記錄，這是應用了一五九八年（明神宗萬曆二十六年）製造的迅雷銃（xun-lei-chong，別項射擊234④）的技術製作而成的。

232 明代茅元儀編，1621年完成。全書共240卷，專談軍備武術之事。

迅雷銃改良自西歐傳來的鳥銃（niao-chong，別項射擊222①），五根槍管繞成一圈，是一種可連發的火器。

鳥銃的缺點是發射速度過慢，因此迅雷銃便是爲了改善此缺點而發明。槍管裝設在一把長槍的鐏側，同時附帶一面圓盾與小手斧。射擊時以圓盾保護自己，防止被爆發的火花傷到。手斧則可作爲支撐槍管的台架。一次點火五發子彈便會依序發射。由於柄本身是長槍，因此也可作爲普通的長柄武器使用。迅雷銃於明末清初登場，但因構造太過複雜，結果並沒有十分普及。

235

弓

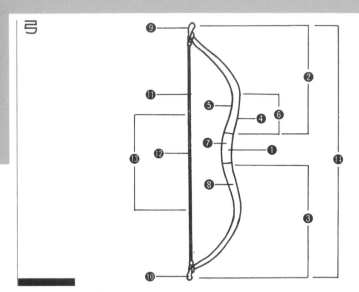

❶弓柄：grip：ゆずか：弣
❷上弓臂：upper limb：押付：淵
❸下弓臂：lower limb：手下：淵
❹弓背：背
❺弓腹：弓腹
❻上弓臂彎曲處[233]：鳥打
❼矢摺：sight：矢摺
❽弓柄下彎曲處：ゆずか下
❾弓弰：うらはず
❿弓弰：もとはず
⓫弦：弦：bow strings：弦
⓬搭箭點：nocking point
⓭弓弦中央部：serving
⓮弓身：干

233 此處特指日式弓的上弓臂彎曲處，日式弓的特點是上下臂不同長，狩獵時射落的鳥會用此處打一下，故名。

弓矢

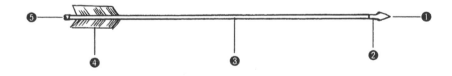

❶箭尖：point：矢先：鋒
❷箭鏃：pile：鏃：鏃
❸箭柄：shaft：矢柄：杆
❹箭羽：fletching：羽卷：羽
❺箭筈：nock：矢筈：栝

十字弓（弩）

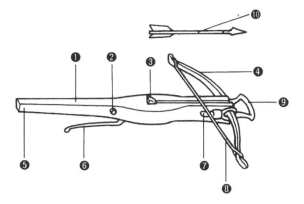

- ❶底座：tiller：弓床：弩臂
- ❷掛鉤：lugs/stops：掛け金
- ❸掛弦：nut：弦受け：弩機
- ❹弩弓：bow：弓：弩弓
- ❺弩托：butt：台尻
- ❻扳機：trigger：引金
- ❼固定具：ties：添え紐/添え金
- ❽弦：bow strings：弦
- ❾脚鐙：stirrups
- ❿弩箭：bolt/quarrel

槍

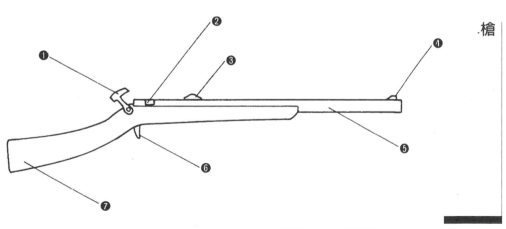

- ❶槍機：lock：点火装置
- ❷引火口/薬鍋蓋：touch hole/pan cover：火門/火蓋
- ❸照門：rear sight：照門
- ❹準星：front sight：照星
- ❺槍管：barrel：銃身
- ❻扳機：trigger：引金
- ❼槍托：stock：銃床

阿拉伯十字弓	aqqar	80～250m	姆蓬威十字弓	nayin	30～100m
義大利十字弓	arbalest	80～300m	鳥銃	niao-chong	100～200m
掛肩火銃	arquebus	50～100m	弩	nu	150～200m
馬上筒	bajōdutsu	5～30m	弩	ōyumi	80～250m
印度火箭	ban	900m	撞擊式槍機步槍	percussion lock gun	10～250m
印度燧發式火繩槍	banduq-i-chaqmaqi	80～150m	法式騎兵胸槍	petronel	30～100m
吹箭	blowpipe	30m	手槍	pistol	5～30m
複合弓	composite bow	150～550m	連發銃	renpatsujū	50～100m
十字弓	crossbow	60～300m	三眼銃	san-yan-chong	50～200m
多發火箭	duo-fa-huo-jian	500～800m	蛇桿槍機步槍	serpentine lock gun	50～150m
改良型燧發式槍機步槍	flint-lock gun	10～200m	神臂弓	shen-bi-gong	150～500m
古希臘十字弓	gastraphetes	150～300m	神鎗	shen-qiang	100～500m
爪哇弓	gendawa	80～150m	十眼銃	shi-yan-chong	50～150m
弓	gong	100～150m	短弓	short bow	90～220m
榴彈槍	grenade gun	30～50m	重藤弓	sigetōyumi	90～180m
拐子銃	guai-zi-chong	50～150m	燧發式槍機步槍	snaphance-lock gun	10～150m
鉤爪火銃	hakenbuchse	10～80m	達雅克吹箭	sumpitan	30～50m
手炮	hand cannon	50～100m	抬槍	tai-qiang	100～300m
騎兵火炮	hand culverin	10～20m	印度弩	takhsh	80～200m
弓胎弓	higoyumi	200～300m	種子島銃	tanegashimaju	100～300m
北印短弓	hindi	100～200m	彈弓	tankon	80～100m
火銃	huo-chong	50～180m	坦能堡火銃	tannenberg gun	5～50m
火箭	huo-jian	500～800m	暹羅弩	thami	40～180m
火槍	huo-qiang	5～10m	印度火繩槍	toredar	200～300m
阿富汗步槍	jezail	200～300m	突火槍	tu-huo-qiang	5～10m
芥炮	kaihou	5～15m	肯亞獵弓	uta	80～250m
抱式大筒	kakae-no-ōdutsu	100～800m	簧輪式槍機步槍	wheel-lock gun	10～200m
北印長弓	kamtha	100～300m	絞盤十字弓	windlass crossbow	80～425m
連弩	lian-nu	35m	五雷神機	wu-lei-shen-ji	100～200m
長弓	long bow	90～275m	迅雷銃	xun-lei-chong	100～200m
中東火銃	madfa	50m（推測）			
丸木弓	marukiyumi	50～100m			
火繩槍機步槍	match-lock gun	10～200m			
印度投火式火繩槍	narnal	80～150m			

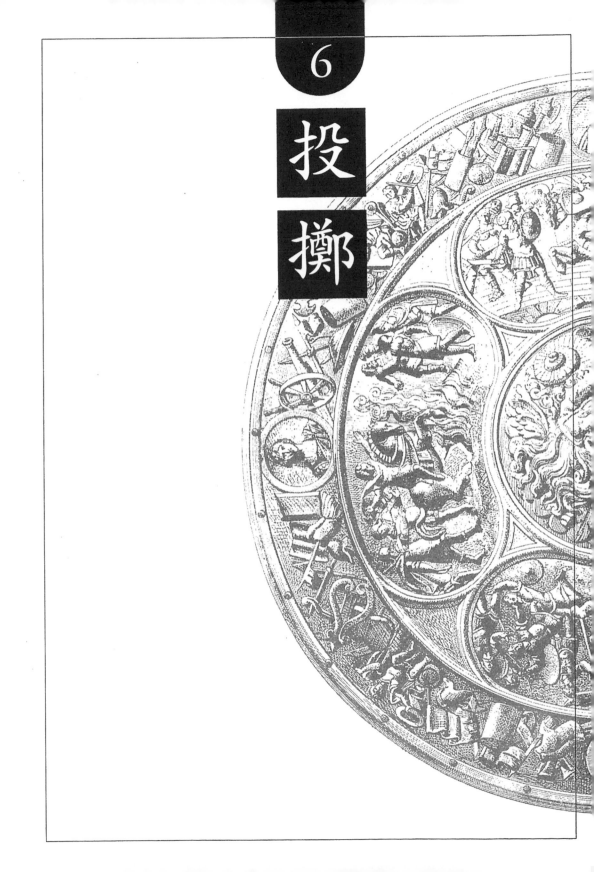

6

投擲

三球捕獸繩 **achico**
アチコ

10?〜20世紀
南美

長度：70cm左右（從石球到手握處之距離）　重量：1.5kg左右

拉丁標槍 **aclys**
アキュリス

BC5〜AD2世紀
古羅馬

長度：120〜200cm　重量：0.5〜1.5kg

法蘭克標槍 **angon**
アンゴン

4〜5世紀
西歐

長度：150cm〜210cm　重量：1.0〜1.8kg

西班牙標槍 **azagai**
アザガイ

14〜15世紀
西班牙

長度：100〜130cm　重量：0.8〜1.0kg

三球捕獸繩是南美印地安人使用的多球捕獸繩（bola，別項投擲242②）之一種，與狩獵用的捕獸繩最大不同點是前端以繩子綁住的球狀石頭只有三顆。而繫住重物的繩子也與一般的捕獸繩不同，是用相當堅固的麻繩或皮革製成。石球的直徑約2.5cm到5cm左右，繩約70cm。石球上刻有溝槽，以便繫上繩索，或者整個以皮革完全包住的也有。後者相信是基於爲了不要傷及目標的考量而生的設計。因爲三球捕獸繩雖然是種投擲武器，但其性質是爲了捕捉對象而非傷害的緣故。

「aclys」在拉丁文中的意思是「小型標槍」，不過實際上大小的界定並不明確，也有長達2m的。希臘文中稱之爲「agkulis」。

拉丁標槍主要是與羅馬人敵對的拉丁人（Latin）[234]在使用，其長度以標槍而言算長的。這種武器的特徵是槍頭非常細長，命中時足以完全刺穿敵人。羅馬人在擴展國家疆域的階段，不僅吸收了

拉丁人與埃特魯斯坎人（Etruscan）[235]的文化，同時也吸收了他們的武器。不過隨著時代與戰術的演化，雖然名稱留了下來，但後來外型完全與當初的毫不相同的標槍也以此名稱呼。

234 指居於義大利中西部拉丁姆(Latium)平原之古代民族。西元前2000年來到此地定居的印歐民族。羅馬人亦屬拉丁同盟之一，不過BC4世紀左右，羅馬日漸壯大，後來終於取得拉丁姆平原之霸權。
235 這是義大利中西部埃特魯里亞（Etruria）地區之古代民族。BC6世紀時，其都市文明達到鼎盛，後來連文化被統治義大利半島的羅馬人吸收。

法蘭克標槍是羅馬帝國後期開始之日耳曼民族大遷徙時入侵的法蘭克人所使用的標槍。

這種標槍比一般的更重更長，槍頭爲細長鐵製插管式（socket），槍尖具有倒鉤，故一旦刺入便難以拔出。雖然是投擲用的標槍，不過因爲重量太重，所以只能在接近戰中使用。

法蘭克的戰士

以此對抗持盾的敵人，槍刺穿盾的話，盾會變得很重而難以使用。然後等待對方垂下盾的時機一口氣接近，踏住敵人盾牌發動攻擊。

西班牙標槍是中世紀君臨西班牙之卡斯提爾王國（Kingdom of Castile）[236]的輕騎兵（jinete）使用的標槍。因此使用這種標槍的士兵也被稱做「janetaires（或genetaires）」。

這是一種騎兵使用的標槍，爲了能更準確地命中目標，因此尾端跟弓箭同樣加上了兩片羽毛。輕騎兵攜帶二到三把西班牙標槍赴戰。

「azagai」一詞後來成爲「assegai（參見南非標槍um konto，投擲262③）」的語源，不過其實這原本是阿拉伯半島傳到北非後再傳入西班牙

的。據說語源由阿拉伯語中「突刺物」之意的「al khazuk」或「槍」之意的「al zagahaya」而來。

236 11～15世紀伊比利半島上統治卡斯提爾（Castile，今西班牙中部）地區等地的王國。1479年卡斯提爾親王費迪南德與亞拉岡王國（Kingdom of Aragon，今西班牙東北部）王位繼承人伊莎貝拉（Isabella）一世聯姻，今日西班牙於是成形。

標槍
biao-qiang
ひょうそう，ピアオチアン

北宋～清（960～1912年）
中國

長度：100～300cm　重量：0.8～2.5kg

多球捕獸繩
bola
ボーラ

年代不詳～20世紀
美洲大陸等

長度：70cm左右　重量：0.8kg左右

回力棒
boomerang
ブーメラン

14?世紀～近代
澳洲

長度：60cm左右　重量：0.2～0.8kg

希臘投石索
cestrosphendone
セストロスペンドン

BC7～BC2世紀
古希臘

長度：100～150cm　重量：0.1kg左右

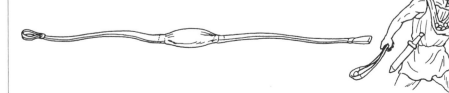

標槍是以手投擲的槍類總稱，一般認爲從宋代開始使用。但是因爲中國自很早以前就發明了弩（nu，別項射擊222②），所以並不流行以標槍投擲攻擊。投擲標槍主要是南方民族的攻擊方

式，到北宋以後才傳入。不過後來建立元朝的蒙古軍愛好使用標槍，標槍也因而得以廣泛流傳。蒙古軍在馬上也能使用標槍，且長度甚至達3m左右。元之後的明清也承襲了元軍的習慣，將標槍納爲正式武器，不過因爲已經有其他射程更優良的兵器，所以並不積極使用。

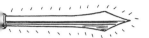

多球捕獸繩據說起源於史前時代的亞洲，爲因努伊特人（Inuit）[237]及南美印地安人使用的武器。主要用於獵捕野鳥，繩索綁上四到六個海象的牙齒或骨頭做成的重錘，也有多達十個的。這些重錘形狀有卵形、球形，也有刻成動物形的，綁在細繩的前端。繩子的另一端集中捆成把手。使用時　手握著把手，一手將細繩拉直高舉頭上旋轉投出。射程距離大約30～40m。因努伊特人稱獵捕小型動物專用的多球捕獸繩爲「kelauitautin」。

237 指使用因努伊特語的愛斯基摩人，分佈於格陵蘭、加拿大的北極部分和美國的阿拉斯加川北部等地，西至白令海峽，南至諾頓灣（Norton Sound）。

回力棒是種木製扁平細長的棒狀武器，不是整體呈曲線狀，就是中途有一折彎處。使用法爲「〈」形彎曲內側朝上，略微舉高後，猛然用力揮下投射出去，回力棒便會邊旋轉邊飛行。高速旋轉下，不管哪個部位擊中都能帶來相當的破壞力，一般人多半認爲回力棒應該是投擲出去一定會回來的武器，不過其實並不見得每種回力棒都有這種性質。特別是戰鬥用的基本上不會飛回。這是因爲會飛回來的相當於敵人投擲過來的攻擊。

希臘投石索是古希臘時代使用的投石索（sling，別項投擲256③）。與其他時代使用的相較，在構造上並無特出之處。

投石索的優點是，不像弓箭靠的是貫通力來傷害敵人，而是以彈丸的衝擊力來打倒敵人。因此就算命中敵人的鎧甲也能發揮威力，甚至足以使人致命。例如命中手腕或腳的話，很有可能使其受到骨折的重傷。色諾芬（Xenophon）[238]《遠征記（Anabasis）》中提到，羅得島（Rhodes）[239]的投石兵比裝備長弓的波斯弓兵更強悍，射擊的

命中率也較之更優秀。

238 出生於雅典富有家庭，蘇格拉底之徒。因批評極端民主政治而遭流放。曾於波斯大流士一世（Dairus I）底下之傭兵團服役。此經歷對其著作影響很大。最著名作品爲《遠征記（Anabasis）》。
239 現代希臘文做Rhodos，位於愛琴海東部，與土耳其隔海相望之島嶼。

擲環　**chakram, chacra, chakar, chakra**
チャクラム

長度：直徑10～30cm　重量：0.15～0.5kg

16～19世紀
印度

飛鏢　**dart**
ダート

長度：30cm左右　重量：0.3kg左右

15～17世紀
歐洲／中、近東

伊比利重型標槍　**falarica**
ファラリカ

長度：160～200cm　重量：1.2～2.0kg

BC3～BC1世紀
伊比利半島

飛叉　**fei-cha**
ひさ，フェイチャー

長度：20～30cm　重量：0.5～1.0kg

明～清（1368～1912年）
中國

擲環是印度北部錫克教（Sikhism）[240]教徒使用的投擲武器。為一扁平金屬環，環寬 2～4cm，外圍為銳利的刃部。

這種武器的特點是，這是罕見的以「切割」為攻擊方式的投擲型武器。邊旋轉邊飛行可以攻擊 40～50m 外的敵人。根據近代的實驗可知，擲環能切斷約離 30m 外的直徑 2cm 的竹枝。

使用法有兩種，一種是把環套在食指上甩動旋轉射出，另一種是直接像使用飛盤（Frisbee）一樣以拇指與食指夾著投擲出去。可惜的是古代的使用方法並沒有流傳下來。另外，中非也有類似的武器，稱做「charkarani」。

240 這是創立於 15 世紀的宗教，由印度教毘濕奴虔誠派轉化而來，該教唯一正典是《本初經（Adi Granth）》，信仰唯一神，認為他是獨一無二，創造天地，且是人智不能理解的。因此錫克教禁止教徒膜拜偶像，否定種姓制度。教徒主要居於旁遮普邦（Panjap）。

飛鏢是前端帶有尖銳部分的投擲武器，有些長得就像小型的箭，具有箭頭與箭羽。輕巧便攜為其優點，不過在殺傷力與貫通力上就較為遜色了。石器時代以來就已當作武器使用，最初是以木製的柄加上石頭或獸骨製的頭部而成。古代到中古世紀時則出現了樹葉狀、箭頭狀頭部，以及尾端加上羽毛的型式。歐洲與中、近東人用來作為狩獵的工具。另外因其輕便性也用在船上的戰鬥中，十五到十七世紀使用最盛。

伊比利重型標槍是古羅馬時代伊比利半島的塞爾特人（Celt）[241]使用之非常有重量的標槍。槍頭尖端為樹葉形鋒刃，插管式（socket）之槍頭與柄結合的管狀處很長。槍頭長度佔了全體近一半左右，可在與敵作戰時，即使對方以盾牌防禦也能完全刺穿並給予傷害。但是因重量太重，所以必須接近到近距離才能投擲，且一次頂多只能攜帶一把。

塞爾特人們瞭解這些缺點，因此投擲後一定立刻拔起腰際的劍向敵進攻。這是他們最擅長的戰法，各國佩服他們的勇猛，因此經常可見他們擔任傭兵。

241 古代印歐民族之一支，西元前 2 千年～西元前 1 世紀散居於歐洲各地。

飛叉是具有二到五道分叉的小型投擲用叉。標準的分叉數是二或三道。相信這種武器起源於漁民用來捕魚之三分叉的魚叉，不過究竟是何時開始轉變成武器並不明。恐怕從很久以前就開始了，根據明代的文獻指出，約十四～十五世紀左右，飛叉就已被當作武器受到重用。全以金屬製成，只有中間的尖峰為箭頭狀。一次攜帶的數目大約為九把，經過訓練甚至射程能達 160m，相信是種很強大的武器。

飛鐃 **fei-nao**
ひにょう，フェイナオ

南北朝〜清（420〜1912）
中國

長度：直徑30〜35cm　重量：0.3〜1.5kg

法蘭克擲斧 **francisca, francisc, francisque**
フランキスカ

4〜7世紀
歐洲

長度：50cm左右　重量：1.2〜1.4kg

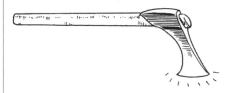

中世紀投石棒 **fustibalus, fustibal**
ファスティバルス

8〜15世紀
歐洲

長度：100cm（棒的長度）　重量：0.2kg左右

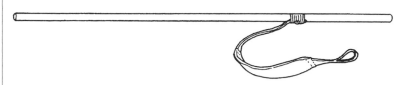

西藏投石索 **gudo, orta**
グド

16〜20世紀
中亞

長度：120〜130cm　重量：0.1kg左右

飛鐃就是拿樂器中的鐃當作武器的物品，於圓盤中央隆起部分繫上長約3m左右的繩索而成，除此之外與一般的鐃的外型幾乎沒有差別。

鐃這種樂器據說起源於南北朝時代的南齊（479～502年），由西方傳來的。兩片圓盤間繫上繩索的目的是射出後可立刻回收用。但是這麼一來射程就只能受繩索長度限制，變成完全是種近距離戰用的武器了。

圓盤的邊緣是銳利的刃部，與原本的樂器特徵相同。

法蘭克擲斧是羅馬帝國末期，日耳曼民族大遷徙時遷移入歐洲的法蘭克人使用的代表性武器。他們的留下的法典中有這麼一條：「非成人不得使用此武器；且禁止買賣。」

斧頭為鐵製，初期的以插管（socket）著柄，與日常使用的手斧著柄方式不同。刃部考慮到投擲時能更有效命中，因此造得略微向上彎曲；考慮到與斧頭的平衡度，柄造得又粗又長。

實驗結果顯示，法蘭克擲斧投擲時會旋轉向前飛行，可以確實殺死15m以內的目標，旋轉一次大約能飛行3m左右。

這是歐洲**中古世紀**使用的**投石棒**（staff sling，別項投擲258③）。這個時代投石索已經是種陳舊的武器了，不過在一些特殊的狀況下，投石索這類武器依然是有必要的。具體說來有以下幾點：第一，在攻擊穿著鎧甲的士兵時，打擊類的武器總是比較有效；第二（這是最重要的理由）攻城戰中相當有用。特別是後者，他們投擲碎石頭、飛鏢（dart，別項投擲244②）、鉛片或金屬片等，甚至為了讓敵人得到傳染病，連動物的糞便都用上了，應用範圍可說很廣。這種武器一直用到文藝復興時代。

這是**西藏**人使用的**投石索**（sling，別項投擲256③）。以細繩混入頭髮編織而成。編法十分複雜，不過成品的剖面會呈現漂亮的四方形。看起來雖然很細，但是編得很紮實，所以十分有彈性。或許是因為加入人髮編織而成所以才有彈性的也說不定。不使用的時候通常會收在口袋裡或盤在腰際。另外，有時也會當作鞭子使用，不過並非用來攻擊人，而是趕牛羊時使用。

西藏住在帳棚裡的游牧民，不分男女都會使用這種投石索，應用在種種狀況中。

247

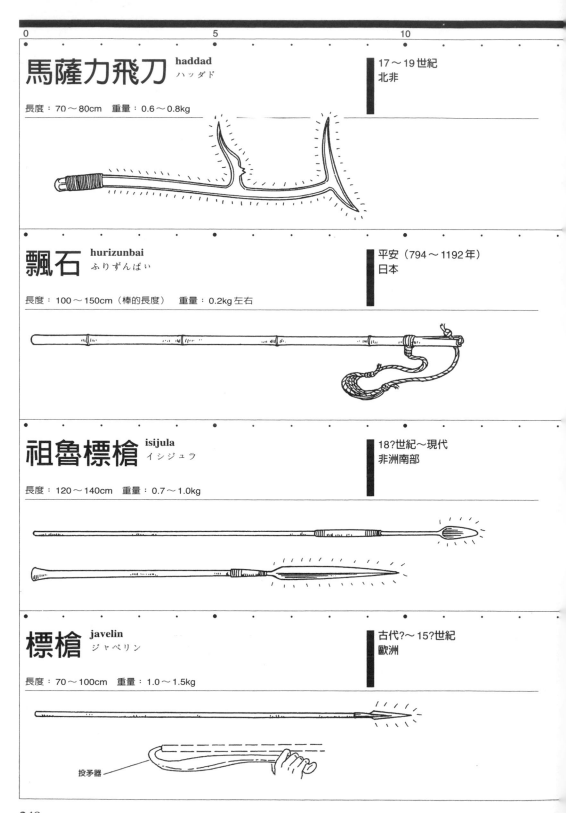

馬薩力飛刀 **haddad** ハッダド

17〜19世紀
北非

長度：70〜80cm　重量：0.6〜0.8kg

飄石 **hurizunbai** ふりずんばい

平安（794〜1192年）
日本

長度：100〜150cm（棒的長度）　重量：0.2kg 左右

祖魯標槍 **isijula** イシジュラ

18?世紀〜現代
非洲南部

長度：120〜140cm　重量：0.7〜1.0kg

標槍 **javelin** ジャベリン

古代?〜15?世紀
歐洲

長度：70〜100cm　重量：1.0〜1.5kg

投矛器

馬薩力飛刀是曾雄霸蘇丹西部的達爾富爾（Darfur）王國[242]之馬薩力人（Masalit）士兵使用投擲小刀。

達爾富爾王國於十七世紀後半建立，積極吸收火器等近代化武器，並且對周邊國家發動攻擊的居士大國。這種飛刀就是該國士兵使用的武器之一。前端帶有新月形鉤爪，刀身中間另有一橫向延伸的刃部，造型十分獨特。刀身全爲兩刃，除了投擲以外也能直接切砍對手攻擊。

這種類型武器在石器時代的壁畫中經常可見，因此可以說是種歷史相當悠久的武器。

[242] 西元前2500年左右就存在的古王國，10~13世紀爲一基督教國家，但後來16世紀時因伊斯蘭教的擴張改宗。1916年成爲蘇丹的一省。

飄石是平安時代使用的投擲兵器，爲了增加投彈帶（tōdantai，別項投擲260①）射程距離，將帶子繫在竹或木棒的前端，應用槓桿原理而成的武器。因此別名「投彈杖（todantsue）」。飄石使用的棒子前端開有一道投彈帶的一端可插入的細縫。使用法爲將彈丸包好後，高舉過肩，像揮十字鎬一般用力揮下投出。投彈帶的射程距離不到100m，但是飄石則可達到接近200m左右。但是以石彈攻擊的方式在當時已經有點落伍，比不上弓箭的發達，同時對武士而言，投石攻擊總是給人比較不帥氣的印象。

祖魯標槍是居住於今日南非共和國（South African Republic）境內東部之祖魯人（Zulu）使用的標槍。此標槍整體說來長度不長，不只可用於投擲，相信在混亂的接近戰中作爲槍使用，也能發揮不錯的功效。

祖魯人於十九世紀在南非東海岸建立王國，經過與布爾人（Boer）[243]及英國的戰爭[244]後，王國滅亡，只在歷史留下其名。祖魯標槍的威力在多次戰爭中令西歐人刮目相看，不過從發現於非洲南部的斯托姆山脈（Mt.Stormberg）的遠古壁畫中，也可見到戰士手持與祖魯標槍型式相同的武器，或許其起源可以追溯到非常久遠以前也說不定。

[243] 指具有荷蘭或法國血統之移民南非的新教徒。
[244] 即祖魯戰爭（Zulu War），1879年祖魯王國與英國間展開的戰爭。起因爲祖魯人不願臣服英國在此地的霸權，戰事持續6個月左右，祖魯人敗戰後，非正式地接受英國的統治。

標槍是製作得十分輕巧以適合投擲的槍。世界眾多區域都使用這種型式的武器，形狀也是各式各樣。起源非常古老，根據記錄，古代的東方世界就已經開始使用，留下多數步兵或戰車兵使用的浮雕繪畫等等記錄。

爲了增加標槍的飛行距離，在尾端會綁上手指可穿過的細繩，或者使用稱做投矛器（spear thrower）的專用器具。

古希臘人曾研究過標槍投擲時柄的種種握法，並留下許多記錄。

歐洲戰場上最晚到十五世紀以後，就已經不再使用標槍爲武器了，不過後來則成爲一種體育競技流傳至今。

0   5   10

印度投石索 **kaman-i-gurohah**
カマン・イ・グローハ

15～19世紀
南亞

長度：120～150cm　重量：0.1kg左右

印度回力棒 **katariya**
カタリヤ

9～18世紀
印度西北部

長度：35～45cm　重量：0.3～0.8kg

南非擲棍 **kerrie, knobkerrie, tyindugo**
ケリーエ

年代不詳～20世紀
南非

長度：40～80cm　重量：0.5～1.0kg

北印騎兵飛鏢 **khisht neza, sainthi**
キシト・ネザ

15～18世紀
印度北部

長度：60～90cm　重量：0.3～0.8kg

印度投石索是印度人使用的投石索（sling，別項投擲256③）。介紹這種武器的是蒙兀兒帝國（Mughal dynasty）[245]時代的書籍，名君阿克巴（Akbar）[246]編纂的《阿克巴法典（Aini-I Akbari）》。中央設有用來包住彈丸的圓形部分，此部分以皮革或布料編織而成，繩索兩端結上繩環。用法是以石頭或乾燥泥團當作彈丸，包在圓形的置彈處裡，然後把食指穿過一邊的繩環，另一邊則是握在手中，高舉頭上用力旋轉加速，十分具有加速度的時候放開握著的一端，將彈丸投出。像這種類型的投石索其實並不特別，不過十九世紀時佔領印度的英軍卻很害怕這種武器。

245 或譯莫臥兒王朝，16世紀初～18世紀後半（1501～1775）統治印度北部絕大部分地區的伊斯蘭教王朝，統治者為成吉思汗的後裔。
246 全名 Abu-ul-Fath Jalal-ud-Din Muhammad Akbar，一般尊稱其為阿克巴大帝（Akbar the Great）。生卒年1542～1605。為蒙兀兒王朝最偉大的皇帝，不僅在領土擴張上有貢獻，對藝術文化的發展也不遺餘力。

印度回力棒是印度西部的古吉拉特（Gujarat）邦到西北的孟買（Bengal）邦，以及焦達那格浦爾（Chota Nagpur）高原之科爾人（Kol）使用的戰鬥用回力棒（boomerang，別項投擲242③）。以獸骨或金屬材質製成。扁平，呈新月形彎曲，尾端有球狀重物，此處同時也是握柄。原本回力棒靠迴轉飛行的加速力所得到的威力就很大，不管是棒子的哪一部份命中都能造成相當的效果。不過印度回力棒在尾端加上重物的話，更能增加打擊力。這可說是種相當瞭解回力棒特性的設計。

南非擲棍是南非的努里斯坦人（Nuristani，也就是卡菲爾人〔Kaffir〕，並非特指某一民族，而是指不信仰伊斯蘭教的人們）使用的投擲棍棒。細長柄的一側裝上一石製或骨製的錘頭，另一邊的尾端則削尖。錘頭的材質普遍使用石頭或獸骨，不過他們認為犀牛角製乃是最佳的。如果是錘頭命中敵人可以帶來打擊效果，如果是尾端命中則有刺擊效果。

這種形狀的擲棍不止他們擁有，周邊的祖魯人也使用類似型式的武器。

熟練者來使用的話是種十分破壞力的武器。

北印騎兵飛鏢是印度的騎兵使用的飛鏢（dart，別項投擲244②）類的武器，為蒙兀兒帝國（Mughal dynasty）[247]的騎兵或拉傑普特人（Rajput）[248]的士兵所使用。全以金屬製成，因此十分沉重，中央設有握柄，上頭刻有螺旋狀凹槽以防止手滑。

同時代的印度騎兵多半在鞍上掛著二、三把這種標槍，面對敵人的重裝騎兵在進入近距離格鬥戰前先以此投射攻擊。曾有一擊殺死老虎的紀錄，可知威力十分強大。因此不止蒙兀兒的士兵，拉傑普特人也愛用這種武器，拉傑普特人稱之為「barchhi」。

另外，也有長度相同但柄的材質以木材製成，這種的稱做「sainthi」。

247 或譯莫臥兒王朝，16世紀初～18世紀後半（1501～1775）統治印度北部絕大部分地區的伊斯蘭教王朝，統治者為成吉思汗的後裔。
248 印度中北部各地的土地所有者，自稱屬剎帝利（Kshattriya，武士階級）。9～10世紀建立過數個政權。蒙兀兒帝國統治期他們承認其最高統治權，並位居王朝內的高官。1818年以後則承認英國的宗主國地位。印度獨立後，拉傑普特人的各土邦合併成為拉賈斯坦（Rajasthan）邦。

澳洲擲棍 **kujerung, kallak**
クジャーウング

18～20世紀
澳洲

長度：60～80cm　重量：0.8～1.0kg

柳葉飛刀 **liu-ye-fei-dao**
りゅうようひとう，リウイエフェイタオ

西漢?～清
（BC206～AD1912年）
中國

長度：20～25cm　重量：0.25～0.35kg

葛姆克擲棍 **luny**
ルニー

12?～20世紀
非洲

長度：60～70cm　重量：0.5～0.8kg

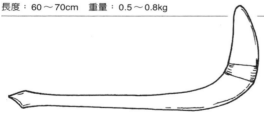

蠍尾飛刀 **muder**
ムダー

16～19世紀
非洲

長度：70～85cm　重量：0.8～1.0kg

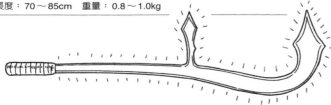

這是澳洲的投擲用棍棒，屬擲棍中特別大型且沉重的。形狀與一般棍棒相近，筆直，頭部較粗。其中不知是爲了增加威力還是單純的裝飾，有些**澳洲擲棍**的頭部上頭刻有網狀溝槽。棍棒兩端，特別是頭部的部分削成銳利的圓錐狀，投擲時此部分會命中對手。

這種擲棍是居住在澳洲西北部特格雷河流域的庫爾奈人（Kurnai）使用的武器，有數種類型，當中爲了防止刺傷對手，也有圓形頭部的。不過這也只是不讓對手流血而已，打擊帶來的威力仍舊不容小看。

柳葉飛刀是專用於投擲的小刀，因刀身與柳葉形似而得名。柄頭上帶有一段短布，可在射出時使軌道安定。用於投擲的小刀至少在西漢時代就已經出現，用於戰場上恐怕是非常早就開始了。而像柳葉飛刀這種專以投擲爲目的的武器則是要更晚期一點，留下明確記錄是明代以後（1368年～）。據說要能熟練使用飛刀要花十年功夫修練，能丟超過200m以上才稱得上熟練者。

葛姆克擲棍是居住在蘇丹東部藍尼羅河（Blue Nile）州的葛姆克人（Gamk）使用的投擲用棍棒。棍身形狀呈「く」字形，頭部較爲碩大，像是有點彎曲過頭的回力棒（boomerang，別項投擲242③），以木材製成，用於狩獵或戰鬥中，形狀也很多采多姿，幾乎是每一部落就有一種造型。

葛姆克人是以狩獵、農耕及小飾品維生的民族，狩獵主要以鬣狗（hyena）與烏鴉爲對象。部落間的戰鬥也會使用這種擲棍，或許也因此形狀有必要各部落有所分別吧。

蠍尾飛刀是非洲的投擲用小刀中最有名且最具代表性的。「muder」一詞乃「蠍子」的意思，確實形狀與蠍尾相當類似，尖端呈箭頭狀。

與蠍尾飛刀同樣刀身彎曲如鐮刀，但刀鋒尖銳的飛刀稱「sai」，雖是別種類的武器，不過特徵相近，因此效果應該也是相同。附帶一提，「sai」的意思是「蛇」，造型上確實與蠍尾飛刀有不同的風貌。

主要是蘇丹（Sudan）與尼羅河（Nile River）上游一帶使用，除了使用法以外的特徵，一切都沒有流傳下來，從留存的照片可知，這是高舉過肩用力揮下投出的武器。

253

F 形擲棍 **ngalio** ンガリオ

17～20世紀
非洲

長度：60～70cm　重量：0.6～0.8kg

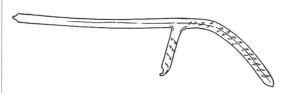

彎頭擲棍 **ngeegue** ンギーグェ

17～20世紀
非洲

長度：45～65cm　重量：0.4～0.7kg

印地安擲棍 **patshkohu** パッシュコウ

16?～19世紀
北美

長度：50～70cm　重量：0.3～0.4kg

羅馬輕型標槍 **pila** ピラ

BC4～BC1世紀
古羅馬

長度：100～120cm　重量：0.8～1.2kg

F形擲棍是居住於查德（Chad）南部沙里河（Chari River）流域之高大民族薩拉人（Sara）中，居於東南部一支族使用的擲棍。形狀類似「F」字，有金屬製與木製的。騎兵也使用這種武器，不過騎兵用的造型略微不同。並不專用於投擲，也像一般棍棒一樣直接毆打。

薩拉人居住區域廣泛，因此各地的形狀也不盡相同。以毆打為主的會在外圍捲上皮製袋子，騎兵多使用打擊用的而非投擲用的。在戰場上必定可見到扛著槍與F形擲棍的士兵。

彎頭擲棍是居住於查德（Chad）南部沙里河（Chari River）流域之高大民族薩拉人（Sara）使用的投擲用棍棒，全以金屬製成。形狀單純，就只是頭部彎曲。此外頭部附近也帶有小型的尖刺，不過應該不至於讓攻擊力大幅提昇。

「ngeegue」專指薩拉人男性用的武器，如果是女性用的則稱做「nga-til」。兩者差別並不大，後者略微小型而已。該族的武器並沒有嚴格區分男女限制，這是因為他們是鄰近諸國獵捕奴隸的目標，經常處在被侵略的威脅中，頻發的戰爭使他們不得不全體動員自衛。

印地安擲棍是美洲原住民之普韋布洛印地安人（Pueblo Indians）中的一支族─霍皮人（Hopi）使用的投擲式棍棒。別名「兔棍（rabbit stick）」。棒身為木製，呈「く」形彎曲，剖面形狀跟回力棒（boomerang，別項投擲242①）一樣呈流線型。不過尾端亦設有可當作握柄的部分，因此也能像一般棍棒一樣直接毆打。略寬的棒身上繪有多數橫線，帶給人獨特的印象。形狀雖各部落略有不同，不過整體說來都是彎曲狀。

羅馬輕型標槍是種細長的標槍，插管式的槍頭相當長。

古羅馬的士兵會連同這種武器與羅馬重型標槍（pilum，別項投擲256①）成對使用。他們輕型重型各持一把，首先投擲輕型標槍使敵卻步後，立刻伺機靠近。接著如果敵人以盾牌防禦的話，立刻以重型標槍瞄準盾牌攻擊，此舉會使敵人因盾牌過重而不得不放下。於是緊接著拔出刀劍進行格鬥戰。也就是說，輕型標槍是種重要的先制武器。

關於這些武器詳細的差異，古羅馬著名的歷史學家李維（Livy）[249]曾於作品中詳述。根據他的說法，重型標槍還細分為細的與粗的兩種。

249 拉丁文作 Titus Livius，BC59〜AD17，羅馬三大歷史學家之一，生平不詳。著作《羅馬帝國建國史》在文學上的評價亦高。

0　　　　　　　5　　　　　　　10

羅馬重型標槍 pilum
ピルム

BC4〜AD3世紀
古羅馬

長度：150〜200cm　重量：1.5〜2.5kg

手裡劍 shuriken
しゅりけん

戰國〜江戶
（1450年左右〜1868年）
日本

長度：10〜15cm　重量：0.1kg左右

十字　　　　卍　　　　車　　　組合十字　　　針形

投石索 sling
スリング

年代不詳
全世界

長度：100cm左右　重量：0.3kg左右

繩球 slung shot
スラング・ショット

18〜19世紀
歐洲

長度：60〜70cm　重量：0.3〜0.4kg

羅馬重型標槍是古羅馬士兵使用的代表性投擲兵器。這種武器相當重，屬於重型投擲武器，特徵是細長的槍頭。槍頭佔了全長的三分之一到四分之一左右，與柄結合的部分加上重錘。這是為了萬一沒射中敵人時，細長槍頭會因落地的衝擊而折彎，使敵人無法拾去再利用的設計。

古羅馬人開始使用重型標槍大約是從王國時期

邁入共和時期之際，西元前五世紀到西元前四世紀正是羅馬與周邊民族征戰不休的時代。他們向對手薩謨奈人（Samnite）[250]與埃特魯斯坎人（Etruscan）[251]學習這種類型的武器，此後數百年間一直成為羅馬人的主力武器。

250 這是居住於義大利南部山區的古代民族。
251 這是義大利中西部埃特魯里亞（Etruria）地區之古代民族。BC6世紀時，其都市文明達到鼎盛，後來該文化被統治義大利半島的羅馬人吸收。

手裡劍是特殊的投擲武器，能用得好的就只有少數的人而已。

歷史上最早的使用紀錄可見於後三年戰役（1083～1087年）[252]時的紀錄。不過實際上這是到戰國時代以後從使用脇差（wakizashi，別項刀劍72②）當作輔助武器投擲而來的構想，這種投擲的技術稱為「打物」，在武士間流行起來。而由此而來的手裡劍則變成忍者使用的武器。

忍者的集團不同，使用的手裡劍也不同。較具代表性的幾種如八方手裡劍、卍字手裡劍，四

方手裡劍等，另外擔任江戶幕府將軍的劍術指導之柳生（Yagyu）家使用的則是種特別的十字手裡劍。

252 後三年戰役為平安後期1083～1087年間，奧羽（本州東北之古國）豪族清原氏引發之戰亂，源義家奉命討伐，同時也奠定了源氏在關東的勢力基礎。

「sling」通常譯為**投石索**，這是一種繩索中央有一可放置彈丸於較寬大的部份，形狀看來恰好與眼罩近似的武器。使用時在置彈處放上小石頭或鉛彈等重物，單手持用，繩索兩端一邊纏在食指上，另一邊握在同一手中，高舉頭上甩動，待石頭達到十分的加速力時放開繩索，那麼石頭就會順勢離開置彈處向目標射出。

要會使用這種武器多少得經過訓練，只是要投出去的話，應該很簡單就能學會，不過如果是想要確實地命中對手，恐怕就還要多多練習了。

繩球是十八到十九世紀用於船上的一種多球捕獸繩（bola，別項投擲242②）類的武器。這種投擲武器與通常的多球捕獸繩不同，只有一顆以皮革包住石頭而成的球狀重物，另一端則做成繩環方便投擲時手持。這種武器明顯不是用來捕捉敵人，而是利用投擲時的離心力產生的破壞力與增加飛行距離的武器。

在狹窄的船上不見得稱得上是有效的武器，但考慮只要甩個幾圈後投擲就能比直接投擲強了數倍，能無聲無息地攻擊敵人，且不只投擲，亦

可直接以之毆打等優點的話，可說是相當多用途的武器。

伊比利輕型標槍 soliferrum
ソリフェラム

BC3～BC1世紀
伊比利半島

長度：170～180cm　重量：1.8～2.5kg

雙球捕獸繩 somai
ソマイ

10?～20世紀
南美

長度：70cm左右（從石球到手握處之距離）　重量：0.8～1.0kg左右

投石棒 staff sling
スタッフ・スリング

BC4世紀～近代
全世界

長度：100～110cm（棒的長度）　重量：0.3～0.5kg

馬赫迪三刃飛刀 thuluth
トゥルス

19世紀
非洲

長度：30～50cm　重量：0.5～0.8kg

伊比利輕型標槍是種全以金屬製成的標槍。整體細長，中央設有握柄，造得很適合投擲。此外另一端的槍末也做得很尖銳。用法主要是朝向對手直接投擲，就算以盾牌防禦，也能穿透盾牌，給予對手傷害。

伊比利輕型標槍與重型標槍（falarica，別項投擲244③）都是伊比利半島上的塞爾特人（Celt）[253]使用的武器，根據今日考古發現，伊比利的戰士一次攜帶二到三把輕型標槍作戰。

比起一般的標槍（javelin，別項投擲248④）射程較短，不過如果能命中兩把以上的話，相信其效果是很大的。

253 古代印歐民族之一支，西元前2千年～西元前1世紀散居於歐洲各地。

雙球捕獸繩是南美印地安人使用的捕獸繩的一種，與狩獵用的多球捕獸繩（bola，別項投擲242②）差別只在於繩索兩端結上大型的球狀重物而已。

這種武器有時只用來對付人而非野獸。使用的方法是高舉於頭上只旋轉單方重物，達到相當的速度後放出。射出的雙球捕獸繩多半會命中敵人，給予打擊的破壞力，如果是命中手或腳多半會順便纏住該處，使之動彈不得，一般攻擊時多以腳為目標投擲。

雙頭捕獸繩的使用目的主要為纏住對手使之無法行動，不過如果是以鳥為對象，則只能捕捉大型的鳥類。

投石棒是從投石索（sling，別項投擲256③）發展來的武器，為了增加射程而將投石索裝在木棒前端，運用其槓桿原理射出。

普通的投石索在射程上遠不及弓箭，不過投石棒則足以與之匹敵。但是缺點乃是投擲時速度不如投石索。

這個點子在亞歷山大大帝開創的希臘化時代（Hellenistic Age）出現，共和時期的羅馬則運用了此原理發明了投石器（catapult，別項大型兵器316④）等兵器。另外根據李維（Livy）[254]記載，

羅馬人與馬其頓王國作戰時吃了投石棒不少苦頭。

254 拉丁文作 Titus Livius，BC59～AD17，羅馬三大歷史學家之一，生平不詳。著作《羅馬帝國建國史》在文學上的評價亦高。

馬赫迪三刃飛刀是蘇丹（Sudan）境內馬赫迪（Mahdi，被領導者之意）派士兵使用的投擲小刀。所謂馬赫迪派指的是穆罕默德・阿赫默德（Muhammad Ahmad，1844?～1885年）宣稱自己乃是真主派來推翻所有玷污純潔教義政權的代理人後建立的武裝集團。成立後立刻展開暴動，一直到一八九八年被英軍殲滅為止，馬赫迪派一直是一支危險的武裝集團。而這種三刃飛刀就是該派士兵的代表性武器，刀刃分成三隻，各朝向不同的方向延伸，因此不管命中哪一部份都能造成對手傷害。刀身由兩隻新月形的鉤爪與一隻橫向延伸的刀刃構成，另外也有單純分成三方向而已的類型。刀身上刻有幾何學紋路作裝飾。

投彈帶
tōdantai
とうだんたい

彌生 [255]
日本

長度： 100〜130cm　重量： 0.05kg 左右

印地安擲斧
tomahawk
トマホーク

17〜20 世紀
美國

長度： 40〜50cm　重量： 1.5〜1.8kg

脫手鏢
tuo-shou-biao
だっしゅひょう，トゥオショウピアオ

北宋〜清（960〜1912 年）
中國

長度： 8〜14cm　重量： 0.15〜0.3kg

打根
uchine
うちね

江戸（1603〜1868 年）
日本

長度： 33〜66cm（一尺〜二尺）　重量： 0.15〜0.25kg

投石攻擊是人類自遠古以前就開始使用的攻擊手段，就算到近代的戰國時代武田（Takeda）[256]軍團也採用投石作爲擾敵戰術。可是投石的威力會大幅受到投擲者體能的影響，**投彈帶**就是彌補此一缺點的劃時代武器，只靠簡單的設計就能使投石威力上升。這種簡單的器具以繩索編成，利用離心力使投擲物的飛行距離增加數倍。彈丸通常是石彈（ishidama）或土彈（tsuchidama）。石彈則有直接採用自然的石頭，與人爲加工過的兩種，後者據說能飛得更遠。土彈則以鐵砂當球心，外圍以泥包裹後直接火烤或曝曬使之強固。兩者威力都差不多。

印地安擲斧是可砍殺可投擲的戰斧，由小型的斧頭與又細又短的柄組成。刃部鋒利，有些如鐮刀般成倒鉤狀。「tomahawk」是由阿爾岡昆諸語言（Algonquian languages）[257]中意思是「用來切砍的工具」之「tamahakan」而來。一般用作工具與格鬥武器，同時也用來做投擲攻擊，據說有些還設計成能拿來當作煙管的。也從美國傳入歐洲，因此歐洲人對此並不陌生，主要作當日常生活工具使用，不過英軍曾經在一八七二年到一八九七年間正式採用爲軍隊的配備。

脫手鏢是飛鏢類的投擲武器。根據文獻記載，這是某個僧侶由外國帶來的武器。形狀約有十種左右，最具代表性的是菱形與箭頭形。尾端通常繫上一片稱做「鏢衣」的布，可使飛行時的軌道安定。使用者約攜帶九到十二把，當中會有一把特別大的，用作緊急時的必殺武器。這把較大的飛鏢稱做絕手鏢。清代善用脫手鏢的人稱爲鏢師，他們通常擔任保鏢或是職業軍人。

打根是做得又粗又短的箭，可用於突刺或投擲。柄以竹子或橡木製成，尾端與箭相同附有三到四片羽毛。箭上繫有約3m左右的繩子，結在自己的慣用手上，就算射出也能拉回來再使用。打根除了投擲以外，也能用來突刺，因此也可算是種短槍。

關於打根的起源，《太平記》[258]中有段記載說一名爲因旛的堅者全村(Ritsusya Zenson)之武將以大矢刺敵，相信構想應是由此而生。另外更古老的作品《萬葉集》[259]中也有提及來不及拉弓時，緊急以箭刺向敵人的情景，或許起源也可追溯至此。

255 日本考古學上的時代區分。承接繩文時代，從西元前5世紀左右開始到西元後3世紀左右。
256 戰國時代的武士家族。據有甲斐國（今山梨縣）。武田信玄（Takeda Shingen，1521～1573）時代勢力最龐大，不過其子勝賴（Takeda Katsuyori，1546～1582）於長篠之戰敗給織田信長後步入衰途滅亡。

257 北美印地安人使用的語言之一，通行於加拿大、新英格蘭、北十羅來納州以北，大西洋沿岸地帶以及大湖區和落磯山以東地區。

258 描寫日本南北朝（1336～1392）之戰的文學作品。據說作者爲小島法師，實際則長期歷經多人修改，約1371年完成。
259 約奈良時代末期完成的和歌集，編著者不明。收錄了上古到奈良時代約4500首和歌。

261

打矢 ^{uchiya}

uchiya
うちや

長度：25～30cm　重量：0.1～0.15kg

江戶（1603～1868年）
日本

斐濟擲棍 ulas

ulas
ウラス

長度：40～50cm　重量：0.5～0.6kg

世紀
大洋洲

南非標槍 um konto

um konto
ウム・コント

長度：120～150cm　重量：0.8～1.0kg

19世紀
南非

羅馬飛鏢 verutum, vericulum

verutum, vericulum
ヴェリトゥウム

長度：30～40cm　重量：0.1～0.2kg

4～5世紀
東歐

打矢也寫作內矢，為約七、八寸長的箆（hera）[260]上裝了三寸長的羽毛而成的武器。比打根（uchine，別項投擲260④）更細小，平時裝在管子裡，使用時用力揮下使其射出。因比較細小，故威力不如打根，不過作為護身用具隨身攜帶的便利性則更勝之，因此十分普及。而且裝在管內射出的話，比直接用手投擲更容易準確地命中目標。有時也不裝在管中，直接以手擲出。此時握法類似手裡劍（shuriken，別項投擲256②），收在手掌中，以拇指按著。如果射出時使其迴轉的話，可以筆直飛行。這似乎是當時眾所周知的常識，關於這類投擲法的紀錄很多。

260 以金屬、木材、竹材或象牙等製成的小刀，用來在物上刻痕、留記號等。

斐濟擲棍是斐濟人使用的投擲用棍棒，全以木材製成。主要可分為兩種，一種是錘頭與柄分別製作再組合的，另一種則是直接運用樹根部分製成一體成形的，形狀各式各樣。分別製作的擲棍中，有些錘頭會以別的材質製成，不過就算如此，一般也會在錘頭上刻上模擬木紋的裝飾。握柄部分也會刻上紋路，以增加投擲時的摩擦力，不易手滑。使用木根部分製成的錘頭上有棱角，看起來恰似球根狀。而另外組合的錘頭則多呈多角形，有些甚至具有銳利的棱角，擲中時會造成傷口。

南非標槍是南非卡菲爾（kaffir）王國及其同盟部落使用的標槍。西歐稱之做「assegai（或hassegai）」。細長輕巧，槍頭形似樹葉或箭頭（不過有些部落的箭頭造型很特殊），柄舌十分細長。這樣的設計能使頭部更沉重，便能提高投擲的威力，同時刺中的話也會深深地穿透。槍身輕巧細長，所以飛行的速度很快，特別是近代與祖魯人作戰的英國軍隊深受這種標槍威力所困擾。附帶一提，槍柄以稱做「assegai」的喬木製成。

羅馬飛鏢是古羅馬帝國末期軍團士兵使用之非常小型的擲箭，跟與今日見的飛鏢（dart，別項投擲244②）型式相同。主要是東羅馬的軍團士兵使用，他們躲在盾牌後面，一次攜帶約五發這種飛鏢，當接近戰展開時全體一起投擲，讓敵人陷入混亂後立刻展開格鬥戰。這種戰術實在非常巧妙，不只對步兵，對騎兵也能收到極大效果。

　　帝國末期的羅馬軍隊除了短距離的飛鏢以外，也配備了中距離用的標槍，可執行多變的戰術，不過這其實是為了補救士兵素質低落的措施。

263

嘴形回力棒 **watilikri**
ワチィキリ

18～20世紀
澳洲

長度：75～85cm　重量：0.8～1.2kg

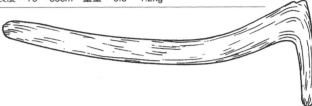

薩伊三刃飛刀 **woshele**
ウォシェレ

14?～20世紀
非洲

長度：40～50cm　重量：0.5～0.7kg

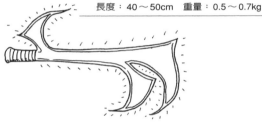

擲箭 **zhi-jian**
てきせん，チーチエン

北周～清（618～1912年）
中國

長度：23～30cm　重量：0.07～0.4kg

叉型標槍 **zupain**
ズパイン

14～17世紀
中東

長度：140～180cm　重量：1.2～1.8kg

　　嘴形回力棒是澳洲瓦拉孟加人（Warramunga）使用的戰鬥用回力棒（boomerang，別項投擲242③），因其形狀而得名。木製扁平寬闊的棒身整體呈現和緩的彎曲，因此同樣具有回力棒的性質。不過因另一方帶有「嘴」，所以旋轉飛行中，命中對手的話就會鉤住，甚至帶有某種程度的切砍效果。一般人或許會以為回力棒是投擲了就會飛回來的器具，不過並非所有的都具有如此性質，特別是嘴形回力棒這種戰鬥用的基本上是不會飛回來的。

　　薩伊三刃飛刀是居住在南薩伊桑庫魯(Sankuru)河與盧凱尼河流域之恩庫特修人（Nkutshu）使用的飛刀，同時這也是該族的代表性武器。

　　薩伊與西歐在歷史上有交流是從十四世紀剛果王國成立之後開始的，而同一時期除了剛果王國以外，近鄰也有許多強大的王國興起。但是關於南薩伊的恩庫特修人居住的區域卻一直在不明的狀態，而這種三刃飛刀是否就是非洲原有的三刃飛刀也不明。且這種武器一直到二十世紀才為人所知，因此關於起源的部分仍然是不明。

　　擲箭是中國的類似飛鏢（dart，別項投擲244②）的投擲武器，頭部較粗，樣子就像短柄加上箭頭。頭部較粗可以增加重量，更好投擲，威力也會增加。

　　擲箭的起源據說是從周代的一種稱做「投壺」，把箭投入壺中的遊戲開始的，而吸收這種遊戲並發展成武術的是少林寺的僧侶，之後擲箭就成為一種武器而發達起來，也用於戰場上。

　　射程深受投擲者的技術影響而不同，如果是熟練者甚至能丟160m以上，大大勝過西歐的飛鏢。據說上戰場時，通常以十二把為一組隨身攜帶。

　　叉型標槍是中東地區使用的標槍。起源自居住於波斯南部裏海沿岸的迪拉米人使用的武器，他們從十一世紀左右以後在伊斯蘭教諸國裡擔任傭兵，於是這種武器也隨之廣泛流傳開來。他們代代侍奉埃及的王朝，一直到十八世紀為止。

　　這種叉型標槍看起來與戰叉（military fork，別項長柄144②）相近，不過主要是用來投擲，且原本是由捕魚工具轉變來的。槍頭製成雙叉意在提高命中率與威力。

三球捕獸繩	achico	20～30m
拉丁標槍	aclys	50～150m
法蘭克標槍	angon	5～20m
西班牙標槍	azagai	5～10m
標槍	biao-qiang	50～150m
多球捕獸繩	bola	30～40m
回力棒	boomerang	100～200m
希臘投石索	cestrosphendone	100～150m
擲環	chakram	30～50m
飛鏢	dart	5～20m
伊比利重型標槍	falarica	5～10m
飛叉	fei-cha	30～160m
飛鐃	fei-nao	3m
法蘭克擲斧	francisca	3～21m
中世紀投石棒	fustibalus	100～150m
西藏投石索	gudo	50～80m
馬薩力飛刀	haddad	30～50m
飄石	hurizunbai	100～200m
祖魯標槍	isijula	30～80m
標槍	javelin	50～100m
印度投石索	kaman-i-gurohah	100m
印度回力棒	katariya	80～150m
南非擲棍	kerrie	30～80m
北印騎兵飛鏢	khisht neza	5～10m
澳洲擲棍	kujerung	15～30m
柳葉飛刀	liu-ye-fei-dao	100～200m
葛姆克擲棍	luny	30～50m
蠍尾飛刀	muder	30～50m
F形擲棍	ngalio	30～50m
彎頭擲棍	ngeegue	30～50m
印地安擲棍	patshkohu	50～100m
羅馬輕型標槍	pila	20～30m
羅馬重型標槍	pilum	5～15m
手裡劍	shuriken	5～30m
投石索	sling	100m
繩球	slung shot	50～80m
伊比利輕型標槍	soliferrum	5～10m

雙球捕獸繩	somai	20～40m
投石棒	staff sling	100～150m
馬赫迪三刃飛刀	thuluth	10～100m
投彈帶	tōdantai	100m
印地安擲斧	tomahawk	5～20m
脫手鏢	tuo-shou-biao	10～60m
打根	uchine	5～20m
打矢	uchiya	5～20m
斐濟擲棍	ulas	80～100m
南非標槍	um konto	50～150m
羅馬飛鏢	verutum	5～20m
嘴形回力棒	watilikri	30～50m
薩伊三刃飛刀	woshele	10～30m
擲箭	zhi-jian	50～160m
叉型標槍	zupain	10～80m

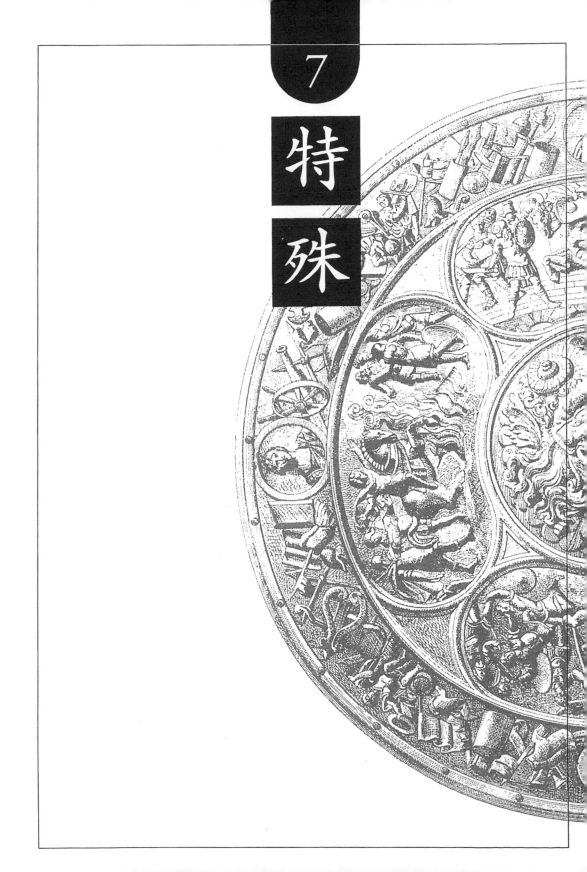

7

特殊

阿達加盾

adaga, adarga, adargue
アダガ

14 ～ 16 世紀
歐洲

長度：69 ～ 110cm　重量：1.5 ～ 2.0kg

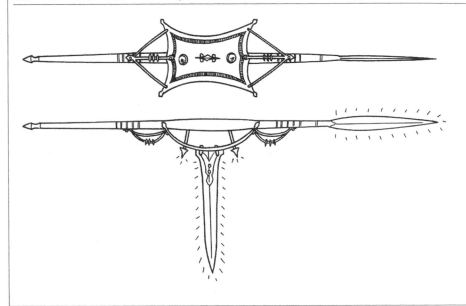

象戟

ancus, ankus, fursi,gusbar,hendoo
アンクス

BC5?～近代
印度

長度：35 ～ 180cm　重量：0.3 ～ 1.8kg

虎爪

bagh nakh, bag'hnak, nahar-nuk, wanghnakh, wagnuk, wahar-nuk
バグナウ

16 ～ 18 世紀
印度

長度：10cm 左右　重量：0.05kg 左右

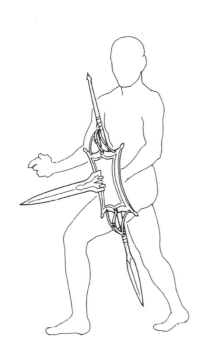

阿達加盾是在摩洛哥（Morocco）的中北部都市非茲（Fez）所產生的特殊盾牌，名稱語源是阿拉伯語中的「al-daraqa」或者是「el-daraq」。

此種奇特的武器主體是張圓盾，表面覆有阿拉伯語中被稱為「lamt」的羚羊之皮革，盾上還安上了短劍；不過進入十四世紀後，盾牌兩端追加了槍狀的長柄。

它在十四～十五世紀時被傳入西班牙，一開始乃是作為信奉基督的士兵的武器。而配備此武器的騎兵部隊則被稱為「a la jineta」。一直被使用至十六世紀左右，在歐洲各地流傳甚廣，甚至還傳入了波蘭。

象戟是印度的象伕所使用的特殊錫杖，和在碼頭拖拉小船用的鉤狀工具十分相像。特徵是它只擁有一個尖頭和一個向下彎的鉤爪而已，握柄的長度依每個象伕各有不同，從不到50cm的到幾近2m的都有。

通常象伕都會坐在大象耳朵上方之處，右手拿著象戟指示大象前進的方向以及行動。不過丟失了象戟的戰象會變得無法控制，視情形而定，甚至會有為了不造成損害而必須殺死大象的事情發生。因此象伕十分重視象戟，有的還會把他們

手中的象戟視作象徵，對其施以華麗的裝飾。

「bagh nakh」一字乃是「老虎的爪子」之意。它是一隻大小剛好可以被握在手中的金屬條，旁邊有突出四隻銳利彎爪，但也有五爪的。在金屬條末稍處有個圓圈可套入拇指。使用時只要將拇指套入圓圈中，握住它讓鉤爪從指縫間伸出去即可。爪子部分可以用來刺、抓敵人。

名稱的由來，乃是因為這種兵器造成的傷口就像是猛獸抓出來的一樣。由於不大，握在手裡也不會被發現，所以是一種隱藏兵器，主要由盜賊或暗殺者使用。

萬人敵 banninteki, wan-ren-di
ばんにんてき・ワンレンティー

明末（1600年左右）
中國

大小：60×60cm　重量：40.0kg

　　萬人敵是明末發明的守城火藥兵器。是先用泥製成一球形容器，將其徹底乾燥後裝入火藥而成，有時也會在火藥中混入毒藥。由於泥製的容器極易損壞，所以會做一個木頭框架把裝有火藥的泥球包在裡面。之後只要點燃導火線，從城牆上往敵人處丟過去即可。落地後內部容器會破裂，著火的火藥會冒火燃燒四周，四處噴散毒煙。

　　宋應星所撰之《天工開物》中，將萬人敵列爲守城戰中的首要兵器，並逼眞地描述了敵軍因萬人敵而大亂的模樣。

蠍尾虎爪短劍 bich'hwa bagh nakh
ビチャ・ハウ・バグ・ナウ

16～18世紀
印度

長度：20～30cm　重量：0.1～0.15kg

艦用劍 boarding knife
ボーディング・ナイフ

19～20世紀
西歐

長度：60～80cm　重量：0.8～1.2kg

艦用長矛 boarding lance
ボーディング・ランス

18～19世紀
西歐

長度：150～200cm　重量：1.4～2.2kg

蠍尾虎爪短劍是以虎爪（bagh nakh，別項特殊268③）爲基礎，在它的一端，或是中央加上短劍而成的武器。「bich'hwa」的意思是「蠍子」，bagh nakh的意思是「虎爪」，於是配在一起就有蠍子加上虎爪的獰猛含意。

這種武器是印度的暗殺者所用之物，特別是印度馬拉塔（Maratha）[261]王國的國父西瓦吉（Shiva 1627～1680），他仕擴大勢力時，對敵對諸國的達官貴人派出的暗殺者，幾乎都會攜帶這樣武器。西瓦吉（shiva）一字的意思乃是「山鼠」，而他手下的暗殺者卻是憑藉可怕的「蠍子」與「老虎」來完成任務。

261 印度北部的主要民族，17世紀初對抗撼動蒙兀兒帝國的統治有功，蒙兀兒帝國名存實亡後組成馬拉塔聯盟（Maratha confederacy）對繼之而來的大英帝國繼續反抗，但於1818年被摧毀。

艦用劍是接舷戰（爲了攻擊、俘虜敵船而讓船員衝上敵船進行的戰鬥）時使用的特殊武器。

這武器其實是把長槍頭的槍截短握柄後，在尾端上多加一支短橫棒而成的兵器。可以兩手持柄朝前突刺，也可以抓著把柄橫砍揮斬。攻擊時，短橫棒可以增加突刺力或防止艦用劍脫手。

艦用劍是十九世紀時美國發明的兵器，被認爲是帆船時代中相當殘忍武器。話雖如此，它本來其實是捕鯨船上支解鯨魚用的器械，只是後來被拿來對人使用，所以才被這樣認爲。

艦用長矛是船上進行白刃戰，也就是接舷戰（爲了攻擊、俘虜敵船而讓船員衝上敵船進行的戰鬥）時用來擊退來犯敵人的武器。因爲主要的用法是投擲，所以形狀和捕鯨的魚叉一樣。會做成這樣，恐怕也是考量到可以把它拿來轉用於捕鯨的關係。由於艦用長矛的鐵口很長，因此可以深深刺入敵人體內，而爲了方便刺入後拔出，矛頭不做成箭簇狀，而是做成圓滑的樹葉狀。矛柄上綁有繩子，可在射出後拉回來。另外矛柄上也纏有繩索防止滑手。

271

棒火矢 **bōhiya**
ぼうひや

長度：65cm　重量：4.0～5.0kg

江戸～（1603年～）
日本

刺劍杖 **brandistoc, brandestoc**
ブランドエストック

長度：150～200cm（手杖狀態為100～120cm）　重量：1.0～2.0kg

15～17世紀
西歐

蒺藜釘 **calthrop, calthorp, caltrap**
カルトロップ

大小：5～30cm左右　重量：0.1～1.0kg

BC4～AD20世紀
歐洲

草鐮 **cao-lian**
そうれん，ツァオソエン

長度：40～70cm　重量：3.0～3.5kg

清（1644～1912）
中國

棒火矢是用抱式大筒（kakae-no-odutsu，別項射擊216④）射出的火箭彈，具有燃燒效果。依據《事始雜記》、《和漢三才圖會》[262]、《通航一覽》來看，發明者應是十七世紀中葉時周防[263]的赤石內藏助（Akaishi Uchikuranosuke）或是播州[264]的三木茂大夫（Miki Shigerutayuu）。發射時要將它的長尾部插在抱式大筒的槍口裡，接著點燃棒火矢上的導火線後，再將它射出去，命中時會爆炸產生燃燒效果。有三枚木製或金屬製的尾翼，本體則用橡木製成。射程雖有二十町（2180m），但要調整飛行距離與火藥份量讓它擊中目標極其困難，所以在《續雜兵物語》中說棒火矢十發中只會命中二、三發，而且有時還不會起火。

262 日人寺島良安（Terashima Ryoan）模仿中國的『三才圖會』於 1712 年完成之附有插圖百科全書，內容包含中日兩國各種器物。
263 今日日本的山口縣一帶。
264 今日日本兵庫縣一帶。

刺劍杖於十四世紀時出現，到了十六世紀時已從倫巴第（Lombardy）[265]地區流傳到了全歐洲，是種隱藏式兵器。它在義大利語中被叫做「brandistocco」，是由表示揮舞刀劍或持槍意思的「brandish」加上表示突刺用長劍的刺劍（estoc，別項刀劍24②）所組成的字。在它粗圓的中空杖身裡裝著開有雙刃的突刺用兵器，劍刃部分長 50～100cm，平時藏在裡面，要用時抓住手杖，把有開口的那端朝外甩，劍刃就會伸出來，然後卡榫會固定劍身以便使用。

265 位於今義大利北部的一個大行政區。

蒺藜釘是種置放型的武器，用來散佈在因各種原因而顯得重要的特定區域裡，用以讓通過該處的人腳部受傷。由於它有能夠打亂騎兵衝鋒和步兵攻勢的效果，所以早在西元前四世紀時就已經能確認到有蒺藜釘的存在。代表性的蒺藜釘是把四根金屬長釘連接成放射狀做成，依照大小不同分為對人用和對馬用的。東羅馬帝國（Eastern Roman Empier）的軍團便時常在戰場上撒佈名為「tribulus」[266]的蒺藜釘。而在中世紀的班諾克本戰役（Battle of Bannockburn）[267]中也有被使用。時至今日，名為「tetrahedron」的一種蒺藜釘也仍然廣為人知。

266 此字即「蒺藜」之意。
267 發生於 1314 年 6 月 23 日～24 日之戰役，此役中蘇格蘭王羅伯特一世擊敗英國國王愛德華二世。班本諾克（Bannockburn）位於今日蘇格蘭斯特林城（Stirling）城外。

草鐮是從作為農具使用的鐮刀演變而來的暗殺特殊武器，模樣看來就是把如假包換的鐮刀。

這兵器會作為特殊武器的緣由，正是在它和農耕用的鐮刀看來一模一樣之故。因為外表是尋常無比的農具，所以能讓敵人不起戒心，進而可趁其鬆懈時作為武器加以攻擊。這其實可看作是種大膽的偽裝。

在明代時作兵器用的草鐮並不一定都是作為暗殺武器，因十七世紀以後的戰亂動盪而起義的農民們也會用它當兵器。只是，據說因攻擊距離短，所以草鐮以作為一個簡便器來說，還是有諸多不便。

九尾鞭 cat's-o'-nine tail
キャット・オブ・ナイン・テイル

15～20世紀
南亞、東南亞

長度： 60～80cm　重量： 0.3～0.5kg

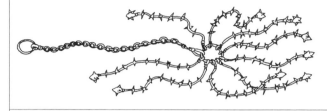

捕桿 catch-pole
キャッチ・ポール

16～18世紀
歐洲

長度： 150～200cm　重量： 1.0～2.0kg

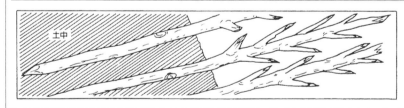

鹿角木 cervus
セルブス

BC2～AD1世紀
古羅馬

大小： 60～100cm　重量： 1.0～3.0kg

土中

千鳥鐵 chidorigane
ちどりがね

江戶（1603～1868年）
日本

長度： 45～80cm　重量： 2.0kg左右

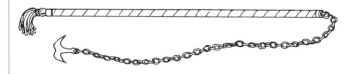

九尾鞭是在東南亞或印度所使用的特殊鞭子，由它的名稱就可以想像出鞭子會分成好幾條。而這「九條尾巴」上通通都帶有利刺，鞭子末稍還會裝有小砣。鞭子的「尾巴」不一定和名字一樣是九條，也有做成二～十三條的。其中有安有鞭柄，和鏈球連枷（ball & chain，別項打擊170①）相似的九尾鞭。不過通常是用條連接在鐵圈上的長鎖鍊代替鞭柄。直到現在九尾鞭仍被數個國家作為處刑時的刑具，只要不幸（？）的罪犯被判了鞭刑，就可以合法地揮動這條「尾巴」。

捕桿是十六世紀初時發明用來拉馬的工具。原本是在戰時用來拉引家畜的工具之一。一開始前端部分是使用繩子的，後來為了避免勒得太緊傷害到重要的家畜，便改用比較寬鬆的金屬圈代替。不過前端的金屬圈並非是一個完整封閉式的圓圈，而是像智慧環那樣有道口子能讓目標嵌進金屬圈裡面。在捕桿的形狀變成這樣後，不僅可以抓捕家畜，也可以用來將犯人從牢籠裡拉出。捕桿之所以會被用來抓人，大概是因為要將抵抗的犯人拉出來是項費力的工作所以才使用它。使用它之後，就算不接近目標也能將對方給抓過來。

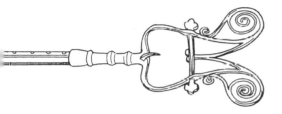

鹿角木是古羅馬軍隊用來防禦據點的置放式武器。做法是將有數層枝椏的小樹砍去葉子，只留下枝幹並剝去樹皮，再削尖枝杈的末端，然後將它插入土壘的壁面上或城牆上，用來阻止敵方前進。因為形狀像鹿角，所以就被稱做「cervus」（「鹿」之意），而當和鹿角木一樣的東西被插在地面上時則被叫做「cippus」，意思是「尖棒」，這名稱確實說明了它的模樣。這些鹿角木為了不會被輕易拔除，根部會彼此交相排列，綁在一起。這種置放式武器在世界各地皆可看到，特徵皆很相似。

千鳥鐵這種武器是隻直徑七分（約20cm）的鐵管，內塞有長約90cm，帶有鳥狀秤砣的鎖鍊。管子上纏有皮革，末端有個和鎖鍊連在一起的繩穗，可以拉動那個繩穗將鎖鍊收入管內。繩穗的直徑當然會做得比較大，好讓它不會滑入管中。

雖然千鳥鐵的大小無法隨身隱藏，但因為可射出鎖鍊所以殺傷力出色，甚至可以算是一種暗器。

千鳥鐵名稱的由來，乃是由於鎖鍊末端的秤砣做成千鳥[268]形狀之故。此武器的正式名稱為「南蠻一品流千鳥鐵」，乃是水早長左右衛門尉信正（Mizuhayanagasayuemoni Nobunaga）前往中國福建省研習之捕縛術內的一種捕人道具。

268「千鳥」為白頸鶴之日文稱呼，其為日本常見冬鳥。

乳切木 chigiriki
ちぎりき

江戸（1603〜1868年）
日本

長度：120〜130cm（鎖錬＋90cm）　重量：2.5kg左右

霹靂炮 crackys of war
クラッキー・オブ・ウォー

14世紀
歐洲

大小：100cm左右（推測）　重量：100kg左右（推測）

想像圖

鏟頭槍 deck spade
デッキ・スパッド

19世紀
西歐

長度：120〜150cm　重量：1.0〜2.0kg

地雷 di-lei
じらい，ティーレイ

明〜清（1368〜1912年）
中國

大小：20〜30cm　重量：0.3〜0.8kg

乳切木是長度被切裁成高及胸口（乳房部）的木棍，原本是長四尺二寸（約130cm）的木棒的總稱。進入江戶時代後，有些這種長度的木棒末端被加了鍊有秤砣的鎖鍊，而這種武器一樣也被叫做乳切木。這種武器可算作是在它之前發展出來的棒術的變化型，因為它的用途相當多樣，所以也誕生了各種流派，在外型上也是各式各樣，有許多種形式。例如有的在棒身上裝有鉤爪，好用以奪取敵人刀劍，有的則是用龍吒代替秤砣。

乳切木雖被認爲是一對一格鬥中的有利武器，但因難以運用，所以必須要技藝嫻熟才能靈活運用它的特長。

霹靂炮可說是火藥被傳入歐洲後作爲武器使用的最早例子。因爲它的形狀不明之處頗多，所以僅能依靠推測，而一般認爲它的外表應該是個金屬製的圓筒。此兵器並非像大炮一樣是發射彈丸用的，而是利用火藥的爆炸聲驚嚇敵方的騎兵。一三二七年，愛德華三世（Edward III）[269] 在維亞渥特之戰 [270] 中曾使用此項武器。十四世紀的蘇格蘭詩人約翰·巴魯波雅曾寫下，交戰當日蘇格蘭士兵曾對英軍騎兵頭盔上的羽飾，以及霹靂炮感到震驚。

269 生卒年 1312 ～ 1377，在位 1327 ～ 1377 年，愛德華一世之孫，他在位時掀起了英法百年戰爭。
270 一場英國對蘇格蘭的戰役。

鏟頭槍是一種擁有水平槍刃的船上用武器，在刺中對手時能造成切斷傷。由於槍頭形狀的緣故，它也被稱做「鯨尾槍（fluking）」。說來有趣，它本就是一種捕鯨工具，主要用來切斷骨

頭。因此又有「切骨鏟（bone spade）」的別名。到了十九世紀時，鏟頭槍在船上不是對鯨魚使用，而是對人使用的，開始被當作海戰中船上白刃戰用的兵器。雖然艦上的近身戰鬥主要由陸軍士兵進行，但就算船員不善戰鬥，光在旁邊刺出兵器幫忙也不無小補，所此鏟頭槍便常常被配備在船上。

地雷是埋於地面中，在敵人通過時會爆炸殺傷敵人的武器，就像是一種加了機關的炸彈。然而因爲地雷的火藥點火裝置還不夠完善，所以必須要先預計敵人靠近它的時間，再點燃導火線。後來隨著西洋知識的傳入，出現了和今日打火機的點火原理相仿的簧輪式（wheel-lock）發火 [271] 裝置後，地雷的結構轉爲複雜，才變得不需要判斷點火時間的操作員。另外還有一種「炸炮」，它是先在兩端埋設一踏便會生出火花的發火裝置後，在兩者中間埋下數個地雷。

271 外力轉動鋼輪後，會摩擦燧石發出火花點火的裝置。

多節鞭 **duo-jie-bian**
たせつべん，トゥオチエピエン

宋～清
（960～1912年）
中國

長度：150～300cm　重量：2.0～5.0kg

毒藥煙毬 **du-yao-yan-qiu**
どくやくいんきゅう，トゥーヤオイエンチウ

宋（960～1279年）
中國

大小：20～30cm（直徑）　重量：3.0kg

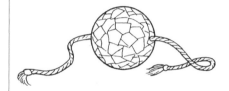

峨眉刺 **e-mei-ci**
がびし，オーメイチー

清（1644～1912年）
中國

長度：30cm左右　重量：0.3kg左右

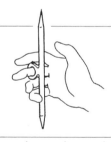

幡 **fan**
はん，フアン

宋～（960年～）
中國

長度：40～50cm　重量：2.0～3.0kg

多節鞭是以金屬零件連成一串的多根短棒，發明它的著眼點是希望鞭身能以連結處爲支點，在揮掃時發揮出強大力量。運用這原理的最初武器是多節棍（duo-jie-gun，別項打擊176④），如此的設計除了能增添打擊力，在它發出的攻擊被擋住時，這武器還能像有關節一樣繞過阻擋的武器繼續攻擊。多節棍是只用兩節棍子連成的，但多節鞭則是由七、九、十三、二十四、二十八、三十六節所組成，前端還帶有尖刃。像這樣的兵器在中國被稱爲「軟兵器」。西歐的連枷（flail）也是基於和多節鞭同樣的攻擊原理而生，而在宋代的《武經總要》272一書中，已可看到多節鞭的原型。

272 北宋曾公亮、丁度等人奉命編纂，內容詳述武器、兵法等，並佐以插圖解說。

毒藥煙毬是能產生毒氣的手榴彈。做法是將狼毒273、巴豆、瀝青、砒霜等物混入火藥後以紙或布包起，再用蠟封成圓球，中間有一繩以利投擲。另外，也有內填硫磺代替火藥的簡單型毒藥煙毬。點火時則是使用名爲「烙錐」的工具，它是隻加熱的尖鐵棒，只要把烙錐刺入毒藥煙毬中即可點火。

據載，只要吸入毒藥煙毬燃燒時生出的煙便曾口鼻流血而死。令人訝異的是，從古代時便已有在使用毒氣，在《墨子》中就可讀到使用毒氣的記述。

273 大戟科大戟屬，多年生草本植物，有劇毒，可入藥。

峨眉刺是清朝時發明的武器，是隻鐵棒，中央附有供手指穿過的環圈，長30cm左右，兩端尖銳。也有它是在宋代出現的說法，但並無明確證據。

峨眉刺的用法是將中指穿過附於中央的鐵圈後整隻手握住它，在揮拳時用兩端刺傷敵人。也有兩手都拿上的用法。

此外還知道峨眉刺有好幾種變種，例如有尖端部位做成筆狀的點穴筆；也有被改造爲擲射用的飛刺。飛刺比峨眉刺稍短，也較輕。

幡是整隻由金屬打造，外型極爲奇特的兵器，外型上仿造成鳥的形狀。它原本是中國軍隊中用的一種「旗幟」，用英語來說的話就是「standard」，在日本戰國時代則叫做「馬標（umajirushi）」。

這種軍旗打從有軍隊的時候起就已經存在，早在中國的傳說時代便已出現。後來少林僧人將它作爲武器，而一開始僧人其實是拿它來當作托鉢化緣或傳教時的標記物。

揮舞幡時它的嘴部或全體重量可讓敵人受到重創，做成鳥腳的叉子狀末端可用來扎刺。不過，這兵器起初反倒是被發明來當防禦器具用的。

羽劍杖 **feather staff**
フェザー・スタッフ

17～19世紀
西歐

長度：150～200cm（手杖狀態為100～120cm）　重量：1.0～2.0kg

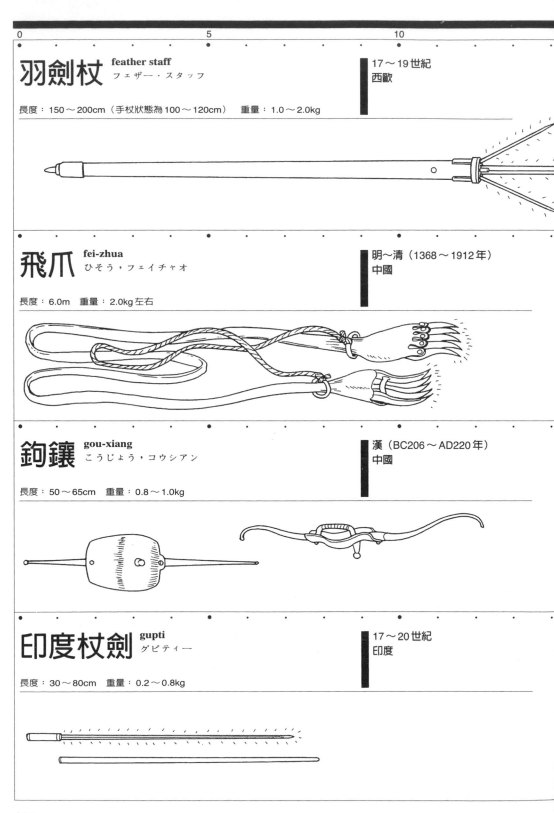

飛爪 **fei-zhua**
ひそう，フェイチャオ

明～清（1368～1912年）
中國

長度：6.0m　重量：2.0kg左右

鉤鑲 **gou-xiang**
こうじょう，コウシアン

漢（BC206～AD220年）
中國

長度：50～65cm　重量：0.8～1.0kg

印度杖劍 **gupti**
グピティー

17～20世紀
印度

長度：30～80cm　重量：0.2～0.8kg

羽劍杖是以從倫巴第（Lombardy）[274]地區流傳到整個義大利北部的刺劍杖（brandistoc，別項特殊 272 ②）為原型而來的武器，於十七世紀時流行於歐洲，由步兵部隊的下層士官使用。杖中的長劍可用來刺戳，但收起劍刃後又可以拿著它隨意走動。長劍平常藏在粗圓的杖身裡面，要使用時只要抓住杖身，將開有洞的一端朝外用力甩，劍刃就會射出來，接著只要等卡楯卡住劍刃就可以把它當武器使用。羽劍杖裡除了藏有中央的長劍刃，另外還有兩枝短刃，可以用它們擋架敵人的武器。

274 位於今義大利北部的一個大行政區。

飛爪是將拳頭大小的鐵爪加於約 6m 長的繩索兩端而成之物。又叫「雙飛爪」或「飛爪百鍊索」。明代所撰的《三才圖會》[275]便介紹過它，雖不是什麼百發百中的兵器，但如果手持繩索中央攻擊範圍便有 3m，若抓住一端便能攻擊 6m 外的敵人。又，飛爪還不僅止於直接攻擊對方，還可以用來鉤抓對方的衣服或鎧甲將他拉倒，或用來攀登牆壁。也有的飛爪在爪部還裝有龍吒，也有繩索兩端只裝有鐵爪的，種類相當豐富。說起來，這種武器的構想最早在唐代時便已經出現。

275 明代王圻與其子王思義合撰之圖鑑，內容網羅天文、地理、
　　人事之知識，故稱三才。

鉤鑲乃前漢時期誕生的防禦用兵器。是在小型盾牌的上下安上鉤爪而成，由佩有刀劍的士兵拿在左手上使用。又被稱為「推鑲」或「鉤引」，鉤爪部分不僅可以抵擋敵人的攻擊，還可翻動手腕以它鉤捕敵方，進而利用機會以右手的刀劍加以攻擊。

在熟練者手中鉤鑲比大盾更加有用，因為它可攻可守，故可說是種相當優越的兵器。

而鉤鑲還被視為是盾狀武器類的起源，被認為是從護手鉤（hu-shou-gou，別項特殊 284 ②）那裡受了頗大的影響。

印度杖劍是種暗藏玄機的手杖，被使用於印度北部以及中央一帶，長度各有不同。在保存到今日的實物中，有握把處像手杖一樣做成個半圓弧的，也有手杖整隻筆直的。像這種藏有機關的手杖另外還有印度貴族杖劍（gupti aga，別項特殊 282 ①）以及勝利之劍（zafar takieh，別項刀劍 76 ②），不過由於使用者和用途都不一樣，所以從外觀上便可分辨出它們。相對於後兩者乃是王族所用的半公開式武器，印度杖劍顯然主要著眼於隱密性，因此外觀粗糙，做得看來完全和手杖一模一樣，結果就算是普通人也會去用它，這點是印度杖劍和另外兩種兵器的最大不同。

印度貴族杖劍 **gupti aga**
グピティー・アガー

| 15〜18世紀 |
| 印度 |

長度：40〜60cm　重量：0.6〜0.8kg

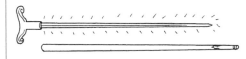

骨拳套 **hora**
ホラ

| BC1？〜近代 |
| 印度 |

長度：10cm　重量：0.05kg

吹針 **hukibari**
ふきばり

| 江戸（1603〜1868年） |
| 日本 |

長度：5cm左右　重量：0.05kg左右

 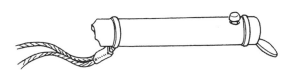

火龍出水 **huo-long-chu-shui**
かりゅうしゅっすい，フォロンチューショイ

| 明（1368〜1644年） |
| 中國 |

長度：150〜180cm　重量：10kg左右

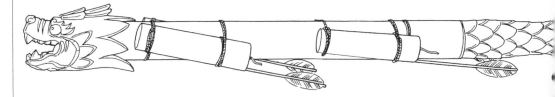

印度貴族杖劍是印度的統治階層在危險關頭時用來保護自己的刀劍。

對統治階層而言，接受謁見或在民眾面前演說等等乃是不可避免的事情，但這些狀況同時也是有風險的場合，發生突發危險的可能性極高。這種刀劍便是在這種緊急場合時所用的武器。蒙兀兒帝國（Mughal dynasty）[276]之阿克巴（Akbar）[277]大帝所留下的《阿克巴法典》中也有介紹這種武器。依照法典內所記載，它的特徵是「T」字形的杖頭，外形則做得和手杖一樣。劍身雖有分雙

刃或是單刃，但法典中只記載了雙刃的，因此在阿克巴大帝時代（16～17世紀）時雙刃的印度貴族杖劍應該是主流。

276 或譯莫臥兒王朝，16世紀初～18世紀後半（1501～1775）統治印度北部絕大部分地區的伊斯蘭教王朝，統治者為成吉思汗的後裔。

277 全名 Abu-ul-Fath Jalal-ud-Din Muhammad Akbar，一般尊稱其為阿克巴大帝（Akbar the Great）。生卒年 1542～1605。為蒙兀兒王朝最偉大的皇帝，不僅在領土擴張上有貢獻，對藝術文化的發展也不遺餘力。

骨拳套是今日印度東南部的安得拉邦（Andhra Pradesh）裡的羯帝族（Jetti）所用的拳套（knuckle duster，別項特殊288②），乃是以動物骨頭所製。它的形狀在拳套裡可說是最傳統的，這種拳套造型在全世界都有，而這種形狀的起源恐怕就是這個骨拳套（至少在西歐就是）。

骨拳套是出力建立了薩塔瓦哈納（Satavahara，即安達拉王朝[270]）的羯帝族的傳統格鬥武器，這王朝存在於西元前一世紀末到西元三世紀間。該王朝地處文化往來交流處，若是說骨拳套在該地

隨著各種文化流傳到了各處去也不足為奇。

2/8 Andhra，由安得拉族所建立之古印度王朝，以德干高原（Deccan）為中心。

吹針據說是由中國傳來的暗器，使用方式是用嘴噴出含於口中的針，目的是刺傷敵目。而如果刺中的是眼睛以外的部位，就無法造成什麼大損傷。然而因為在近身戰中若能傷到對方眼睛，敵人便算是受了重創，所以吹針還是流傳了下來。發射吹針的器具各有不同，本書此處介紹的發射器有兩個發射孔，一個孔裝有五十隻左右的針。掛於頸上攜帶，要使用時只要掀起蓋子後含在口中用力一吹即可。不過，光靠如此針並無法飛得太遠，而由實驗結果來看，吹針的殺傷力並

不太好。

火龍出水是水軍用來燒毀敵船的分段式火箭。製作方法相當簡單，首先將1.5m左右的竹筒打通，接著在內部裝入火箭（huo-jian，別項射擊214③），於前後兩端用紙糊出龍頭與龍尾即可。然後在竹筒兩側裝上負責讓這個兵器飛起的四個火藥筒。火龍出水發射出去，飛翔一段距離後會點燃本體內部的火箭，在空中點火的火箭則會從龍口射出。藉由這種兩段式飛行的方法可以讓火箭的射程延長近一倍，使用火箭上的推進火藥的燃燒效果焚燒敵船。

飛鍊棍 **huridue** ふりづえ

江戶（1603～1868年）
日本

長度：棍身120cm、鎖鍊70～100cm　重量：4.0～5.0kg

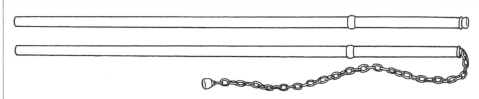

護手鉤 **hu-shou-gou** こしゅこう・フーショウコウ

戰國～清（BC475～AD1912年）
中國

長度：80～100cm　重量：0.8～1.2kg

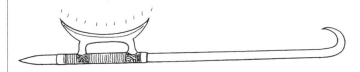

鐵盾槍 **iron shield pistol** アイアン・シールド・ピストル

16世紀
西歐

長度：直徑70cm　重量：6.0kg

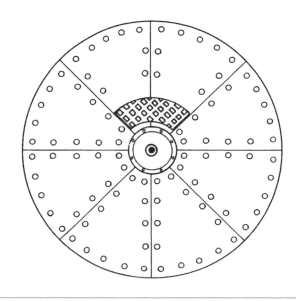
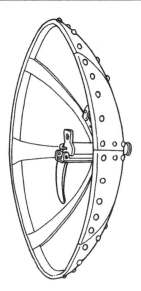

飛鍊棍的主體是本身就可當武器使用的棒子，將棒子中心挖空後再裝入鍊有秤砣的鎖鍊。鎖鍊在棒子揮舞時會飛甩出來，所以才得到了「飛鍊棍」的名字。在以棍棒對敵人攻擊時，秤砣會飛出來多形成一擊出乎對方意料的攻擊，也可以直接用棍棒解決對方。

飛鍊棍流派以提寶山的寶山流最為有名，傳說曾有人讓鎖鍊瞬間射出收入數次後便打倒了敵人。但是從結構上來看，它是無法一下子把鎖鍊收回棍中的，所以當然只有第一次攻擊時才能射

出鎖鍊，有用秤砣當作棍頭蓋子的飛鍊棍，也有裝有機關能開蓋射出鎖鍊的飛鍊棍。

護手鉤是將長棒的一端磨利彎成鉤狀後，再加上月牙而成的白刃戰兵器。歷史相當古老，早在戰國時代（BC475）便已有在坑道內使用鉤爪狀武器進行戰鬥，而那種鉤爪不用說，自然是用來拉倒對手的。由此而來的改良型武器便是既可攻擊又可防禦的護手鉤。這武器的優點是即使在狹窄之地也能使用，而且可刺可砍又可以鉤拉，能夠使出各式各樣的攻擊。雖然名為「護手」，看來似乎是防禦性兵器，但其實可說是攻擊用的武器。大概在前漢時期它的原型便已完成，之後

經歷了改朝換代仍為人們所愛用。

鐵盾槍是英國所製造的特殊盾牌，內部名實相符地嵌有小型火器。在亨利八世（Henry VIII）的時代（在位1509～1547），保護他的護衛便配備有這種盾牌。盾牌中央處有著被稱為「銃眼」的網狀窗格，以及突出的短火槍。在該處的火槍中能裝填一發彈丸。而由於是短槍，所以射程並不長；但在保護國王的人手中，於發生變故時卻是能充分威脅敵人的武器，鋼鐵製成的盾牌也極其堅固。為了自己應當守護的國王，配備了此種鐵盾的人可以成為名符其實的「盾牌」，在要殺出重圍之時應當也十分有用。

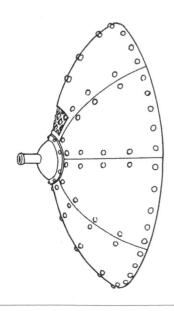

拒馬槍 **ju-ma-qiang**
きょばそう，チュイマーチアン

唐～清（618～1912年）
中國

大小：300cm　重量：300～500kg

　　拒馬槍是置放型的武器，用來防止敵方騎兵的衝鋒、保護戰陣兩翼、封鎖道路，以及構築陣地。

　　它是用普通的長槍加上平凡無奇的圓木而成，做法是用數枝長約3m的長槍穿過直徑60cm、長3m左右的圓木。

　　這項武器被記載於《武經總要》[279]中，和在此之前所發明出的置放型武器的不同點在於它可以搬運，所以用途十分多樣。

　　明代時，對倭寇立下赫赫戰功的戚繼光曾被派駐北方，爲了對抗騎馬民族，他進一步發明了更便於搬運的拒馬槍，那種拒馬槍是由三枝長槍

手刺 **jur**
ジュル

15～19世紀
中東、近東

長度：20cm　重量：0.1kg左右

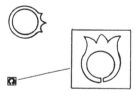

角手 **kakute**
かくて

江戶（1603～1868年）
日本

大小：2～10cm　重量：0.1kg以下

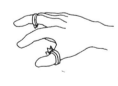

卡姆蚩短鞭 **kamcha**
カマチ

12？～20世紀
中東、近東

長度：30～70cm　重量：0.2～0.3kg

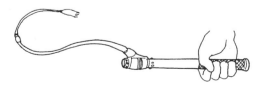

組合而成。

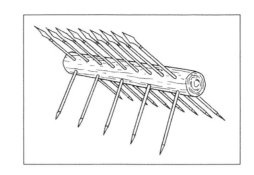

279 北宋曾公亮、丁度等人奉命編纂，內容詳述武器、兵法等，
並佐以插圖解說。

手刺是把末端磨尖的金屬條絞成一股後，將中央拗成圓形，再把兩端彎成牛角狀而成，然後握在手中使用。是流傳於尼羅河上游區域的格鬥武器，為暗殺者所愛用。

中央部位之所以絞扭成麻花狀，乃是為了避免使用時打滑，讓它能被牢握。

在使用手刺的地區內，有許多像這樣的格鬥武器存在。例如其中有被人稱為「圖卡南（turkana）」或是「依蓮迦（irenga）」的同類武器，握在手中後會有像匕首的利刃從拳縫間露出來。這些兵器雖然都是特殊武器，卻有被大量使用的模樣。

角手也被稱為「角珠」、「隱兵（kakushi）」、「鷹爪」、「鐵拳」，是將鐵製指環加上銳利刺角而成的武器，使用時套在手指上。將它套在手上揮拳攻擊時，乍看之下就像是用赤手空拳進行攻擊一樣。

將角手戴在中指、拇指，讓刺角朝向外側時可增加毆打時的威力；如果讓刺角朝內的話，則可以在和對方握手時用刺扎傷人。這一類武器被叫做「掌中兵器（nigirimono）」，潛入敵方區域時可以將它藏在鬍鬚中或腋下。

角手也曾被作為在貼身肉搏等近距離格鬥中用的捕人道具，並發展出許多流派，以江戶時代為全盛時期。

卡姆蚩短鞭是土耳其或波斯（Persia）地區所使用的鞭子。握柄上為了防滑釘有許多鉚釘，其中也有用鉚釘作為裝飾的。握柄上安有短皮鞭，鞭子末稍還附有織入了其他顏色花樣的裝飾物。

這種鞭子主要是土耳其或波斯的騎兵在使用。起源甚早，被認為大概是十二世紀時蒙古人經由西藏等地傳來的。又，與這一模一樣的皮鞭也用於船上，被稱做「卡姆瓊短鞭（kamjo）」。

此類鞭子的特徵是長度頗短，顯然是用於狹隘空間中的兵器，也用來在混戰時抽打敵方騎兵。

鐵鞭 **kanamuchi**
かなむち

平安〜明治（794年〜）
日本

長度：85〜110cm　重量：0.3〜0.5kg

拳套 **knuckle duster**
ナックル・ダスター

BC10？〜AD20世紀
全世界

長度：10cm左右　重量：0.05kg左右

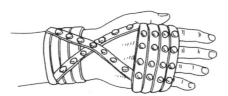

車菱 **kurumabishi**
くるまびし

室町〜江戸
（1392〜1868年）
日本

大小：5〜15cm　重量：0.05〜0.2kg

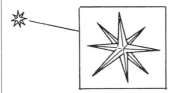

※

鎖鎌 **kusarigama**
くさりがま

室町[283]末期〜江戸
（1500〜1868年）
日本

長度：50〜60cm（鎖鍊約250〜400cm）　重量：2.0〜3.0kg

鐵鞭是用鐵鍛鑄而成的細長鞭狀武器。遠自平安時代起便可看見鐵鞭的原型被作爲警備武器使用。雖然有人說在桃山時代時會用它保護達官顯要，但這說法其實是江戶時捏造的，並沒有用這種兵器作爲貴人隊伍的警備武器的紀錄。而且，被認爲與這武器相似的兵器都是低下階級在使用。但這件事在江戶時代不爲人所知，鐵鞭反而成了武士等身份高貴者所使用的武器。在外形上，有的鐵鞭還附有形如竹節的突起，也有刻有凹槽的鐵鞭。然而今日所殘存實物，泰半是明治時代的廢刀令[280]頒佈後，士族[281]用來防身之物。

280 廢刀令爲日本於 1876 年公佈，除軍警、著官家大禮服外者一律不得帶刀之法令。
281 日本明治維新後賦予原先武士階層的階級稱呼，在華族（介於皇族與士族之間的階級）之下平民之上，此稱號於二次大戰後廢止。

拳套其實是今日的用語，而這個字（knuckle duster）也是所有戴在手上強化拳頭的武器之總稱。例如手指虎（American sack）[282]、鐵拳頭（brass knuckle）、鐵拳（tekken）都屬此類。

在古代的第 23 屆奧林匹克大賽，首度正式舉行拳擊比賽時，爲了保護拳頭曾使用過叫做「拳擊皮帶（Himantes）」、「梅力卡」、「斯托洛法」的手套。這些手套是用牛皮製成的堅韌物品，所以也可以打死人。當然實際上這些手套沒有直接演變成拳套。

而爲了能簡單地強化拳頭，讓拳頭變得像鍛鍊過一樣，這種武器不論東西皆有出現，並且一直流傳至今。

282 此爲日本式英語，日語中「メリケン（American）」除指美國來之物以外，亦有「以拳頭攻擊」之意，而「サック（sack）」爲「袋子」，合起來即爲「拳套」之意，泛指手指虎之類的武器。

車菱是用金屬製成，長滿利刺的武器，是種用來防範敵人入侵的置放式武器。

這種兵器的概念早在平安時代中期便已經出現，但據說直到室町時代中期，車菱才實際出現在戰場上。在古代的文獻紀錄中，車菱主要被當作防衛軍隊陣地用的武器；而有時也會被佈置在敵人入侵機會極大的城門處，或視情況灑在敵軍的退路上，這幾種用法佔了壓倒性的多數。

雖然也時常可以看到忍者從懷中取出它灑下的鏡頭，但這種手法其實叫做「霰（arare）」，並非是把車菱灑到地上，而是要用它擲擊敵人的臉部等要害。

鎖鐮一如其名，是由鐮刀加上附有秤砣的鎖鍊所組成的兵器。發明者不明，但至少在室町末期，《太閤記》[284]一書所描寫時代的戰場上就已經相當活躍。曾與宮本武藏（Myamoto Musashi）決鬥過的宍戶梅軒（Shishido Baiken）即是鎖鐮名家。鐮刀部分的刃長爲 7.6cm 左右，安有秤砣的鎖鍊的長度一般則是在九尺（272.7cm）到一丈二尺（363.6cm）之間。但因流派多，所以規格也略有出入，其中也有鐮刀刀刃長達 90cm 的鎖鐮。而由於鐮刀的握柄——鐮柄（日文讀作「kamatsuka」）幾乎一律都是一尺八寸（54.5cm），所以有時「一尺八寸」的漢字在日語也會讀作「kamazuka」[285]。至於鎖鍊的位置，有的裝在鐮柄尾端，有的裝在刀刃根部。

283 日本歷史上 1336～1573 的期間，此一時期在 1467 年爆發「應仁之亂」後的時間即是日本史上所謂的「戰國時代」。
284 共 22 卷 22 冊，記載豐臣秀吉一生之日本古代小說。
285 鐮柄是「かまつか」，而「一尺八寸」的讀音則是「かまづか」，後者在日語發音中只是比前者稍重而已。

鎖龍吒 kusariryūta
くさりりゅうた

江戶（1603〜1868）
日本

長度：150〜250cm　重量：1.0〜1.2kg

鎖打棒 kusariuchibō
くさりうちぼう

江戶（1603〜1868年）
日本

長度：85〜95cm（含鎖鍊）　重量：1.0〜1.5kg

複合劍盾 lantern shield
ランタン・シールド

16世紀
西歐

長度：130cm　重量：2.7kg

　　複合劍盾是十六世紀時於義大利誕生的一種實驗性盾牌。雖說是盾牌，但其實包括了可以扎刺敵人的劍刃還有刺角，把手甲和圓盾組裝爲一體。劍身還延伸至盾牌後方突出，這不僅是爲了能讓劍固定在盾牌上，也是爲了希望它能有保護肘部的效果。

　　因爲它算是盾牌，所以裝備在不慣用的那一手上，在戰鬥時幾乎全是用右手的武器（大部分是劍）應付，而劍盾只是用來輔助右手攻勢的。
　　不過從這看來像七拼八湊而成的武器的外表，也可知道它頗不好使用，用法複雜與靈活度不高兩點可說是此兵器的最大缺點。

百合陷坑 286 lilia
リリア

BC1世紀
古羅馬

大小：直徑1m　重量：--

龍吒是存在於中國的武器，因形狀與傳說生物「龍」發怒豎爪時的形狀相似，所以才會有這名字。由龍吒與熊手（kumade，別項長柄138④）相近的形狀來看，應該主要是水軍在使用的武器，而將龍吒的爪部裝上鎖鍊與秤砣後便產生了

鎖龍吒。然而這項武器的爪部並非像龍吒與熊手那樣呈手爪形，而是向四方彎勾，做成如船錨一般的形狀。這是因爲希望能用它鉤抓住敵人的衣服的緣故，爲了提高鉤中的效率，也有不像熊手那樣只有三爪，改將鉤爪增爲四隻爪的鎖龍吒出現。它主要被用來作追捕人的道具，是對付大型目標不可或缺的工具，負責鉤抓、拉倒犯人。

7
特
殊
K.L

鎖打棒是種追捕犯人的工具，是在20～30cm的鐵棒附上約65cm的鎖鍊再加上顆秤砣而成。於江戶時代時發明，兼具有在它之前出現的十手（jitte，別項打擊184④）和萬力鎖（manrikigusari，別項特殊292④）的長處，並且因爲便於攜帶，所以變得極爲常見。後來其中還出現了更便於攜帶的鎖打棒，它是花功夫把棒身挖空後將鎖鍊裝入鐵棒內，最後用秤砣作爲蓋子蓋起。如此除了擊打敵人之外，還多了使用鎖鍊纏捕敵人這個選擇。不過，因爲在現代傳承鎖打

棒招式的小田宮流沒有流傳下詳細的用法，所以完整的原初招式已經失傳了。

百合陷坑是古羅馬軍隊爲防備敵人來犯所挖的陷阱，在凱撒所著的《高盧戰記》中有出現。這種陷阱由側面看來上寬下窄，深約1m左右，洞穴中央打了一根剝去外皮、削尖後用火焙烤過尖端的木樁，木樁約與人類大腿同粗。此樁在穴底被牢牢埋入土中20cm深，並用腳踏實陷阱底部泥土。陷坑表面用小樹枝或樹木覆蓋以讓人無法察覺。

百合陷坑因爲外觀形狀看來就像百合，所以便用拉丁語中指稱百合花的「lilia」一字稱呼

它。

286 或譯爲「百合花」。

0　　　　　5　　　　　10

流星錘 liu-xing-chui
りゅうせいすい，リウシンチョイ

長度：300〜1000cm　重量：4.0〜10.0kg

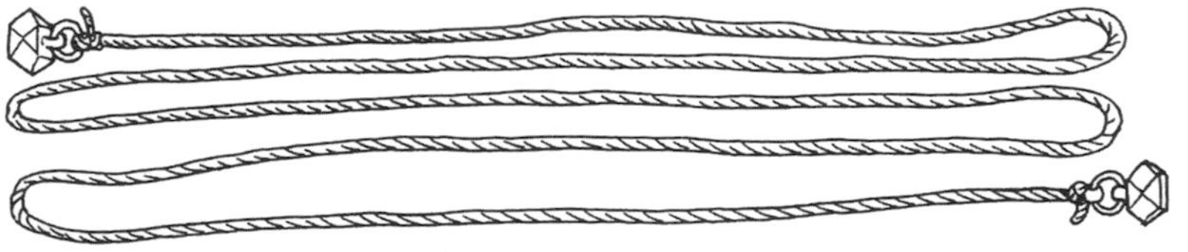

唐〜清（618〜1912年）
中國

枕槍 makurayari
まくらやり

長度：100〜135cm　重量：0.8〜1.2kg

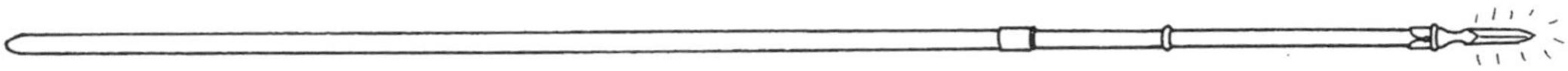

江戸中期〜（1700〜1868年）
日本

捕人叉 man catcher
マン・キャッチャー

長度：1.2〜2.0m　重量：1.0〜2.2kg

16〜19世紀
歐洲

萬力鎖 manrikigusari
まんりきぐさり

長度：60〜120cm　重量：0.8〜1.5kg

江戸（1603〜1868年）
日本

　　流星錘是兩端綁有球形錘的繩索，又別名爲「流星鎚」。此外，只有一頭有錘的則叫做「單流星」，兩頭有錘的則叫「雙流星」。

　　繩索兩頭的重錘的尺寸繁多，形狀有球形、多面體形，還有洋蔥形，球形錘上有利刺的則叫「狼牙錘」。重量最重可達 5kg，由於認爲錘部重量若低於 2kg 便無威力，因此兩頭合計最少也有 4kg。

　　另外繩索的長度也各有不同，視使用者的功夫而定，據說長 5m 左右的最便於使用。

　　枕槍是江戶時代時爲了特殊目的才發明的槍。外觀和普通的短槍一模一樣。但其實是因爲要當作武士家中的護身之物，這才將它做短的。藏放它的地方在枕頭下面，因此得名「枕槍」。這點和西歐的枕邊劍（pillow sword，別項刀劍 52④）相同，不過同樣是放在枕邊備用，顯然槍比較有利戰鬥。

　　又，有時也會把槍藏在壁龕的高處牆壁上，這種槍叫「暗槍」（shinobiyari）。暗槍較枕槍爲長，長約 2m。常常可以在日本古裝劇中，看到用槍去刺藏身天花板裡的忍者的鏡頭，這時用的槍就是暗槍。

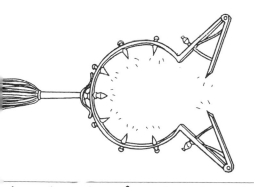

　　捕人叉是由對家畜用的捕桿（catch-pole，別項特殊 274②）改進而來，對人（犯人）專用的器械。因爲這種捕人工具是在監獄裡使用的，所以還做了些視覺上的設計，在外型上做了許多能威嚇對方的設計。圓圈狀的桿頭處裝有朝向內側的利刺。只要用這對人大力拉扯，便可傷害被套著的人，對方若想逃開一定會把自己弄得傷痕累累，擺明是要用來修理不配合者的。由此亦可窺見當時對犯人極爲粗暴，完全無視於人權。

　　萬力鎖也被稱做萬力、鎖分銅、兩分銅、玉鎖、袖鎖、鎖十手、鎖鍊。做法簡單，只要在鎖鍊的兩端加上秤砣便可。秤砣的形狀林林總總，有球型、圓柱型、五角型等等。

　　「鼻捻（hananeji，別項打擊 182①）、萬力、十手（jitte，別項打擊 184④）」被列舉爲江戶時代的捕人三大器械，乃是擒拿人時不可或缺的工具。

　　它的用法與教授它的流派皆頗繁多。鎖鍊的長度也因使用者而異，有各種尺寸，據說萬力鎖的最高境界是使用時能將鎖鍊藏於掌中，令人無從得知其長度。由這點來看，也不一定就是鎖鍊越長越好。

　　萬力鎖可擲出纏捕敵人，也可以用兩手拉直後接擋敵人攻勢。

十字摺匕

marohoshi
マロホシ，まろほし

江戸（1603～1868年）
日本

長度：12cm（攜帶時）/25cm（使用時）　重量：0.2kg 左右

 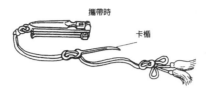 

攜帶時

卡楯

馬度刺

maru, madu, singauta
マル

17～19世紀
印度

長度：75～300cm　重量：0.8～4.0kg

末塵

mijin
みじん

江戸（1603～1868年）
日本

長度：一條鎖鍊20cm，秤砣為3cm　重量：0.2kg 左右

迷你弩

miniature crossbow
ミニチュア・クロスボウ

15～17世紀
西歐

長度：長25～30cm，寬10～15cm　重量：0.8～1.0kg

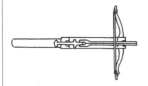 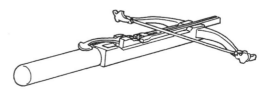

十字摺匕被認爲是日本的高級捕頭用來護身的多功能兵器。它可摺疊，打開組合好後會成爲十字形。中央是劍刃，兩旁則有可以擋架敵人攻擊的橫擋，在握把上的橫擋可以自由轉動，卻又不會妨礙持握。因爲承接攻擊的橫擋和劍刃是可動的，所以要插入卡楯加以固定。匕首是由這支卡楯與匕首的本體所組成，握把末端有個圓圈，上面連著一條綁著卡楯的繩索，而爲了防止卡楯鬆脫，使用它時會把繩索纏繞在手上，以避免卡楯在格鬥時滑落。

十字摺匕在一角流的十手（jitte，別項打擊184④）武術中有教授，並頗負盛名，而因爲這武器別樹一格，所以也被叫做「一角流十字摺匕」。

馬度刺是十七世紀時馬拉塔人（Maratha）[287]的士兵所用之一種盾牌，既可攻擊又可防守。別名「madu」、「maroo」、「singauta」（意思是「殺戮」）。馬度刺則是一般的叫法。圓盾後面設有握把，盾牌的兩端突出，裝有強化過的動物角，在戰鬥時有極大威力。在西歐還有中間握把處沒有盾牌的馬度刺，這種的被叫做「行者刺」（fakir's horns），而這裡提到的實物如今正展示在新德里（New Delhi）的自然博物館裡面，該展示品的說明文寫道：「原本中央把手部分裝有盾

牌，然現今已經亡佚。」

287 印度北部的主要民族，17世紀初對抗勤蒙兀兒帝國的統治有功，蒙兀兒帝國名存實亡後組成馬拉塔聯盟（Maratha confederacy）對繼之而來的大英帝國繼續反抗，但於1818年被摧毀。

末塵在書上也寫作「微塵」，爲江戶時代發明的武器，乃是將三條帶有秤砣的鎖鍊連在鐵環上而成。用法有好幾種，其中一種是用手指穿過中央鐵環將它旋轉，利用離心力將它擲出。據說是因爲它打中敵人的話會讓敵人碎爲韲粉，所以才有這個名字[288]。此外，還可以抓著秤砣處來揮打敵人，並且可以改變手握的位置以調整武器和敵人的距離。又，還可以藉由手握鎖鍊數量的不同來調節打擊的力道。攜帶時只要捲成一團收在懷中或袖口即可，十分便於攜帶。只是，相傳想

要靈活運用它必須要下過一番苦工才成。

288 「末塵」、「微塵」兩詞在日文中即爲「粉末」、「韲粉」之意。

迷你弩一如其名是種小型的十字弩，會發明它是基於希望能把弩弓藏在衣服底下的想法。據說最早於十五世紀時在西班牙出現，特別爲刺客所愛用。因此別名又叫「刺客弩」（assassin's crossbow）不過這其實純屬臆測，並沒有刺客們使用迷你弩的確實紀錄。

今日在威尼斯（Venice）的總督府（Doges' Place）[289]所殘留的實物，據說是傳說中性格殘忍的帕多瓦（Padua）公國王子古蘭西司科·讓·卡剌拉的所有物品。他會在住宅中用它朝街上的

行人射箭。

289 治理威尼斯共和國之總督在697～1797年間所居住的官邸。

295

虎落 **mogari** もがり

長度：100～300cm　重量：0.5～1.0kg

鎌倉～江戸
（1192～1868年）
日本

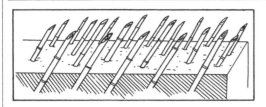

鳥頭鎌 **musele** ムセル

長度：25cm　重量：0.5kg

14世紀～近代
非洲

地刺 **panji** パンジ

長度：15～20cm　重量：0.05kg左右

16～20世紀
南亞、東南亞等地

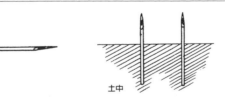

土中

達雅克長柄刀 **pisau raut** ピソ・ラウト

長度：40～60cm　重量：0.2～0.4kg

16?～20世紀
東南亞

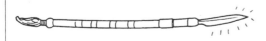

虎落是數枝被削尖後斜插在土裡的竹子，用來防備敵人進犯。以竹身厚實、筆直的青竹做成的效果最好，並會在削尖處塗上油反覆用火焰烤增加強度。不過這是時間充裕時才會做的工作，在時間緊急時，用的就只是前端削尖的竹子而已。

與虎落性質相同的東西還有「逆茂木（sakamogi）」。逆茂木是把枝椏繁多的樹木砍下後以繩相連而成的裝置。《倭訓栞》中記道：「茂木（mogi）即もがり（mogari）也。字殊異也。

もがり即虎落一類也。用銳木垂爲鹿角狀埋土中以障馬足。」

鳥頭鐮是形似鳥頭的兵器，主要流傳在加彭（Gabon）[290]，它被認爲是非洲爲數眾多的投擲兵器裡的一種。不過並無法確定它是否會被眞的拿來投擲；其實這項武器含有更特別的意義。事實上，這種兵器只會准許守護歷代族長陵墓的秘密組織成員持用。那個秘密組織被叫做「Mungala」，加入它的人，全都是精通部族傳說或各種儀式的專家。而他們會一手拿著鳥頭鐮，另一手拿著造型奇特的金屬人偶作爲身份證明。

290 非洲西海岸的國家，地跨赤道，周邊鄰國有喀麥隆（Cameroon）、赤道幾內亞（Equatorial Guinea）、剛果（Congo）等等。

地刺是削尖的木條，是種簡單的置放式武器。最早在印度的阿薩姆地區（Assam）出現，由丹苦那伽族（Tangkhul Naga）的支族——茂族（Mao）和瑪霖族（Marring）最先使用。他們在襲擊敵人的城鎮時，會事先將地刺佈置在敵方退路上。爲此，他們在參加戰爭前會先將地刺綁成一捆，再加個圓圈作爲提把，然後把地刺作爲戰鬥裝備一起攜帶。有些地刺的頭部是中空的，能讓傷口更複雜；也有的地刺會塗上屎尿好讓敵人傷口化膿。時至今日，「panji」一字在當地已經

成了做陷阱用的銳利木刺的總稱。

達雅克長柄刀是一支馬來原住民種族所用的特殊短刀，這種族是達雅克族[291]（Dyak, Dayak, Dajak，正確來說是達雅克諸族）中的陸達雅克族。

這短刀的特長自然就在於它的長柄，在長柄前安有一把單刃短刀。雖然它本身已開有鋒刃，但爲了能藉著揮轉動作增加切砍時的威力，所以才會被設計成這樣。

這種刀直到今天也仍然還殘留著，可以輕鬆斬斷長藤或是堅硬的樹木。在陸達雅克族所住的

馬來西亞地區裡，這種刀名叫「rattan knife」，也就是「藤刀」，是砍藤時的工具。

291 婆羅洲南部西部的非伊斯蘭教徒之土著民族。

尖尾棒　**pouwhenua**　ポウフェナ

10?～19世紀
大洋洲

長度：120～140cm　重量：2.0～3.5kg

圈　**quan**　けん，チュワン

明～清（1368～1912年）
中國

長度：直徑24～30cm　重量：0.4～0.6kg

　圈原爲舞蹈中所用之道具。圈最單純的形式是個金屬製成的圓圈，可以拿它擊打敵人。這種武器後來產生進化，將外緣加上刃口，變成可以割砍敵人或投擲的武器。又進一步演變成在外緣伸出放射狀的利刃，或在內側加有「月牙」（新月狀的鋒刃）。如此一來，便可利用內側的刃口切斷敵人武器的握柄。前一種叫乾坤鳥龜圈；後一種叫做日月乾坤圈。明代所撰的《三才圖會》[292]中即有介紹一個這種圈，因而可推知它們是在該書前後的時代發展出來的。

船用短矛　**quarter pike**　クゥォーター・パイク

18～19世紀
歐洲

長度：40～60cm　重量：0.4～0.6kg

庫葉棍盾　**quayre**　クゥアイル

17～20世紀
非洲

長度：80～100cm　重量：0.7～1.2kg

尖尾棒 是 紐 西 蘭 島 的 玻 里 尼 西 亞 系
（Polynesia）原住民毛利人（Maori）的武器，可
用來揮打或刺戳。另外，它不單只是武器，也是
儀式時使用的器具，具有各種性質。

尖尾棒一頭尖銳一頭粗大，因此也可以進行
揮打攻擊，具有同棍棒一樣的威力。

毛利人彼此經常發生部落戰爭，且於十九世
紀時和企圖佔領該地的英國發生了戰鬥。然而在
近代兵器與近代戰術面前也只能束手無策地落
敗，結果，他們便全盤落至弱勢地位。今日，雖

然英國領有該地被當作是西歐文化傳播成功的例
子，但卻也因此失去了許多事物。

292 明代工圻與其子工思義合撰之圖鑑，內容網羅天文、地理、
人事之知識，故稱三才。

這種**奇特的短矛** 是可單手運用的武器。乃是
接舷戰（為了攻擊、俘虜敵船而讓船員衝入敵船
內進行的戰鬥）時所用的武器，是為了不習慣使
用刀劍的士兵而製造的。矛頭處和其他的矛沒什
麼大差別，只是做成了插頭狀並用鉚釘固定在柄
上。對於缺乏和敵人交手經驗的士兵來說，比起
必須經過訓練的刀劍，長矛只要往前刺出去就可
以了，用法比較簡單。而為了方便在船上使用長
矛，便特意將柄弄短。不過據說因為長度上和刀
劍所差無幾，所以必須十分接近敵人，因此反而

是種不好用的武器。

庫葉盾棍 是丁卡族（Dinka：自稱為Jien族）
的武器，可以說是盾牌也可以說是長棍。而丁卡
族居住於蘇丹南部白尼羅河與加扎勒河（Bahr el
Ghazal）流域的熱帶草原濕地裡。

庫葉盾棍為木製，中央部做成背面中空的橢
圓形，並有充作握把的木柄穿過該處。中間的橢
圓形部分用來作為護手，有棍身從上下兩端筆直
伸出，可以用該棍狀部位進行毆打。

這個武器的優點是可攻可守，但也並不是這
樣就一定好，因為像這種擁有複數功用的武器多

半難以使用。而像庫葉棍盾這種附合式武器在非
洲相當常見。

擲網 reticulum
レティクルム

BC2 〜 AD2 世紀
古羅馬

長度：100〜120cm平方　重量：0.8〜1.0kg

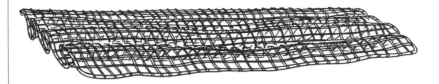

薩提刃棒 sainti
サイティ

16〜19世紀
南亞

長度：60〜80cm　重量：1.2〜1.8kg

神火飛鴉 shen-huo-fei-ya
しんかひあ，シエンワォワエイヤー

明（1368〜1644年）
中國

長度：80cm、250cm（翼幅）　重量：12.0kg左右

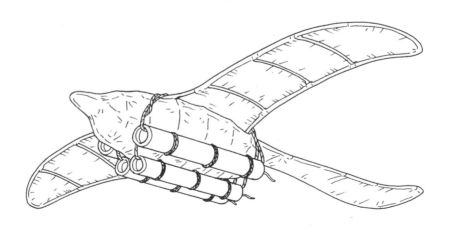

　　擲網是古羅馬時代所用的兵器，外觀就像漁夫拋撒用的漁網一樣。這是在角鬥士格鬥中，被稱為網鬥士（retiarius，意為「撒網人」）的戰士的主要武器，而在圓形競技場舉行的角鬥士格鬥可說是古代羅馬市民的國民運動。

　　網鬥士會使用擲網罩住敵人，讓對方無法活動，再用右手的三叉長槍——競技三叉戟（fuscina，別項長柄128③）進行戳刺攻擊。看來就像漁夫在捕魚一樣。

　　而擲網這武器只被用在角鬥士們搏命演出的競賽裡，並不是羅馬軍隊的正式兵器。

　　薩提刃棒是西班牙還隸屬於伊斯蘭勢力的十四世紀時所發明的武器，同時也算是防具。它是一根棒子，棒身中央處作為握把，並在握把處的護手上裝有一隻尖刃。棒子兩端進行過補強，可用來毆打敵人，還可用中央尖刃牽制敵人或刺傷敵人。

　　不過，因為它是設計來格開、擋住對方攻擊的武器，所以實際上使用薩提刃棒的人在另一隻手上還會拿著刀劍。因為它是棒狀，無法像盾牌那樣形成屏障，所以極難使用，唯有在熟練者手中才會是可攻可守的優秀武器。

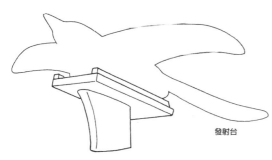

發射台

shui，別項特殊282④）的例子，火器時常做成動物的外型。這現象不分古今中外皆然，大概是當時的文化、思想、宗教背景所致。不過神火飛鴉會做成動物外型，似乎是為了更實際一點的理由。這項武器的前身是「飛天擊賊震天雷砲」，它的模樣是一個圓球加上翅膀。因為這樣太過引人注目，所以才會有改良過後的神火飛鴉出現。

　　神火飛鴉是明代發明的攻城兵器。用竹子做成骨架後黏上紙或真鳥羽毛做成外殼，裡面裝入火藥，主體下方綁有火箭（huo-jian，別項射擊214③）。

　　神火飛鴉以火箭作推進力在空中飛行，在飛入敵陣後會引發火災。之所以會做成鳥的外型，乃是為了避免讓敵方注意到，不過守城的士兵是否真的不會去注意噴著火飛過空中的鳥，這就不得而知了。

　　令人好奇的是，真有特地做成鳥類外型的必要嗎？事實上就像火龍出水（huo-long-chu-

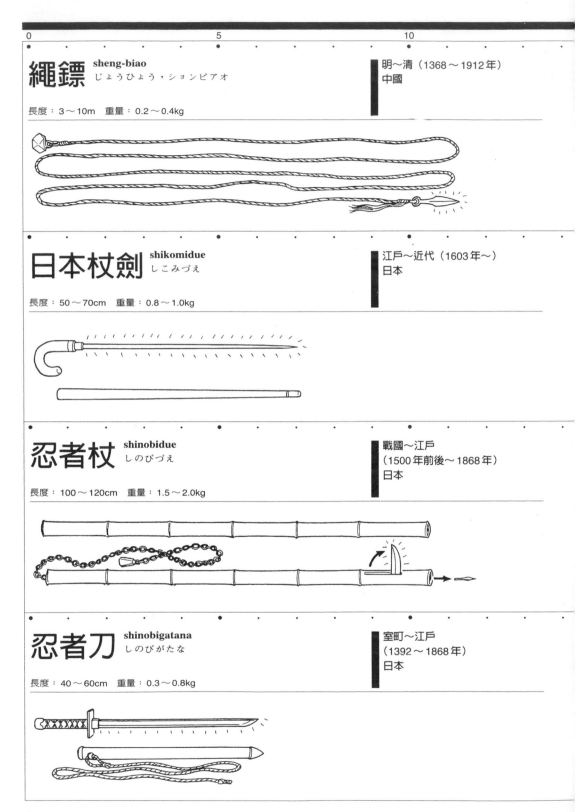

繩鏢
sheng-biao
じょうひょう・ションピアオ

長度：3〜10m　重量：0.2〜0.4kg

明〜清（1368〜1912年）
中國

日本杖劍
shikomidue
しこみづえ

長度：50〜70cm　重量：0.8〜1.0kg

江戸〜近代（1603年〜）
日本

忍者杖
shinobidue
しのびづえ

長度：100〜120cm　重量：1.5〜2.0kg

戦國〜江戸
（1500年前後〜1868年）
日本

忍者刀
shinobigatana
しのびがたな

長度：40〜60cm　重量：0.3〜0.8kg

室町〜江戸
（1392〜1868年）
日本

繩標是在繩索末端加上看來和小匕首一樣的鏢而成的武器。一如其名，是由「繩」和「鏢」所組成的單純武器。可用來擲射敵人或揮舞它威嚇對方。揮舞時由於離心力的緣故可以輕易掃到遠方，也可因此加大攻擊力量。

明代的《武備志》[293] 和明代的《三才圖會》[294] 中皆載有數種看似繩鏢的武器，不過裡面並未介紹到一種在繩上綁有短刀，像是繩鏢原形的兵器，所以有人認為繩鏢是在明代前後出現的武器。然而，也有繩鏢在久遠的古代便已經出現的說法，雖然這種武器的構造簡單，來源卻是撲朔迷離。

293 明代茅元儀編，1621年完成。全書共240卷，專談軍備武術之事。
294 明代王圻與其子王思義合撰之圖鑑，內容網羅天文、地理、人事之知識，故稱三才。

日本杖劍一如其名，乃是暗藏玄機，內裝有刀劍等物的手杖，是護身用的隱藏式兵器。主要被製造於江戶時代與明治時代（1868～1912），但它的長度與外觀因製作者的用途各有不同所以千奇百怪。其中也有杖身像自然樹木一樣有好幾處彎曲，讓刀身弧度去配合手杖形狀的日本杖劍。

說到日本杖劍，便會讓人不禁想起子母澤寬原著，勝新太郎主演的『座頭市』[295]。

留至今日的日本杖劍大多是因應明治時代的廢刀令而製造的，外型多是握把處彎曲如鉤的手杖。因江戶時代時能公然帶刀，會使用隱藏式武器的只限於某些身份特殊之人，所以很少有當時的日本杖劍殘留到現在。

295 座頭市即最近北野武電影「盲劍俠」中主角之名，同時也為劇名。此劇描述一盲俠行俠仗義之故事，在日本曾拍攝過多次電影及連續劇。主角的兵器即是一把日本杖劍。

忍者杖外表是一截平凡無奇的竹子，其實是忍者用的手杖，藏有各式各樣的機關。裡面的機關可用來應付各種狀況，主要有五個種類：第一個機關是為了增加竹杖攻擊敵人時的威力，在其中一端會裝有鉛塊；第二是打通裡面的竹筒裝入鍊有秤砣的鎖鍊；第三是在靠近末端的竹節中裝有折疊刀，將短刀拉出後竹杖會變成形如鐮刀的武器；第四是在沒裝鎖鍊的那一頭塞入釘狀的手裡劍（shuriken，別項投擲256②），只要一甩手杖就能將它射出；第五是釘狀手裡劍裡還混有傷人眼睛的藥粉。藉著這些，僅憑一隻手杖就能施展出各式各樣的攻擊。

忍者刀乃忍者所使用之刀劍，為了讓武器能對任務提供各種支援而多加了許多機關。在要爬牆時可將忍者刀立起後踩踏刀鍔上牆，所以刀鍔為此做成四方形，好讓忍者容易踩上。

刀鞘上則有長繩充作背劍帶，上牆後可以用手拉繩收回作為墊腳物的忍者刀。又，在刀鞘末端還會裝有傷敵眼睛的藥粉，能在戰鬥中隨機應變使用。

忍者刀大多不長，長度多半限於40～50cm，這是由於顧慮到能在狹隘場所用刀，還有考量到忍者的任務特殊、方便行動的緣故。

水底龍王炮

shui-di-long-wang-pao
すいていりゅうおうほう，
ショイティーロンワンパオ

明末（16～17世紀）
中國

大小：50×50cm（大木筏）　重量：30.0～40.0kg

　　水底龍王炮是漂浮在水面的火藥兵器，用來炸沉敵船，換言之，它的效果和浮游水雷一樣。先把牛皮做成的袋子塗上漆，再裝入塡有火藥的金屬製圓球，並以線香作爲導火線。這個皮袋中除了炸藥以外還裝有重石，而皮袋則綁在木板做成的小筏下。此外，爲了替密封的皮袋送入空

氣，會另外連出一條用牛腸做的管子，並用另一張小筏僞裝送氣管，讓管口浮在水面上。之後只要趁夜色掩護將它往敵船集結之處流放即可。點燃炸藥的時間則可用線香的長度來調節。

　　但是因爲推進力完全仰賴水流，所以必須計算水流的速度，還要考量會不會被岩石或水草絆

牛角樁 296

stimuli
スティムリー

BC1世紀
古羅馬

大小：10cm　重量：0.1kg

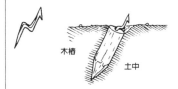

劍盾

sword shield
ソード・シールド

15世紀
西歐

長度：180～200cm　重量：6.0～10.0kg

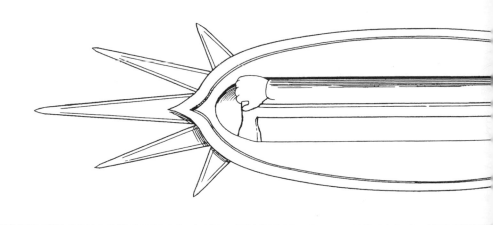

住，使用條件上受到不少限制。

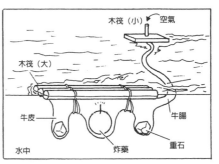

牛角椿是古羅馬時代發明的置放式武器。它的做法是把一端有倒鉤的S狀釘子釘入木椿內。將數支這種木椿插入地面，只露出倒鉤處，便可扎傷意圖通過的敵人。倒鉤能撕裂踏中者的皮肉，除了造成刺傷還能加大傷口。

這兵器在凱撒（Caesar）所著之《高盧戰記（Bellum Gallicum）》內的阿萊西亞（Alesia）[297]包圍戰中即有登場，在該戰場遺跡中也有發現殘存實物。阿來西亞包圍戰中的圍攻方——凱撒率領的羅馬軍，對維欽及托列克斯（Vercingetorix）

所率的高盧人設下了數重包圍網加以封鎖。羅馬軍使用了各種置放式武器設置了封鎖線，其中設置在最前方的就是牛角椿。因封鎖而物資匱乏的高盧人，最後遭到擊潰戰敗。

296 或譯為「踢馬刺」。
297 此地即今日的阿利斯‧聖雷諾（Alise-Sainte-Reine）。

劍盾是騎士比武競賽（tournament）中混戰時使用的武器。它是張長盾牌，在上下兩端加有劍刃，不過樣式形形色色沒有統一。劍盾兩端的劍刃被花許多功夫處理過，從只有一把劍身的，到有三到四把劍身排成放射狀的都有，也有追加上鉤爪的。當然，因為劍刃增加得越多就會越重，所以不一定劍刃越多就越有利。

盾牌裡側設有握把，若是要將它當盾牌使用，只要用單手拿著即可。如果要當作武器，就要用兩手抓著靠近劍刃處的握把舉起它。

這項武器是在十五世紀中葉出現，大概因為使用它極耗體力，所以在十五世紀末尾時就已經看不見了。

杖劍
sword stick
ソード・ステッキ

18～20世紀
歐洲

長度：50～80cm　重量：0.5～1.0kg

手突矢
tedukiya
てづきや

南北朝～江戸
（1336～1868年）
日本

長度：60cm左右　重量：0.1kg左右

鐵甲鉤
tekkōkagi
てっこうかぎ

江戸（1603～1868年）
日本

長度：20～30cm（鉤爪的部分）　重量：0.2kg左右

鐵扇
tessen
てっせん

江戸（1603～1868年）
日本

長度：18～45cm　重量：0.8～1.5kg

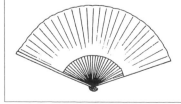

　　杖劍是手杖裡裝有長劍或者是短劍的武器，藏在手杖內之刀劍的形狀、大小林林總總，應有盡有。

　　這武器在十八世紀末期之後開始廣泛流傳。因爲在這時代，歐洲的紳士不帶刀劍已經成爲一種風俗。爲此，杖劍就成了以往刀劍的代替品，被作爲盛裝外出男性的裝飾物品。

　　另外，廣爲人知的那不勒斯王國（Napoles）[298]的重騎兵隊「gendarme」[299]也以杖劍作爲正規武器隨身攜帶。又，也有警官或騎兵所使用，外觀像鞭子的杖劍。

298 自中世紀到 1860 年爲止，存在於義大利半島南部之一小國。
299 此字乃法文，現今的意思是「警官」、「憲兵」，在古代則是「騎兵」的意思。那不勒斯王的親衛騎兵隊即叫做「Gendarmerie d'Elite」。

　　手突矢是用來握在手中刺殺敵人的武器，因爲看來像短槍，故又叫做「手突槍」。由於沒有實際留下實物，所以有它的形狀和弓用箭矢一樣帶有箭翎的說法，也有形狀和短槍相似的說法。

　　在文獻上，《太平記》[300]中有記載一名叫妙觀院的因幡的堅者全村（Ritsusya Zenson）之武將，在書中他用大矢隔著木板刺殺了哨塔內的著鎧敵人；這段記述常被引用，被說成是手突矢的起源。然而堅者全村單純只是利用了弓用的箭矢而已，專門以突刺爲目的的箭矢應該是在那之後才出現。

　　於江戶時代時手突矢被當作護身武器，騎馬或乘轎時會攜帶它。

300 描寫日本南北朝（1336～1392）之戰的文學作品。據說作者爲小島法師，實際則長期歷經多人修改，約 1371 年完成。

　　鐵甲鉤是忍者或專使這項武器的特殊武者所用之兵器，使用時戴在手上。似乎在戰國時代前後時這種設計即已出現。它是個上付四條鉤爪的鐵框，可以刺、抓敵人，還可以用來攀樹，擋開敵人的攻擊，撥開敵方刀劍，或是將對方的兵器抓奪過來。

　　鐵甲鉤主要有兩個種類：一種是鉤爪連在一個鐵環上，做成遮住手背的護手形狀；另一種直接握在手掌中，讓鉤爪從指縫間伸出。原理和這相同的，還有一種叫做「貓手（nekote）」，使用時戴在手指上的兵器。這種爪狀兵器所照成的傷口相當難以治癒。

　　鐵扇是扇骨部分由鐵製成的摺扇。通常，被稱爲鐵扇的扇子可分爲三個種類：第一種是大骨（扇子最外側的扇骨）和小骨（被大骨夾在中間的其他扇骨）由鐵製成。第二種是只有大骨用鋼鐵製成。第三種的外型做成摺扇合攏的模樣，但這種鐵扇其實是無法打開當扇子用的。第三種的鐵扇在日本也被叫「手慣（tenarashi）」。

　　扇子在日本的歷史久遠，可開合的扇子乃是日本人所發明，並在鎌倉時代時開始輸出至中國。然而，直到江戶時代時它才被當作武器來使用，並變得廣爲人知。

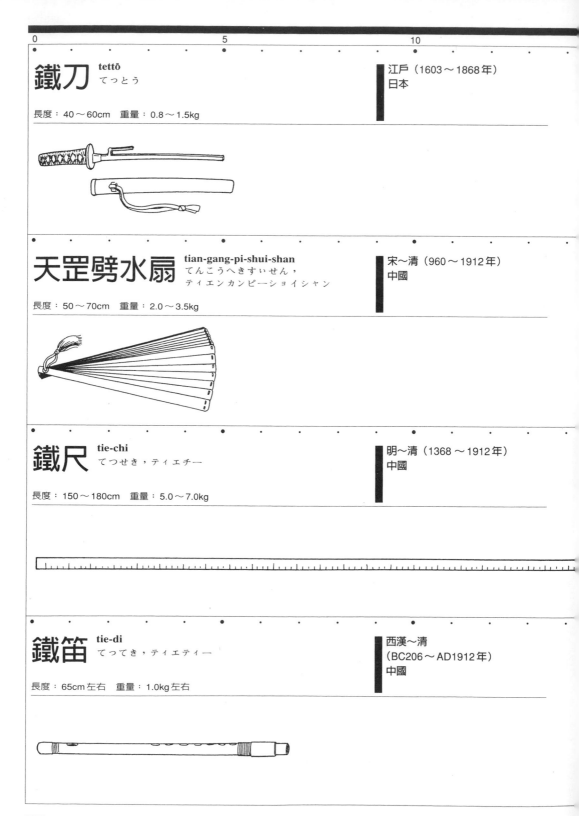

鐵刀 **tettō**
てっとう

長度：40〜60cm　重量：0.8〜1.5kg

江戸（1603〜1868年）
日本

天罡劈水扇 **tian-gang-pi-shui-shan**
てんこうへきすいせん，
ティエンカンピーショイシャン

長度：50〜70cm　重量：2.0〜3.5kg

宋〜清（960〜1912年）
中國

鐵尺 **tie-chi**
てつせき，ティエチー

長度：150〜180cm　重量：5.0〜7.0kg

明〜清（1368〜1912年）
中國

鐵笛 **tie-di**
てってき，ティエティー

長度：65cm左右　重量：1.0kg左右

西漢〜清
（BC206〜AD1912年）
中國

308

　　鐵刀在日文中亦寫作「鐵塔」，也被稱做「鉢割（hachiwari）」。外表和刀一樣有鍔及握把，形狀和太刀（tachi，別項刀劍66②）所差無幾，只是在靠近握把的刀背處有個鉤，可用它來擋住敵人的攻擊。使用方式和刀一樣，威力和用刀背打人時相同。因為不需像用刀那樣花許多功夫去學，造價也低，所以也被下級武士隨身攜帶當作護身兵器。

　　鐵刀的尺寸形形色色，它的性質被認爲和江戶時代的「十手（jitte，別項打擊184④）」一樣，都是捕人的用具。據說作逮捕工具用的鐵刀長度只有30cm左右，且未配鞘。

　　天罡劈水扇是在宋代以後被當作武器使用的扇子，或說是做成扇形的武器。

　　扇子在中國由來已久，相傳三國時代的蜀國諸葛亮就會在戰場上手持鳥羽製成的羽扇。話雖如此，扇子也自然不會是武器，發明將扇子當作武器用的乃是少林寺的僧人。當日本在鐮倉時代發明的可折疊式扇子被輸入中國後，少林寺便出現了用鐵製成，名喚「摺疊扇」的兵器。而這些扇形兵器在之後的元代或明代也依舊流傳了下來，其中摺疊扇更被當作是便於攜帶的防身兵器。

　　鐵尺是用鐵製成的尺，但發明它出來並不是要做成度量工具而是要當作武器。金屬做的尺由於不會因濕氣或天候影響而改變長短，所以遠從周代起便已在使用，而當時的金屬尺乃是銅製，用途也和原初一樣，是用來測量物品。

　　鐵尺是在明代時開始被當作武器。長度和使用者的身高一樣，重量則因人而異。因此鐵尺在揮舞時的威力極大，完全無法從它看來只是把普通長尺的外表想像出它的威力。只是，鐵尺的性質比較不算是專門攻擊人的武器，主要是危急時的護身武器或和暗殺者用的兵器。

　　鐵笛一如其名所示，乃是用鐵做成的笛子，可以用來抵擋攻擊，或擊打敵人。因為外表看來不像武器，所以可算是一種掩人耳目的打擊系兵器，一直到近代都還有人在使用。有只是做成笛子模樣發不出聲音的鐵笛，也有能夠吹出笛聲的鐵笛。而鐵製的笛子可分爲七孔的橫笛還有五孔的直笛，被稱爲鐵笛的笛子大多屬於橫笛。橫笛式的鐵笛發明於前漢的武帝時代，直笛式鐵笛則出現於後漢時代。這種做成樂器形狀，或者是眞的做成樂器的武器，不光只有中國有，在日本也頗常見，例如「鐵橫笛（tetsuyokobue）」和「鐵尺八（tetsusyakuhachi）」[301]就是。

301 尺八在中國是一種直吹的六孔簫，但日本的尺八是無簧片的竹製直笛，正面四孔，背面一孔。

鐵蒺藜 tie-ji-li
てつしつれい・ティエチーリ

漢～近代（BC206年～）
中國

長度：3～20cm　重量：0.01～0.1kg

套桿 uchikomi
うちこみ

江戸（1603～1868年）
日本

長度：200～250cm　重量：2.0～2.2kg

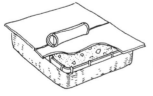

埋火 umebi
うめび

戰國末期～江戸
（1590～1868年）
日本

大小：30×30cm左右　重量：10kg左右

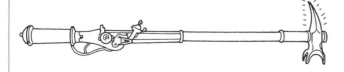

在剖開的竹筒中
放入火繩再合起

壓力

地面　　　　　　竹筒

戰鎚槍 war hammer pistol
ウォーハンマー・ピストル

16世紀
西歐

長度：80cm　重量：3.0kg

蒺藜乃是蒺藜[302]的果實，最早在春秋戰國時代時便已被用來阻止敵軍移動。起初是把從自然中採集的蒺藜果實拿來直接使用，但它是何時開始被使用的並不明確。《墨子》中亦可讀到守城時使用蒺藜的記述。到了漢代（BC206～AD220）之後，鐵製的蒺藜，也就是**鐵蒺藜**，和組合式的鐵菱角就出現了。它們和在日本、西洋可以看到的蒺藜釘（calthrop，別項特殊272③）和車菱（kurumabishi，別項特殊288③）相像，但中國做的在中央處開有小孔可供繩子穿過，可以連繩佈置藉此阻絆敵方騎兵。

302 蒺藜科蒺藜屬的一年生草本植物，主要生長於海濱沙地，果實有刺。

套桿是種捕人器具，由橡木材質的棒狀長柄，加上由8～10cm粗的鐵線做成的直徑30～40cm的圓箍而成。這個鐵箍以每15cm左右爲一段，折成多角形形狀，用來套在想逃跑的犯人脖子上。

乍看之下似乎是安全（？）的捕人器具，可是鐵箍一旦驟然勒住犯人頸部，往往會導致人昏迷過去，有時甚至會讓人窒息而死。

它是在江戶時代被設計出來的捕人器具，但好像並不普及，連「套桿」這個名字都是後來才取的。套桿在《德川刑罰圖譜》中亦有出現，但作爲實際捕人道具來使用的機會似乎不多。

埋火這種武器埋於土中，裝有一踏上去便會爆炸的機關。本體爲木製的四角型容器，裡面裝有火藥，且爲了提昇爆炸時的殺傷力而在火藥中混有小石子。

火藥點火的方式十分簡單，乃是使用剖成兩半的竹子，然後先在這節竹筒中放入火繩，點上火後再將竹筒合攏並置於埋火本體上方，接著將它埋入地下加以偽裝，形成只要一踏到箱子上，箱蓋便會分開的狀態。若是未發現它，直接從上方走過，壓力便會讓竹子從中分開，裡面的火繩便點燃火藥引爆。只是，由於是使用火繩，故而有效時間有所限制。

戰鎚槍是一枝武器兼作複數武器的兵器。這種武器的柄部是火槍可以發射出彈丸，乃是由義大利中部的城市翡冷翠（Firenze）所發明。安裝在鎚內的火槍爲燧發式槍機步槍（snaphance-lock gun，別項射擊228②）。此種武器的長處是於白刃戰等等的近身肉搏戰中，能給予敵人先發的一擊。

翡冷翠讓海軍裝備此樣武器，它被認爲是海戰中的一種有力兵器。然而，由於無法大量生產，裝配的程度僅止於數量有限的士官自費裝備而已。因此這種複合式兵器的種類多不勝數。

簧輪槍戰斧 wheellock war axe
ホィールロック・ウォー・アックス

長度：60～75cm　重量：3.0～4.0kg

16世紀
西歐

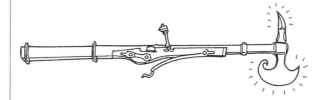

袖箭 xiu-jian
ちゅうせん，シウチエン

長度：20～30cm　重量：0.1～0.2kg

三國～明
（220～1644年）
中國

震天雷 zhen-tian-lei
しんてんらい，チェンティエンレイ

大小：16～20cm　重量：4.0～10.0kg

金～明（1115～1644年）
中國

子母鴛鴦鉞 zi-mu-yuan-yang-yue
しぼえんおうえつ，
ツームーユンヤンユエ

長度：40～50cm　重量：1.0～1.2kg

明～清（1368～1912年）
中國

　　子母鴛鴦鉞是由兩枚名爲「月牙」的新月狀刀刃組合而成的武器。使用時用手握住交互重疊的月牙中間的圓弧處。

　　之所以設計出這種武器，除了是要增加徒手攻擊時的威力，也是基於製造手指虎這類兵器的相同想法──強化拳頭。

　　類似的武器還有圈（quan，別項特殊298②），兩者的用途也無大差別，一般也認爲它們的誕生過程所差無幾。較大的差異，便是這武器是由自古即有的月牙形鋒刃所衍生，以及子母鴛鴦鉞主要著眼於割砍敵人這點。它被認爲和圈一樣是在明代時出現。

這武器是在**簧輪式槍機步槍**（wheel-lock gun，別項射擊234①）的槍身上**加裝斧刃**而成，不僅可當火器使用，也可作為來不及裝填彈藥時的肉搏戰兵器。可說是特別為了簧輪槍的缺點，也就是容易擊發失敗所準備的。不過與其說是為了上述這點而製造它，不如說它是基於「將各種武器組合在一起以應付各種狀態」的想法才被做出來。

不過因為當時簧輪槍是十分昂貴的兵器，所以這種特殊兵器流傳不廣。

種類相當豐富，從德國製造的木質槍身機種，到整枝由金屬打造，把槍管做斧柄用的都有。

袖箭屬於暗器，是一具裝有彈簧的中空短管，利用內部彈簧的彈力射出鋼鐵製的短箭。如果放在現代，這種裝置可能會讓人聯想起小孩用的鉛筆盒，但姑且不論這種裝置看來如何，袖箭這種武器確實是擁有強大殺傷力的。雖然射程由彈簧的強度決定，但最遠可射出100m。

據說為三國時代蜀國的智將之一──諸葛亮所發明，在他的著作《機輪經》中載有袖箭的製造方法。傳說中，宋代的霄鶴道士在四川省峨嵋山的石室中發現了《機輪經》，之後將其傳世，

但時至今日此書已然亡佚。

因為袖箭能藏於袖中無聲射殺目標，所以為刺客之流所愛用。原本只能射出一發，到了明代後又發明出了可射出多枝箭以及可連發的袖箭。

震天雷可說是早期的手榴彈。它是內填火藥的陶器或鐵器，以導火線負責引爆。

據說這項兵器是在金的時代被發明出來，而與金國交戰的南宋和蒙古亦有使用。元朝的軍隊在進攻日本時，也有使用會爆出巨響的震天雷。

震天雷的內容物不一定只有火藥，為了提高效果還會摻入蒺藜，或是加入釘有倒鉤的小木片。這些在爆炸後可以變成阻擋敵軍的障礙物。加入蒺藜的叫「西瓜炮」，後者叫做「火老鼠」。

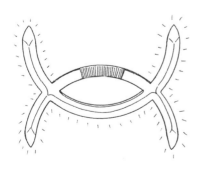

7
特
殊
W,X,Z

主要特殊武器的射程

艦用長矛	boarding lance	10〜15m
棒火矢	bōhiya	2180m
吹針	hukibari	1〜3m
火龍出水	huo-long-chu-shui	800〜2000m
鐵盾槍	iron shield pistol	5〜10m
迷你弩	miniature crossbow	10〜30m
神火飛鴉	shen-huo-fei-ya	500〜2000m
戰鎚槍	war hammer pistol	10〜50m
簧輪槍戰斧	wheellock war axe	10〜80m
袖箭	xiu-jian	100m

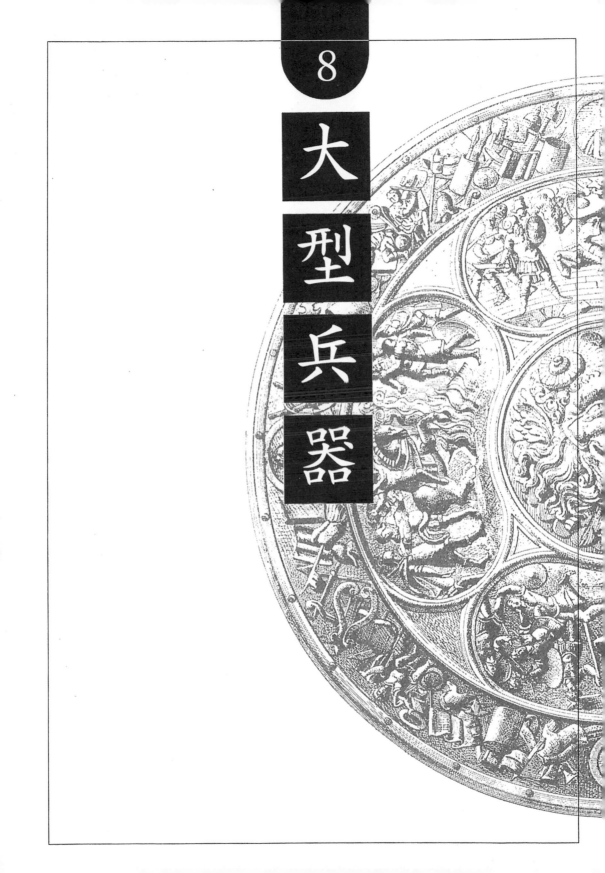

8

大型兵器

床弩 ballista
バリスタ

BC5～AD5世紀
古希臘/古羅馬

長度：100～200cm　重量：80～200kg

　　床弩是打古希臘時代起便已被使用的機械裝置，用來發射大型箭矢或石彈。它的發射原理利用了大型弓和絞緊繩索的反作用力，那繩索則是由毛髮或細繩編成。

　　與投石器（catapult，別項大型兵器316④）和石弩（onager，別項大型兵器324③）相較，

床弩擁有較直的射線。因此可以把一名一名的敵兵當作目標。事實上，據說羅馬軍在七五〇年攻打耶路撒冷（Jerusalem）時，就曾挖掘出一具頭骨和頭盔一齊遭床弩射出的箭貫穿的人骨。

　　羅馬軍使用的床弩有分大型、小型。而易於使用的小型床弩又被叫做「蠍弩」（scorpius），這

原型加農炮 breechloading cannon
ブリーチ・ローディング・キャノン

14～15世紀
歐洲

長度：100～200cm　重量：150～250kg

　　原型加農炮是進入十四世紀後才出現的一種最初期的大炮。由於炮身製作得很簡陋，所以有許多原型加農炮還包裹上鐵片、箍上鐵環加以強化，其中還有炮身上捆著皮帶補強的。而在用前面這些方法做好炮管後，就把它架在箱型的炮架上，要發射時則把炮架直接固定在地面上。雖說

製造技術原始又粗糙，但以當時的技術能力來說已是極限。

　　這種火炮在英法兩國進行百年戰爭中被英軍使用到戰場上。它的戰鬥紀錄包括了一三四六年八月二六日的克雷西戰役（Battle of Crecy）[303] 和一三四七年的加萊港（Calais）包圍戰。而在一

加農炮 cannon
キャノン

16～17世紀
歐洲

長度：300cm　重量：3500kg

　　這裡介紹的「cannon」並不像現代的「cannon」一字一樣有廣泛的意義[304]，而是特指一種大炮。這種炮是大口徑的重炮，是大炮剛開始在西歐出現的早期階段時所造出的。

　　火器當時在西歐開始登場，而首先進行的是大型炮生產技術的開發，並做出了許多大炮。基

本上，由於受炮管的強度左右這個現實問題，所以主流大炮都是前裝式。

　　當時的大炮，除了**加農炮**外還有名做「gun」和「bombard」的大炮，但三者的分別相當模糊。

　　依據法軍的紀錄，加農炮中有砲身超過

投石器 [305] catapult, catapulta
カタパルト

BC5～AD10世紀
歐洲

長度：200～300cm　重量：250～350kg

　　投石器是構造與石弩（onager，別項大型兵器324③）相仿的投石機器，不僅古希臘、古羅馬有使用，連中世紀的歐洲也有使用它。在使用繩索或毛髮的反作用力，以及絞車、棘輪這些點上都一樣。投石器放置石頭的末端會加工成投石索形狀或湯匙狀。而有些投石器除了可拋射石頭

外，也可以射出長槍或箭矢，機種相當豐富。

　　因為「catapult」一字在希臘語中是表示「揮、擺」的動詞，所以凡是裝有主幹的投射機器全都叫做這個名字。

　　如今我們最常看到的，是拉爾夫·培恩·蓋爾衛（Ralph Poyne-Gallwey）於二十世紀時復原

種床弩十分有名。

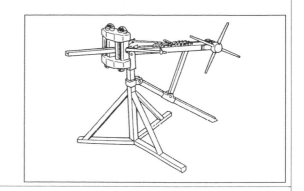

四二九年的奧爾良（Orleanes）圍攻戰中也有使用過。

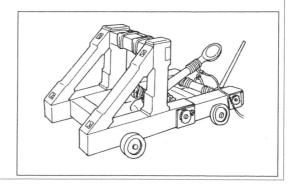

303 百年戰爭初期的一場戰役，發生於1346年，此戰結果英軍大勝。

3m，重量超過3500kg以上的龐然大物，拖拉一門炮必須要用上二十一匹馬。

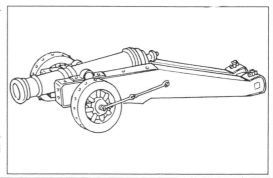

304 cannon一字也可譯作「火炮」，可作為加農炮、榴彈炮、迫擊炮等的通稱，於今日軍事上「加農炮」所指稱的火炮亦種類繁多。

的高塔式的投石器。

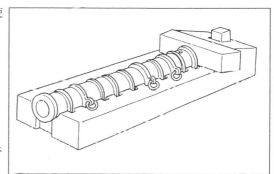

305 或譯為「弩砲」。

床子弩 chuang-zi-nu
しょうしど，チョワンツーヌー

戰國～南宋
（BC475～AD1279 年）
中國

長度：200～500cm　重量：80～250kg

　　床子弩是將弩（nu，別項射擊222 ②）大型化後安裝於固定式發射台（床子）上而成的兵器，著眼點在於犧牲機動力而增加威力。由於使用了三張弓，即使使用了絞車也無法輕易拉開，必須用三十個人來操縱。弓被拉開後，由射手以棍棒從上方敲開固定弓弦的扳機發射。

　　床子弩由於發射速度與機動性的問題，故並不當作對人用的攻擊兵器，主要用在攻城戰或海戰，在野戰中則用來攻擊戰車。

　　初期的床子弩顧慮到搬運問題而裝有車輪，但為了增加威力而逐漸大型化，變得需要一百人才能操縱它。

長管炮 culverin
カルバリン

15～17 世紀
歐洲

長度：120～300cm（炮身）　重量：1000～3000kg（炮身）

　　長管炮是十五世紀到十七世紀間所使用的大炮。「culverin」一字在拉丁語中是「蛇」的意思。這是因為當時的大炮口徑較小，炮身細長所以才取了這種稱呼。由於它的炮身固定在炮架上，所以能獲得穩定的彈道，此外，因炮架附有車輪所以容易搬運。甚至就算已經被固定在射擊位置上了，也可以改變炮身角度調整射程。

　　依據炮身的尺寸可分為大型長管炮（great culverin）、中型長管炮（bastard culverin）、小型長管炮（demi culverin），但每一種的構造都一樣。

虎炮 deg
デグ

18 世紀
南亞

長度：50cm　重量：150kg 左右

　　虎炮亦被稱為「degandaz」，是印度用的一種臼炮[306]，特點在於它的外觀。它的形狀故意做成老虎撐直前腳蹲坐的模樣，與中國用的虎蹲炮（hudunpao，別項特殊322 ①）相似。

　　虎炮是以青銅製作，一體成形的炮，但並未製造太多，只有提普蘇丹（Tipu Sultan，別名

「邁索爾之虎」〔Tiger of Mysore〕）[307]鑄造過一些而已。

　　這種炮的威力就當時的臼炮來說顯得平凡無奇，可以說它真正的威力在於它的外觀。從外形來看它不僅只是武器而已，甚至可以說是出色的工藝品，能夠顯示擁有它的人的威儀。在印度有

小鷹炮 falconet
ファルコネット

16～18 世紀
西歐

長度：100～150cm　重量：80～200kg

　　小鷹炮是重視機動性的小型野戰炮。不過，這種炮是運載能力不高的船艦在航向未知大海時的裝備，到了大航海時代後，由於要登陸未開發土地進行偵察之故，船上也會裝備它。

　　小鷹炮採用了裝有車輪的炮架，屬於近代兵器，炮身為青銅製。在調節火藥量後，可使用各式炮彈，最重可發射 1.3kg 的彈丸。雖說威力不是很大，但在對付對火藥一無所知的原住民時，效果也已綽綽有餘。在今日保存的資料中，曾有靠二門小鷹炮擊退了四百名來犯敵人的紀錄。

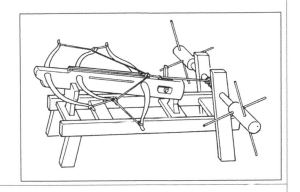

很多這種可以彰顯地位的火炮。

306 臼炮是一種口徑大炮身短的古老火炮，爲曲射式火炮。
307 生卒年 1750～1799，印度邁索爾地方（Mysore）的蘇丹，軍
　　事才能卓越，曾數度擊退進犯的敵軍。

佛朗機炮 fo-long-ji-pao
ふらんきほう，フォーランチーパオ

明（1368～1644年）
中國

長度：90～200cm（炮身）　重量：100～300kg

　　佛朗機炮也叫做「佛朗機」，這種炮是明代時自西歐輸入的大炮。「佛朗機」的意思是「法蘭克人」，乃是亞洲對當時的歐洲人的總稱，所以他們的炮就叫做佛朗機炮。

　　它的特點是炮身分為母炮與子炮，子炮中裝有彈藥，可藉著接連裝填子炮的方式進行連續射擊。缺點是若母炮與子炮的口徑不一致，便會洩漏火藥爆發的氣體而減損威力。另外，在火藥爆發威力太強的相反情況中，就變成會損害到母炮本身。

　　不過因為佛朗機炮擁有照門與準星，所以命中準確度非常高。

希臘火 greek fire
グリーク・ファイヤー

7～8世紀
東歐

長度：不詳　重量：不詳

　　希臘火是東羅馬帝國的艦隊用來燃燒敵艦或焚燒其他建築物的火焰發射器。據說發明者是希臘建築師卡立尼庫斯（Callinicus），但除此之外關於它的構造或是引火成分直至今日仍不得而知。有人說它是硝石、硫磺、瀝青的化合物，但由傳說中「可以在水上燃燒」、「只能用沙子撲滅它」這兩點來看，它的原料以石腦油[308]最為妥當。

　　雖然有一幅插畫描繪了裝在船頭的希臘火焚燒敵船的模樣，但依據推測，它在和敵船接戰時效果應該是不大的，而它的射程應該有超過30m。

砲 hŏ, pao
ほう，パオ

東漢～明（25～1644年）
中國

長度：500～1000cm　重量：400～1500kg

　　砲不使用火藥，是使用人力與槓桿原理投射石彈的兵器。負責發射石彈的主幹部分叫做「梢」，在梢的末端上綁有四十五到一百二十五條讓人拉扯的麻繩。當然，拉繩的人數越多威力就越大，不過發射的間隔和準備發射與裝彈的時間也會隨之變多。因此在野戰時幾乎都不會使用，大多是要做攻城戰時才會製造它。

　　像砲這種投石機的優點，是除了發射的彈丸的重量以外別無其他限制，射出的通常是石彈，但有時也會投射裝有火藥的震天雷（zhentianlei，別項特殊312③）。也因為這樣，所以即使到了火炮已登場的明代，它仍繼續被使用。

紅夷炮 hong-yi-pao
こういほう，ホンイーパオ

明末～清
（1600～1912年）
中國

長度：150～200cm（炮身）　重量：250～350kg（炮身）

　　紅夷炮是明末到清末間使用的大炮，有從西歐直接輸入的，也有中國仿製的。

　　在一六〇四年明軍與荷蘭交戰時，明軍遭到荷蘭人所用的這種大炮的威力壓制，因為明人稱荷蘭人為「紅毛夷」，所以荷蘭人的炮便被叫做「紅夷炮」。

　　明朝記取了這次教訓後，首度在一六一八年輸入了這種炮，並在一六二一年時成功仿造出這種火炮。在一六二九年時已經製造了一千門以上的紅夷炮，將其配備在各個要衝與都市據點。

　　雖然紅夷炮的射程、強度、威力都無可挑剔，但因為發射速度的問題，故而主要是用在防

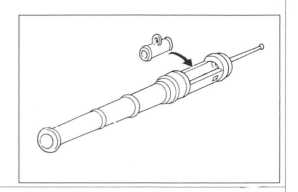

308 napatha，由煤或石油中得到的碳氫混合物，易燃。

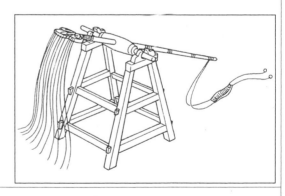

禦、攻擊據點上。

虎蹲炮
hu-dun-pao
こそんほう，フートゥンパオ

明（1368～1644年）
中國

長度：60～70cm　重量：20～25kg

　　虎蹲炮乃明代名將戚繼光所發明之火炮。因射擊時的預備模樣看來如虎蹲踞，因此取了此名。在他與倭寇的戰鬥中，爲了壓制神出鬼沒的倭寇手中的鳥銃（niao-chong，別項射擊222①），需要小型、輕便而射程長的火器。而由此設想而來的火器便是虎蹲炮。此炮一次可射出一百發鳥銃用的彈丸，且因射程長達2km，故可攻擊鳥銃射程之外的目標。

　　這種輕巧適於搬運的火炮後來成爲明軍的重要兵器，連重視機動力的騎兵部隊也有裝配。

回回砲
hui-hui-pao
ふいふいほう,ホイホイパオ

元～明（1234～1644年）
中國

長度：1000cm左右　重量：800kg左右

　　回回砲是應用了槓桿原理的武器，將原本用人力投射的砲，改良成了用石頭等重物的重量進行拋射。這樣做的結果便是減少了需要的操作員數量，並獲得穩定的射程與威力。這種設計並非中國獨創，乃是由伊斯蘭世界傳入，是元代勢力範圍擴大的結果。

　　回回砲的大小曾因目標不同而改良過，但其中最大的，是在南宋與蒙古長期鏖戰的襄陽所造的襄陽砲。此砲在一二七二年造成，因在襄陽之戰中大顯神威所以得名「襄陽砲」。

石火矢
ishibiya
いしびや

室町後期～江戶
（1573～1868年）
日本

長度：190～250cm（炮身）　重量：300～400kg

　　石火矢是外國傳入日本的大炮，《武用弁略》中稱它爲「佛朗機」或「發朗機」。出現於室町時代末期，幾乎所有的石火矢都是以青銅製成。發射彈丸的方式是將子炮裝入母炮後發射（參照佛朗機炮 fo-lang-ji-pao，別項大型兵器320①），子炮是個小型炮管，裡面用前裝方式裝有火藥與炮彈。大多數的石火矢使用的火藥量都是一貫目[309]。

　　最早在天正年間（1573～1591年）由豐後（今日本大分縣）的大友宗麟（Otomo Sorin）購入後命名爲「崩國炮（kunikuzushi）」並開始用於戰場上。但與它消耗的火藥量相比，殺傷力實在低弱，於是不用於野戰而改用於攻城戰，在《信

猛火油櫃
meng-huo-you-gui
もうかゆき，モンフォユーコイ

宋（960～1279年）
中國

長度：150cm（推測）　重量：50kg（推測）

　　猛火油櫃是種火焰發射器，使用了含有石油成分被稱爲「猛火油」的石腦油。石腦油是將石油蒸餾而成的液體，沸點低而易燃，並且無法用水澆滅它的火焰，如果要滅火，只能用沙土蓋火隔絕氧氣。

　　利用了這種延燒特性的猛火油櫃，在攻城戰中被用來焚燒攀爬城牆的敵人，在海戰中則用來焚燒敵艦。

　　猛火油（石腦油）乃是在五代時期由中東、近東傳入中國之物，在那之前，阿拉伯世界早已使用石腦油做出了類似火焰彈的武器。雖然石腦油被傳入中國內，但直到宋代後才能在本國自

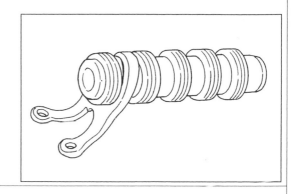

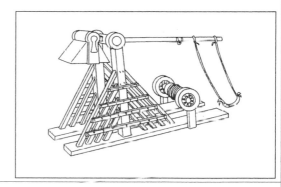

長記》、《伊達日記》、《箕輪軍記》等書中皆可
散見石火矢之記述。

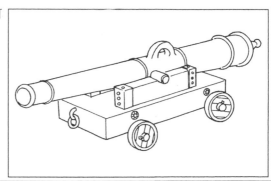

309 貫目爲日本古代單位，約 3.75kg。

行生產，也因此才能做出猛火油櫃。

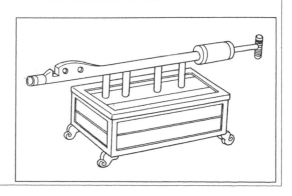

米爾密特炮 milemete cannon
ミルメート・キャノン

14世紀
西歐

長度：50～100cm　重量：40～80kg

　　米爾密特炮是瓦爾特・德・米爾密特（Walter de Millemete）在十四世紀前半完成的手寫書中出現的壺狀原始火炮。據說這本手寫書的內容是在記述「關於眾王的責任」，是用來進獻給愛德華三世（Edward III）的書籍[310]。這種火炮上面有火門，但依據書中所記，它發射的不是炮彈而是巨箭。而且必須要先安裝到台座上才能進行發射，所以會耗費許多時間。

　　雖然無法對它作為武器的威力有太大的期待，但光憑它使用的當時還很罕見的火藥這一點，就已經能對敵人的心理帶來極大的震撼效果。

蒙斯・梅格巨炮 mons meg
モンス・メグ

15～16世紀
西歐

長度：404cm　重量：6040kg

　　蒙斯・梅格巨炮是勃艮第（Burgundy）大公菲力浦（Philip）下令製作的巨大大砲。這門炮使用了製作鐵匠——拖雷普（Trabe）的凱力恩（M'Kerin）的妻子蒙蘭斯・梅格（Mollance meg）的名字，於是被叫做「蒙斯・梅格」（mons meg）。之後它在蘇格蘭大顯神威，在那裡這種炮被叫做「麥格納炮」（magna bombarda）。

　　此炮在一四四九年六月完成，但在一四五三年五月才實際運用於戰爭，並在一四五七年被贈與蘇格蘭。由於重量極重，所以缺點是它只能在水上搬運，但仍至少被一直使用到十七世紀。

　　與它同種類的火炮中。還有比它更巨大，叫

石弩 onager
オナガー

BC3～AD4世紀
古希臘/羅馬

長度：300～500cm　重量：300～400kg

　　石弩是古希臘、古羅馬所使用的古典攻城器具，相傳在西元前三世紀時便已開發出來。裡面裝有一隻主幹（arm），主幹末稍有投石索，再用以長繩或毛髮編成的粗繩夾住主幹另一端，並固定粗繩兩頭，然後用絞車和棘輪裝置扭緊粗繩，利用它的反作用力來投石。

　　「onager」一字是「野驢」的意思，這是因為主幹發射時會大力擊上擋在前方的緩衝墊，樣子就像野驢踢腿一樣，因而才取這個名字。

　　所投射石頭的重量可以分為10麥納（mina）[311]跟30麥納。麥納是古代的重量單位，1麥納等於437.5g。

排炮 ribaudequin, ribauld
リボドゥカン

14～16世紀
西歐

長度：200～250cm　重量：150～250kg

　　排炮是多炮管的齊射炮，因為並排的多隻炮管看來就像管風琴，所以也被叫做管風琴炮。射手為一或二人，點火後它會將彈丸一次同時射向敵軍。

　　排炮的最早評價出現在一三三九年時，它被認為是當時的劃時代兵器。在一三八二年時有隻軍隊備有二百門排炮，至於勃艮第公國更在一四一一年之前就裝備了二千門排炮。一四五七年時排炮曾成功阻擋威尼斯軍的重裝騎兵攻擊，在對付法軍時也取得了同樣的戰果。

　　然而排炮雖可以齊射卻無法連射，一齊射出彈丸便已是它的極限。

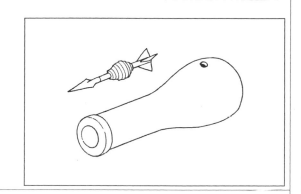

310 此書叫《論國王的職責》（De Offciis Regnum）。

做「dulle griet」的大炮。

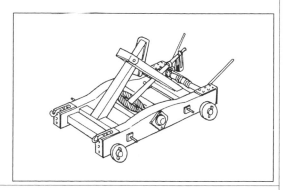

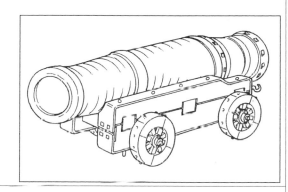

311 此爲古希臘、埃及等地的重量、貨幣單位。

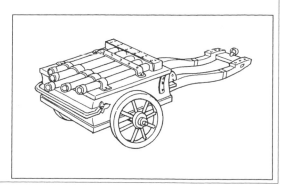

夏提那爾炮　**shutermal**
シャテーナル

16～19世紀
南亞

長度：100～150cm　重量：150～200kg

夏提那爾炮是印度使用的小型火炮，配有迴轉式的台座。其中最有名的就是放在駱駝背上搬運的夏提那爾炮，它被稱爲「駱駝炮」。但也因此讓人產生了它可以在駱駝背上發射的誤會，其實這種炮是絕對不可能這樣射擊的。

而因爲它的機動性優越，所以即使是在山岳地帶也容易移動。由於印度地區爲險峻的自然屏障所環繞，故而即使是小型火砲，也仍必須重視機動性。

這種炮的威力勝過小型火銃，發射速度則比大炮快。畢竟，作爲步兵的支援火器，還是以輕易能轉換射擊目標的火炮爲佳。

重力拋石器　**trebuchet, trabutium**
トルバシェット

13～15世紀
歐洲

長度：800～1000cm　重量：500～1000kg

重力拋石器是投石機中最大的一種。在中世紀時代的歐洲，直到火器大盛以前，它一直被使用在攻城戰中，是利用槓桿原理進行攻擊。爲了投石，在主幹的一端裝有沙子或石頭作爲重物，要使用絞車、繩索和滑輪才能把另一端降下裝彈。又，有時也會動員人力來取代彈射主幹的重物，改用人力發射。主幹的末端安有投石索，而因爲這種使用投石索的機型難以控制射出石頭的時間點，所以都將設計的重點放在這點上。在皮歐雷迪克殘留至今日的那張有名設計圖裡，就詳盡地記錄了投石部位的構造。

烏爾班巨炮　**urban**
ウルバン

15世紀
中東、近東

長度：800cm　重量：19000kg

烏爾班巨炮是穆罕默德二世（Mohmmed II）[312]爲了攻下君士坦丁堡（Constantinople）[313]而在安德里安堡（Anrianople）[314]臨時成立的鑄造所中，在丹麥人技師的指導下造出的青銅鑄造炮。要搬運這座巨炮需要三十輛四輪車、六十頭公牛，以及二百名人員，另外還需要二百五十名士兵先行補強道路與橋樑，一日的移動距離只有4km，而且在安裝好後，由於巨炮射出的炮彈會加熱炮身，所以一天只能打七發。

圖中的炮並非是烏爾班巨炮，而是一四六七年製造，在一八六七年由身爲蘇丹的阿布杜勒阿齊茲（Abdulazia oglu Mahmud II）贈與英國維多

旋風砲　**xuan-feng-pao**
せんふうほう，シュワンフォンパオ

宋/西夏（960～1279年）
中國

長度：500～600cm　重量：300～400kg

旋風砲是使用人力以及槓桿原理來投射石彈的兵器，這幾點和在它之前的砲（pao，別項大型兵器320[3]）並無太大分別。然而旋風砲有些性能比原來那些砲來得優越，那就是固定旋風砲的支柱可以旋轉。因此可以自由改變發射石彈的方向。發射石彈的主幹叫做「梢」。

代表性的旋風砲，綁在梢上的麻繩總共有四十條，每條長約12m，需要五十人來操作，一人負責一條繩索。

旋風砲還分有好幾種種類，有裝在車上的旋回車砲，還有將五隻砲梢裝在一起的旋回五砲。

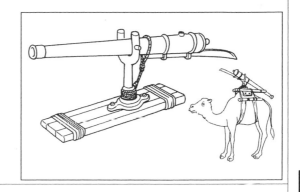

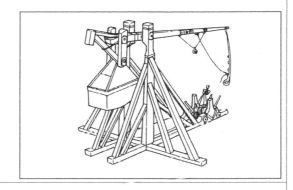

利亞女王（Victoria），安置于達達尼爾海峽
（Dardanelles）的巨炮。據說它的大小與烏爾班巨
炮最爲近似。

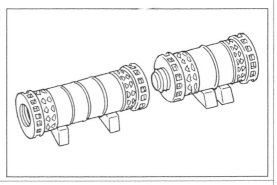

312 1432～1481年，爲鄂圖曼帝國之奠基人。
313 土耳其首都伊斯坦堡（Istanbul）之舊稱。
314 此地爲今日土耳其西部的埃迪爾內（Edirne）。

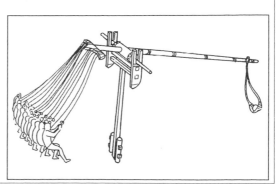

大炮

❶炮身：barrel：バレル
❷炮架：carriage：キャリージ
❸輪子：wheel：ホイール
❹炮耳：trunnion：トラニオン
❺火門：touch hole：タッチ・ホール

主要大型兵器的射程

床弩	ballista	300～400m	虎蹲炮	hu-dun-pao	1500～2000m
原型加農炮	breechloading cannon	80～140m	回回砲	hui-hui-pao	100～150m
			石火矢	ishibiya	300～800m
加農炮	cannon	200～700m	猛火油櫃	meng-huo-you-gui	30～100m
投石器	catapult	325m			
床子弩	chuang-zi-nu	200～300m	米爾密特炮	milemete cannon	50～100m
長管炮	culverin	300～800m	蒙斯·梅格巨炮	mons meg	1300～2500m
虎炮	deg	100～500m	石弩	onager	375～400m
小鷹炮	falconet	150～400m	排炮	ribaudequin	100～150m
佛朗機炮	fo-lang-ji-pao	500～1000m	夏提那爾炮	shutermal	100～200m
希臘火	greek fire	30m以上（推測）	重力拋石器	trebuchet	275m
砲	ho, pao	80～150m	烏爾班巨炮	urban	800～1600m
紅夷炮	hong-yi-pao	1000～9000m	旋風砲	xuan-feng-pao	75～100m

参考文献

新紀元社刊

- ●篠田耕一／武器と防具・中国編／1992
- ●戸田藤成／武器と防具・日本編／1994
- ●市川定春／武器と防具・西洋編／1995
- ●市川定春と怪兵隊／武勲の刃／1989
- ●市川定春と怪兵隊／幻の戦士たち／1988
- ●Truth in Fantasy編集部編／武器屋／1991

日本語資料

- ●飯田一雄／刀剣百科年表／刀剣春秋新聞社／1970
- ●石井昌国／蕨手刀／雄山閣／1966
- ●石田保昭／ムガル帝国／吉川弘文館／1982
- ●岩堂憲人／世界銃砲史（上下）／国書刊行会／1995
- ●伊東政之助／世界戦争史／原書房／1984
- ●江上波夫／騎馬民族国家／平凡社／1986
- ●小沢郁郎／世界軍事史／同成社／1986
- ●加茂儀一／騎行・車行の歴史／法政大学出版局／1980
- ●川口のぼる／日本刀剣全史／歴史図書社／1972
- ●斉藤利生／武器史概説／学献社／1987
- ●笹間良彦／日本武道辞典／柏書房／1982
- ●笹間良彦／図録日本の武具甲冑事典／柏書房／1980
- ●末永雅雄／日本上代の武器／弘文堂書房／1941
- ●佐藤堅司／世界兵法史（西洋篇）／大東出版社／1942
- ●清水広一郎／中世イタリア商人の世界／平凡社／1982
- ●塩野七生／レパントの海戦／新潮社／1987
- ●高橋通浩／世界の民族地図／作品社／1994
- ●所荘吉／図解古銃事典／雄山閣／1987
- ●戸谷敏之／新版イギリス・ヨーマンの研究／御茶の水書房／1976
- ●中川芳太郎／英文学風物誌／研究社／1950
- ●名和弓雄／図解　隠し武器百科／新人物往来社／1977
- ●名和弓雄／十手・捕縄事典／雄山閣／1996
- ●二木謙一／長篠の戦い／学習研究社／1989
- ●西澤龍生／近世軍事史の震央／彩流社／1992
- ●沼田鎌次／新版・日本の名槍／雄山閣／1972
- ●藤原稜三／格闘技の歴史／ベースボールマガジン社／1990
- ●前嶋信次、加藤九祚／シルクロード事典／芙蓉書房／1993
- ●森義信／西欧中世軍制史論／原書房／1988

参考文獻

- ●日本刀講座／雄山閣／1935
- ●日本刀講座別巻／雄山閣／1935
- ●日本の戦史／徳間書店／1965
- ●太平記／角川書店／1985
- ●倭冦／教育社歴史新書／1982
- ●原本現代訳シリーズ全点／教育社新書／1980～
- ●中国の科学文明／中公新書／1970
- ●中国の城郭都市／中公新書／1991

和訳資料

- ●アミール・アリ／回教史／善隣社／1942
- ●アーサー・フェリル／戦争の起源／河出書房新社／1988
- ●アズディンヌ・ベシャウシュ／カルタゴの興亡／1994
- ●ウルリッヒ・クレーファー／オスマン・トルコ帝国／佑学社／1982
- ●オットー・ボルスト／中世ヨーロッパ生活誌1・2／白水社／1985
- ●グラント・オーデン／西洋騎士道事典／原書房／1991
- ●J.H.エリオット／スペイン帝国の興亡／岩波書店／1982
- ●J.チャドウィック／ミュケーナイ文明／みすず書房／1983
- ●ジェフリ・パーカー／長篠合戦の世界史／同文館／1995
- ●スティーブン・ランシマン／十字軍の歴史／河出書房
- ●チャールズ・シンガー　E.J.ホームヤード　A.R.ホール／技術の歴史／筑摩書房／1975
- ●デヴィット・ウィルソン／アングロ＝サクソン人／晃洋書房／1983
- ●ハインリヒ・プレティヒャ／中世への旅・騎士と城 ／白水社／1982
- ●ハインリヒ・プレティヒャ／中世への旅・都市と庶民／白水社／1982
- ●ハインリヒ・プレティヒャ／中世への旅・農民戦争と傭兵／白水社／1982
- ●B.アルムグレン／図説・ヴァイキングの歴史／原書房
- ●マルカム・フォーカス　ジョン・ギリンガム／イギリス歴史地図／東京書籍／1983
- ●ヨハン・ベックマン／西洋事物起源（I－III）／ダイヤモンド社／1980
- ●リチャード・バーバー／アーサー王／東京書籍／1984
- ●ロベール・ドロール／象の物語／創元社／1993
- ●カエサル／ガリア戦記／講談社学術文庫／1994／國原吉之助　訳
- ●タキトゥス／同時代史／筑摩書房／1996／國原吉之助　訳
- ●クセノポン／アナバシス／筑摩書房／1982／國原吉之助　訳
- ●プリニウス／プリニウスの博物誌（I－III）／雄山閣／1986
- ●フラウィウス・ヨセフス／ユダヤ戦記（I-3）／1975
- ●八行連詩アーサー王の死（完訳）／ドルフィンプレス／1986／清水あや　訳
- ●アーサーの死（完訳）／ドルフィンプレス／1989／清水あや　訳
- ●ベーオウルフ　附フィンスブルク争乱断章／吾妻書房／1966／長埜盛　訳

参考文献

●武器／マール社／1982　ダイヤグラム・グループ編　田島優　北村孝一　共訳

通史、事典等

●中国の歴史／講談社文庫／1991
●中国の歴史／岩波新書／1970
●世界の歴史／教養文庫／1974
●世界の歴史／中公文庫／1975
●世界の歴史／岩波書店／1971
●世界歴史／民主評論社／1950
●岩波講座・世界歴史／岩波書房／1969〜
●明と清／河出書房新社／1969
●日本史事典／創元社／1980
●西洋史事典／創元社／1980
●東洋歴史大辞典／臨川書店／1986
●週刊朝日百科　世界の歴史（66〜71,73,78）／朝日新聞社／1981
●週刊朝日百科　日本の歴史（15,31）／朝日新聞社／1981
●図説科学・技術の歴史／朝倉書店／1985　平田寛
●天工開物／平凡社東洋文庫／1969
●倭漢三才図絵／平凡社東洋文庫／1969
●古事類苑（普及版）：武技、兵事部／吉川弘文館／1976
●東南アジアを知る事典／平凡社／1986
●アフリカを知る事典／平凡社／1989
●オセアニアを知る事典／平凡社／1990
●南アジアを知る事典／平凡社／1992
●インドネシアの事典／同朋社／1991
●フィリピンの事典／同朋社／1992
●タイの事典／同朋社／1993
●イスラム事典／平凡社／1982
●地図で知る東南・南アジア／平凡社／1994
●東南アジア史／白水社／1970
●モードのイタリア史／平凡社／1987
●大航海時代叢書 I 、 II ／岩波書店／1985〜
●星と舵の航跡／ノーベル書房／1975
●船の歴史事典／原書房／1985

洋書資料

●A.Hanoteau,A.Letourneux/La kabylie et les coutumes kabyles 1-3/Challamel/1893
●A.M.Snodgrass/Arms and Armour of the Greeks/Thames & Hudson/1967

参考文献

● A.Raponda-Walker,R.Sillans/Rites et croyances des peuples du Gabon/Presence Africaine/1962

● A.V.B.Norman/Arms and Armour/Octopus Books/1972

● A.V.B.Norman/The Rapier and Small Sword/A&A/1980

● A.V.B.Norman/The Medieval Soldier/Barnes & Noble/1971

● A.V.B.Norman,G.M.Wilson/Treasures from the Tower of London/1983

● Abu'l-Fazl Allami/Ain-I Akbari (1-3)/Oriental Books/1977

● Alan Borg/Two Studies in the History of the Tower Armouries/Society of Antiquaries/1976

● Alan Young/Tudar and Jacobean Tournaments/George Philip/1987

● Alfred H.Burne/The Battlefields of England/Greenhill Books/1996

● Alfred Hutton/The Sword and the centuries/Tuttle/1973

● Alfred S.Bradford/Phillip II of Macedon/Praeger/1992

● Anthony Snodgrass/Eary Greek armour and weapons/Edinbvrgh/1964

● Ann Hyland/The Medieval Warhorse/Alan Sutton Pub.Ltd./1994

● Ann Hyland/Training the Roman Cavalry/Alan Sutton/1993

● Anne Steel/A Roman Gladiator/Wayland/1988

● Bezalel Bar-Kochva/Judas Maccabaeus/Cambridge/1989

● Bradford B.Broughton/Dictionary of Medieval Knighthood and Chivalry/Greenwood Press/1986

● Bryan Perrett/The Battle Book/A&AP/1992

● C.V.Wedgwood/The Thirty Years War/Pimlico/1994

● Charles Boutell/Arms and Armour/Combined Books/1996

● Charles Chenevix Trench/A History of Horsemanship/Longman Group Limited/1970

● Charles Fox-Davies/The Art of Heraldry/Bloomsburt Books/1986

● Charles Foulkes/The armourer and his craft/Dover/1988

● Charles Henry Ashdown/European Arms & Armour/Brussel & Brussel/1967

● Charles Mills/The History of Chivalry Vol.1-2/A.&R./1825

● Charles Oman,Sir/The Art of War in the Middle Ages(1-2)/Greenhill Books/1991

● Charles Oman,Sir/The Art of War in the Sixteenth Century/Greenhill Books/1991

● Charles Stewart Grant/From Pike to shot 1685 to 1720/WRG/1986

● Christopher Rothero/Medieval military dress 1066-1500/Blandford/1983

● Christopher Spring/African arms and armour/British Museum Press/1993

● Claude Blair/European Armour/Batsford/1958

● D.C.Phillott/The Ain-i-Akbari Vol1-3/MMP/1980

● D.Freeman/Report on the Iban/Athlone Press/1970

● David Blackmore/Arms & Armour of the English Civil Wars/Royal Armouries/1990

● David Edge,J.M.Paddock/Arms & Armor of the Medieval Knight/Crescent/1988

● David Eggecberger/An Encyclopedia of Battles/Dover Publications/1985

● David G.Chandler/The Art of warfare in the Age of Marlborough/Spellmount Staplehurst/1994

● David G.Chandler/The Art of warfare on land/Hamiyn/1974

参考文献

●David Nicolle/Medieval warfare source book Vol.1/A&AP/1995

●David Smurthwaite/Battlefields of Britain/Mermaid Books/1993

●Duncan Head/The Achaemenid Persian Army/Montvert Publications/1992

●Duncan Head/Armeies of the Macedonian and Punic Wars /WRG/1982

●E.E.Viollet-le-Duc/Military Architecture/Greenhill Books/1990

●Edward Frey/The Kris/Oxford University Press/1988

●F.Kottenkamp,Dr/The History of Chivalry and Armor/Portland House/1988

●F.L.Taylor/The Art of war in Italy 1494-1529/Greenhill Books/1993

●Frank Graham/The Outpost forts of hadrian's Wall/1983

●Francesco Rossi/Mediaeval arms and armour/Magna books/1990

●G.Lindblom/The Akamba in British East Africa/Appelbergs Boktrycheri Aktiebolag/1920

●G.Lindblom/The Westen Dinka/Routledgc & Kegan Paul/1958

●G.N.Pant/Indian Shield/Army Educational Stores/1982

●G.N.Pant/Indiam Archery/Agam Kala Prakashan/1978

●G.R.Watson/The Roman Soldier/Cornell/1981

●George Gush/Renaissance Armies 1480-1650/PSL/1975

●George H.Powell/Duelling Stories of the Sixteenth Century/A.H.Bulle/1856

●Glenn Foard/Colonel John Pickering's Regiment of Foot 1644-1645/ Whitstable & Walsall/1994

●Godfrey Goodwin/The Janissaries/Saqi Books/1994

●Government Bookshops/Crossbows/1976

●H.H.Scullard/The Elephant in the Greek and Roman world/Thames and Hudson/1974

●H.J.Fisher/The Cambridge History of Africa (1-4)/Cambridge University Press/1975

●H.Ling Roth/The Natives of Sarawak and Brittish North Borneo,2Vol/Truslove and Hanson/1896

●H.M.D.Parker/The Roman Legions/Barnes & Noble/1993

●H.Russell Robinson/What soldiers wore on Hadrian Wall/Frank Graham/1976

●Harold H.Hart/Weapons & Armor/Dover/1978

●I.H.Kawharru/Maori Land Tenure/Claredon Press/1977

●Ian Heath/Armies of the Dark Ages 600-1066/WRG/1979

●Ian Heath/Armies and Enemies of the Crusades 1096-1291/WRG/1978

●Ian Heath/Armies of Feudal Europe 1066-1300/WRG/1989

●Ian Heath/Armies of the Middle Ages,Vol.1-2/WRG/1984

●Ian Shaw/Egyptian Warfare and Weapons/Shire Publications LTD./1991

●Ian V.Hogg/The History of Fortifcation/Orbis Publising/1981

●Ian V.Hogg/The Encyclopedia of Weaponry/Wellfleet Press/1992

●Ian V.Hogg/The Guinness Encyclopedia of Weaponry/Guinness/1992

●Ivo Fossati/Gli Eserciti Etruschi/E.M.I./1987

●J.B.Crain/Essays on Borneo Scieties/Oxford University Press/1978

●J.H.Hutton/The Sema Naga/Macmillan/1921

參考文獻

●J.P.Etcheverry/Arthur de Richemont le Justicier/France-Empire/1983

●J.R.Hale/Rnaissance War Studies/The Hambledon Press/1983

●J.Vansina/The Children of Woot/University of Wisconsin Press/1978

●Jacob de Gheyn/The Exercise of Armes/Greenhill Books/1989

●Jagadish Narayan/The Art of War in Medieval India/MMP/1984

●Jane Watkins/Studies in European Arms and Armor/University of Pennsylvania Press./1992

●Jhon D.Clare/Knights in Armour/Bodley Head/1991

●Jhon Ellis/The social history of the Machine Gun/Campbell Thomson & McLaughlin Ltd./1975

●John France/Victory in the East/Cambridge/1994

●John Keegan/The Face of Battle/Military Heritage Press/1976

●John Peddie/The Roman war machine/Alan Sutton Pub.Ltd./1994

●John Hackett,General Sir,/Warfare in the Ancient world/S&J/1989

●John Macdonald/Great battle fields of the world/Marshall Editions Ltd./1984

●John William/Atlas of Weapons and War/Aldus Books/1976

●Jim Bradbury/The Medieval Archer/Boydell/1985

●K.Jeremy/The Tuareg/St.Martin'Press/1977

●Karen R.Dixon,Pat Southern/The Roman cavalry/B.T.Bataford Ltd/1992

●Keith Roberts/Barriffe:A Civil war drill book/Partizan Press/1988

●L.Spragude de Camp/The Ancient Engineers/Ballantine Books/1988

●Leonard Cottrell/Hannibal/Da Capo Press/1992

●Lena Rangstrom/Riddarlek och Tornerspel/Livrustkammaren Stockholm/1992

●Liliane & Fred Funcken/Arms and Uniforms Part 2/Ward Lock/1978

●M.C.Bishop,J.C.N.Coulston/Roman Military Equipment/Batsford Book/1993

●M.J.Herskovits/Dahomey/Evanston/1938

●M.Nag/Ethnic Groups of Mainland Southeast Asia/HRAF/1964

●M.R.Holmes/Arms & Armour in Tuder & Stuart/London Museum/1957

●Mario Troso/Le Armi in asta/Istituto Geografico de Agostini/1990

●Matthew Balent/The Compendium of Weapons,Armour & Castles/Palladium Books/1989

●Matthias Pfaffenbichler/Armourers/British Museum Press/1992

●Maurice Ashley/The Battle of Naseby/St.Martin's Press/1992

●Martin Monestier/Peines de Mort/Le Cherche Midi Editeur/1994

●Michael Grant/The Army of the Caesars/Weidenfeld and Nicolson/1974

●Michael Simkins/Warriors of Rome/Blandford/1988

●Michele Byam/Arms & Armour/Dorling Kindersley/1988

●Mikhael V. Gorelik/Warriors of Eurasia/1995

●Nick Sekunda/The Seleucid Army/Montvert Publications/1994

●Nigel Stillman,Nigel Tallis/Armies of the Ancient Near East 3,000 BC to 539 BC/WRG/1984

●P.C.Gilhodes/The Kachins:Religion and Customs/Cathdic Orphan Press/1922

參考文獻

●P.G.Gowing,R.D.McAmis/The Muslim Filipinos/Solidaridad Publishing House/1974

●P.K.Bhowmick/The Lodhas of West Bengal/Punthi Pustak/1963

●P.R.T.Gurdon/The Khasis/David Nutt/1909

●Paddy Griffith/The Viking art of war/Greenhill Books/1995

●Peter Connolly/Greece and Rome at War/Macdonald/1981

●Peter Connolly/Tiberius Claudius Maximus The Cavalryman/Oxford/1988

●Peter Gaunt/A Nation under siege/HMSO/1991

●Peter Krenn,Walter J.Karcheski Jr/Imperial Austria Treasures of Art,Arms & Armor/Prestell/1993

●Peter Young,John Adair/From Hastings to Culloden/The Roundwood Press/1979

●Philip Haythornthwaite/The English Civil War/A&A/1984

●Philip A.Haige/The Military Campaigns of the Wars of the Roses/Alan Sutton/1995

●Peter Hammond/Royal Armouries/Tower of London/1986

●R.Ewart Oakeshott/The Archaeology of Weapons/Lutterworth/1960

●R.Ewart Oakeshott/Records of the Medival Sword/Boydell/1991

●R.Ewart Oakeshott/The Sword in the Age of Chivalry/Praeger/1964

●R.Stephen Irwin,M.D./The Indian Hunters/Hancock House/1994

●R.Firth/Economics of the New Zealand Mauri/R.E.Owen/1959

●Ralph Payne-Gallwey,Sir/The Crossbow/Holland Press/1903

●Raphaela Lewis/Everyday life in Ottoman Turkey/1965

●Richard Barber,Juliet Barker/Tournaments/Boydell Press/1989

●Richard Dufty/European Swords and Daggers in the Tower of London/HMSO/1974

●Richard F.Burton/The Book of the Sword/1884

●Robert Hardy/Longbow/Mary Rose Trust/1976

●Robert Held/Art,Arms and Armour Vol.1/Acquafresga editrice/1979

●Robert Gardiner/The age of the Galley/1995

●Roeland Embleton/Housesteads in the day of Romans/Butler & butler/1988

●Roeland Embleton,Frank Graham/Hadrian's Wall in the day of the Romans/Frank Graham/1984

●Ross Hassing/Aztec Warfare/Oklahoma Press/1988

●Roy Boss/Justinian's Wars/Montvert Publications/1993

●Royal Armouries/The Royal armouries of ficial guide/1986

●Richard W.Kaeuper/War,Justice and public order/C.P.Oxford/1988

●S.Clifford/Bajaw Laut/HRAF/1977

●S.William/DON・JOHN of AVSTRIA Vol.1-2/Longmans,Green,and Co./1833

●S.K.Bhakaru/Indian Warfare/Munshiram Manoharlal Pub./1981

●Stephen Pollington/The Warrior's Way/Blandford/1989

●Stephen Turnbull/The Book of the Medieval Knight/A&A/1985

●Stuart Reid,Gerry Embleton/Like Hungry Wolves/Windrow & Greene/1994

●Susanna Perzolli/Mediaeval arms and armor/Magna Books/1990

参考文献

●Syed Zafar Haider,Dr./Islamic Arms and Armour of Muslim India/Bahadur Publisher Lahore/1991

●T.H.Roeland,M.A./Short Guide of the Roman Wall/Butler & butler/1988

●Theodore Ayrault Dodge/Alexander Vol.1-2/Greenhill Books/1993

●Theodore Ayrault Dodge/Hannibal Vol.1-2/Greenhill Books/1993

●Theodore Ayrault Dodge/Caesar/Greenhill Books/1995

●Theodore Ayrault Dodge/Gustavus Adolphus/Greenhill Books/1996

●Thomas Bulfinch/Bulfinch's Mythology/Avenel Books/1978

●Thomas Hodgkin/Huns,Vandals and the fall ob the Roman Empire/Greenhill Books/1996

●Tim Newark/The Barbarians/Blandford Press/1985

●Tim Newark/Celtic Warriors/Blandford Press/1987

●Tim Newark/Medieval Warlords/Blandford Press/1986

●Trevor Cairns/Medieval Knights/Cambridge/1991

●V.Vuksic,Z.Grbasic/Cavaley 650BC-AD1914/Cassell Book/1993

●Vesey Norman/Arms and Armour/Octopus Books/1972

●Vezio Melegari/The Great Military sieges/New English Library/1972

●Vladimir Dolinek,Jan Durdik/The Encyclopedia of European Historical Weapons/Hamlyn/1993

●W.F.Paterson/A Guide of the Crossbow/1986

●W.J.Argyele/The Fon of Dahomey/Clarendon Press/1966

●W.W.Greener/The Gun and its development/A&AP/1986

●Walter J.Karcheski,Jr./Imperial Austria/Prestel/1992

●William M.Cooper/History of the Rod/Wordsworth/1988

●William Gilkerson/Boarders Away/Andrew Mowbray,INC./1991

●William H.Prescott/The Art of war in Spain/Greenhill Books/1995

●William Ledyard Rodgers/Naval Warfare Under Oars/1984

●William Seymour/Battled in Britain Vol.1-2/BCA/1977

●William Reid/Weapons Through the Ages/Peerage Books/1984

●William Reid/Buch der Waffen/ECON/1976

●Yigael Yadin/The Art of warfare in Biblical land/Weidenfeld & Nicolson/1963

中国語資料

●史記／中華書院／1959

●三国史／中華書院／1959

●晋史／中華書院／1974

●周書／中華書院／1971

●北史／中華書院／1974

●隋書／中華書院／1973

●旧唐書／中華書院／1975

●新五代書／中華書院／1974

參考文獻

●宋史／中華書院／1977
●金史／中華醫院／1975
●元史／中華書院／1980
●明史／中華書院／1982
●明通鑑／中華書院／1980
●明督撫年表（上下卷）／中華書院／1982
●中国軍事史（1〜5巻、附上下巻）／解放軍出版局／1980〜1989
●中国古代戦争／四川省社会科学院出版社／1988
●中国古代兵器／山東教育出版社／1988／劉申寧
●中国火藥火器史話／科学普及出版社／1986／許会林
●中国古代火炮史／上海人民出版社／1989／劉旭
●中国火器史／軍事科学出版社／1991／王兆春
●中国軍事人物辞典／黑龍江人民出版社／1988
●中国歴代職官辞典／中華古籍出版社／1987
●明朝宦官／紫禁城出版社／1989
●明代內閣制度史／中華書局／1987
●歴代職官沿革史／華東師范大学出版社／1988
●歴代官制、兵制、科挙制表釈／江蘇古籍出版社／1987
●中国古代兵法精粋類編／軍事科学出版社／1988／吳如嵩
●古代的進士任官制度与社会／天津人民出版社／1985
●中国古兵器論叢（増訂本）／文物出版社／1985／楊泓
●武経七書注訳／解放軍出版社／1983
●先秦軍事研究／金盾出版社／1990／軍事科学院戦略部
●秦始皇陵兵馬俑研究／文物出版社／1990／袁仲一
●宋元戦争史／四川省社会科学院出版社／1988／陳世松等
●春秋時代的步兵／中華書局／1979／藍永蔚
●湘軍兵志／中華書局／1984／羅爾綱
●緑営兵志／中華書局／1984／羅爾綱
●諸葛亮集／中華書局／1960
●紀効新書／人民体育出版社／1988
●明長城考実／档案出版社／1988
●三才図會（上・中・下）／上海古籍出版社／1988／王圻
●中国古代火砲史／上海人民出版社／1984
●中国古代兵器図集（改訂新版）／解放軍出版社／1990／成東
●中国兵書集成3〜5 武経総要／1988
●中国兵書集成13〜14 武編／1989
●中国兵書集成27〜36 武備志／1989
●中国武術史／人民体育出版社／1985／習雲太

参考文獻

- 少林武術 / 河南科学技術出版社 / 1984
- 少林武僧志 / 北京体育学院出版社 / 1988 / 徳虔
- 少林兵器総譜秘本 / 北京体育学院出版社 / 1989 / 素法、徳虔
- 少林護身暗器秘伝 / 北京体育学院出版社 / 1989 / 素法、徳虔、徳炎、徳皎
- 墨子 / 集英社 / 1977
- 列子 / 岩波書店 / 1987
- 西遊記 / 平凡社 / 1972
- 水滸伝（上中下）/ 平凡社 / 1972

東京書籍：カラーイラスト世界の生活史

- 3. 古代ギリシアの市民達
- 4. ローマ帝国をきずいた人々
- 5. ガリアの民族
- 6. ヴァイキング
- 25. ギリシア軍の歴史
- 26. ローマ軍の歴史

岩波文庫

- イーリアス / ホメーロス
- オデュセイアー / ホメーロス
- 歴史 / ヘロドトス
- 戦史 / トゥキュディス
- 英雄伝 / プルタルコス
- ガリア戦記 / カエサル
- ゲルマニア / タキトゥス
- 年代記 / タキトゥス
- ローマ帝国衰亡史 / エドワード・ギボン

Loeb Classical Library

- Homer/The ILIAD(1,2)/1966
- Homer/The ODYSSEY(1,2)/1966
- Polybius/The Histories(1-6)/1954
- Livy(1-14) /1960
- Aeneas, Asclepiodotus, Onasander/Tacticus/1948
- Caesar/The Gallic War/1917
- Caesar/Alexandrian, Spanish and African Wars/1955

參考文獻

Osprey Men-At-Arms Series

- 14.The English Civil War Armies
- 46.The Roman Army from Caesar to Trajan
- 46.The Roman Army from Caesar to Trajan(Revieed Edition)
- 50.Medieval European Armies
- 58.The Landsknechts
- 75.Armies of the Crusades
- 89.Byzantine Armies
- 93.The Roman Army from Hadriab to Constantine
- 94.The Swiss 1300-1500
- 99.Medival Heraldry
- 101.The Conquistadores
- 105.The Mongols
- 109.Ancient Armies of the Middle East
- 110.New Model Army 1645-1660
- 113.The Armies of Agincourt
- 118.Jacobite Rebellions
- 121.Armies of the Cartaginian Wars 265-146BC
- 125.The Armies of Islam 7th-11th Centuries
- 129.Rome's Enemies(1):Germanics and Dacians
- 136.Italian Medieval Armies 1300-1500
- 137.The Scythians 700-300BC
- 140.Armies of the Ottoman Turks 1300-1774
- 144.Armies of Medieval Burgundy 1364-1477
- 145.The Wars of the Roses
- 150.The Age of Charlemagne
- 151.The Scottish and Welsh Wars 1250-1400
- 154.Arthur and the Anglo-Saxon Wars
- 155.The Knights of Christ
- 158.Rome's Enemies(2):Gallic and British Celts
- 166.German Medieval Armies 1300-1500
- 171.Saladin and the Saracens
- 175.Rome's Enemies(3):Parthians and Sassanid Persians
- 180.Rome's Enemies(4):Spanish Armies 218BC-19BC
- 184.Polish Armies 1569-1696(1)
- 188.Polish Armies 1569-1696(2)
- 191.Henry VIII's Army

參考文獻

- 195.Hangary and the fall of Eastern Europe 1000-1568
- 200.El Cid and the Reconquista 1050-1492
- 203.Louis XIV's Army
- 210.The Venetian Empire 1200-1670
- 212.Queen Victorian's Enemies(1):Southern Africa
- 215.Queen Victorian's Enemies(2):Northern Africa
- 222.The Age of Tamerlane
- 228.American Woodland Indians
- 231.French Medieval Armies 1000-1300
- 235.The Army of Gustavus Adolphus(1)
- 239.Aztec,Meixtec and Zapotec Armies
- 243.Rome's Enemies(5):The Desert Frontier
- 255.Armies of the Muslim Conquest
- 260.Peter the Great's Army(1)
- 262.The Army of Gustavus Adolphus(2)
- 263.Mughul India 1504-1761
- 264.Peter the Great's Army(2)
- 267.The British Army 1660-1704

Osprey Elite Series

- 3.The Vikings
- 7.The Ancient Greeks
- 9.The Normans
- 15.The Armada Campaign 1588
- 17.Knights at Tournament
- 19.The Crusades
- 21.The Zulus
- 25.Soldiers of the English Civil War(1)
- 27.Soldiers of the English Civil War(2)
- 28.Medieval Siege Warfare
- 39.The Ancient Assyrians
- 40.New Kingdom Egypt
- 42.The Persian Army 530-330BC
- 58.The Janissaries

Osprey Warrior Series

- 1.Norman Knight
- 3.Viking Hersir

參考文獻

- 5. Anglo Saxon
- 19.Late Roman Infantryman
- 11.English Longbowman
- 17.Germanic Warrior

Osprey Campaign Series

- 7.Alexander 334-323BC
- 9.Agincourt 1415
- 12.Culloden 1746
- 13.Hastings 1066
- 19.Hattin 1187
- 22.Qadesh 1300BC
- 31.Yarmuk 636AD
- 34.Poltava 1709
- 36.Cannae 216BC

雜誌

- Tradition magazine No.1-115
- Gazette des armes No.1-270

台灣書籍

中國古代兵器 / 台灣商務印書館
中國古代兵器大全 / 萬里機構
中華古今兵械圖 / 大展出版社
西洋兵器大全 / 萬里機構
世界兵器詞典 / 天工書局
決勝戰場：古代兵器 / 萬卷樓
兵器史話 / 國家出版社
武器屋 / 奇幻基地
城堡 / 貓頭鷹出版社
圖說兵器戰爭史 / 三聯書店

大陸書籍

十八般兵器大搏殺 / 兵器工業出版社

中國古代兵器圖說 / 天津古籍出版社
中國科學技術史軍事技術卷 / 科學出版社
武器的歷程 / 國防大學出版社
城堡：從戰爭時代到和平時代 / 世紀集團
劍橋戰爭史 / 吉林人民出版社

日文書籍

戰略戰術兵器事典1中国古代編 / 学習研究社
戰略戰術兵器事典5ヨーロッパ城郭編 / 学習研究社
武器と防具 西洋編 / 新紀元社
武勳の刃 / 新紀元社

索引

※ 以**粗體**表示的頁數表示該武器為該頁之獨立項目。
※ 圓圈內的數字表示該武器於該頁中之第幾項內介紹（①〜④）。
※ 索引編排順序為 A 〜 Z，依次為英文、日文、中文譯名、頁數項位。

B

cinquedea	チンクエディア	五指短劍	▶ **88** ①
cippus	シップス	尖棒	▶ **274** ③
claidhemoha mor	クラゼヴォ・モル	（蓋爾語中之「巨大的劍」）	▶ **18** ①
claymore	クレイモアー	蘇格蘭闊刀大劍	▶ **18** ①
club	クラブ	棍棒	▶ **176** ②
colichemarde	コリシュマルド	克里希馬德式禮劍	▶ **18** ②
composite bow	コンポジット・ボウ（合成弓）	複合弓	▶ **206** ④
contus	コンタス	羅馬重騎矛	▶ **122** ③
cookri	ククリ	廓爾喀彎刀	▶ **98** ①
cora	コラ	尼泊爾鉤刀	▶ **42** ③
corsesca	コルセスカ	義大利月牙鑽	▶ **122** ④ ,128 ②
Cortana	コルタナ	可坦納	▶ **18** ③
couse	クーゼ	德式偃月刀	▶ **124** ①
couteau de breche	クト・ド・ブレシェ	鉤爪刀	▶ **162** ④
crackys of war	クラッキー・オブ・ウォー	霹靂炮	▶ **276** ②
crescent ax	クレセント・アックス	新月戰斧	▶ **124** ②
crossbow	クロスボウ	十字弓	▶ **204** ① ,204 ②, **208** ① ,208 ④, **220** ④ ,230 ①, **232** ① ,294 ④
culter	クルテル	（拉丁文中之「小刀」）	▶ **18** ④
culverin	カルバリン	長管炮	▶ **318** ②
curtana	カーテナ	無尖劍	▶ **18** ③
cutelas	クテラス	（水手用軍刀之語源）	▶ **18** ④
cutlass	カットラス	水手用軍刀	▶ **18** ④

D

da-fu	大斧（だいふ）	大斧	▶ **176** ③
dagger	ダガー	短劍	▶ **88** ②
dagger	短劍	短劍	▶ **88** ②
dagger of mercy	慈悲の短劍	慈悲短劍	▶ **100** ①
Damascus steel	ダマスクス鋼	大馬士革鋼	▶ **20** ①
damascus swords	ダマスカス・ソード	大馬士革劍	▶ **20** ①
dan-liu-xing	単流星（たんりゅうせい）	單流星	▶ **292** ①
dao	ダオ（アッサム風）	達歐（阿薩姆樣式）	▶ **20** ②
dao	ダオ（ナガ風）	達歐（那伽樣式）	▶ **20** ③
dart	ダート	飛鏢	▶ **244** ② ,250 ④
deck spade	デッキ・スパッド	鏟頭槍	▶ **276** ③
deg	デグ	虎炮	▶ **318** ③
degandaz	デガンダス	（虎炮之別名）	▶ **318** ③
demi culverin	デミ・カルバリン	小型長管炮	▶ **318** ②
dha	ダー	緬甸刀	▶ **20** ④
dian-xue-bi	点穴筆（てんけつしつ）	點穴筆	▶ **278** ③
diao-dao	掉刀（ちょうとう）	掉刀	▶ **120** ④
di-lei	地雷（じらい）	地雷	▶ **276** ④
dirk	ダーク	蘇格蘭短劍	▶ **88** ③
do sanga	ドゥ・サンガ	蒙兀兒雙尖槍	▶ **124** ③
door bash	ドール・バシュ	開路叉	▶ **124** ④
dress sword	ドレス・ソード	裝飾劍	▶ **22** ①

E

F

faussar	フォセ	闊刃大鉤刀	▶ 26 ③
feather staff	フェザー・スタッフ	羽剣杖	▶ 280 ①
fci-biao	飛鏢（ひひょう）	飛鏢	▶ 260 ③
fei-cha	飛叉（ひさ）	飛义	▶ 244 ①
fei-ci	飛刺（ひし）	飛刺	▶ 278 ③
fei-kong-ji-zei-zhen-tian-lei-pao	飛空撃賊震天雷炮（ひくうげきくしんてんらいほう）	飛空撃賊震天雷炮	▶ 312 ③
fei-nao	飛鐃（ひにょう）	飛鐃	▶ 246 ①
fei-zhua	飛爪（ひそう）	飛爪	▶ 280 ②
fei-zhua-bai-lian-suo	飛爪百錬索（ひそうひゃくれんさく）	飛爪百錬索	▶ 280 ②
fen-duan-fa-she-pao	分段發射炮（ぶんだんはっしゃほう）	分段發射炮	▶ 216 ②
feng-zui-dao	鳳嘴刀（ほうすいとう）	鳳嘴刀	▶ 120 ④
firangi	フィランギ	菲朗機刀	▶ 26 ④
fish spine sword	フィッシュ・スパイン・ソード	魚排劍	▶ 16 ④
flail	フレイル	連枷	▶ 170 ①,176 ④ 178 ①,182 ④, 192 ③
flamberg	フランベルク	焰形禮劍	▶ 28 ①
flamberge	フランベルジェ	焰形雙手大劍	▶ 28 ①,28 ②
fleuret	フルーレ	鈍劍	▶ 28 ③
flint-lock gun	フリント・ロック・ガン	改良型燧發式槍機步槍	▶ 208 ③
flissa	フリッサ	弗里沙細劍	▶ 28 ④
fluking	フルーキング	鯨尾槍	▶ 276 ③
flyssa	フリッサ	弗里沙細劍	▶ 28 ④
fo-lang-ji-pao	仏朗機炮（ふらんきほう）	佛朗機炮	▶ 320 ①
footman's axe	フットマンズ・アックス	步兵長斧	▶ 126 ④
footman's flail	フットマンズ・フレイル	步兵連枷	▶ 178 ①,178 ④, 182 ②
fork	フォーク	叉	▶ 144 ②
forks pike	フォーク・パイク	叉形槍	▶ 124 ③
framea	フラメア	法蘭克細身槍	▶ 128 ①
francisc	フランキスク	法蘭克擲斧	▶ 246 ②
francisca	フランキスカ	法蘭克擲斧	▶ 246 ②
francisque	フランキスク	法蘭克擲斧	▶ 246 ②
friuli spear	フリウリ・スピアー	弗留里月牙鑲	▶ 128 ②
fu	斧（ふ）	斧	▶ 178 ②
fucinula	フェキヌラ	競技三叉戟	▶ 128 ③,300 ①
fursi	ファージ	象戟	▶ 268 ②
fuscina	フェスキーナ	競技三叉戟	▶ 128 ③,300 ①
fustibal	ファスティバル	中世紀投石棒	▶ 246 ③
fustibalus	ファスティバルス	中世紀投石棒	▶ 246 ③

G

gano	ガノ	索托戰斧	▶ 178 ③
gastrapheten	ガストラフェテン	古希臘十字弓	▶ 208 ④
gastraphetes	ガストラフェテース	古希臘十字弓	▶ 208 ④
ge	戈（か）	戈	▶ 128 ④

gendawa	ジェンダワ	爪哇弓	▶ 210 ②
gesa	ギサ	英式鉤矛	▶ 130 ④
girishia-bi	ギリシア火	（希臘火之日語念法）	▶ 320 ②
gisarme	ギサルメ	英式鉤矛	▶ 130 ④
gisharme	ギシャルメ	英式鉤矛	▶ 130 ④
gladius	グラディウス	羅馬戰劍	▶ 30 ①
glaive	グレイヴ	西洋大刀	▶ 124 ①,126 ③, 130 ①
godendag	ゴーデンダッグ	「日安」連枷	▶ 178 ④
golang	ゴラーン	馬來開山刀	▶ 90 ①
golok	ゴロキ	馬來開山刀	▶ 90 ①
gong	弓（コン）	弓	▶ 210 ②
gou-bang	鉤棒（こうぼう）	鉤棒	▶ 130 ②
gou-lian-qiang	鉤鎌槍（こうれんそう）	鉤鎌槍	▶ 130 ③
gou-xiang	鉤鑲（こうじょう）	鉤鑲	▶ 280 ③
gou-yin	鉤引（こういん）	鉤引	▶ 280 ③
great culverin	グレート・カルバリン	大型長管砲	▶ 318 ②
greek fire	グリーク・ファイヤー	希臘火	▶ 320 ②
grenade gun	ゲレネード・ガン	榴彈槍	▶ 210 ③
gua	瓜（か）	瓜	▶ 176 ①
guai	拐（かい）	拐	▶ 180 ①
guai-zi-chong	拐子銃（かいしじゅう）	拐子銃	▶ 210 ④
gubasa	グバサ	達荷美彎刀	▶ 30 ②
gudo	グド	西藏投石索	▶ 246 ④
gu-duo	骨朵（こつだ）	骨朵	▶ 176 ①
guisarme	ギュサーム	英式鉤矛	▶ 130 ④
gun	棍（こん）	棍	▶ 180 ②
gun	ガン	（大炮的一種）	▶ 316 ③
gunhyōōhonsen	群豹横奔箭（ぐんひょうおうほうせん）	群豹横奔箭	▶ 208 ②
gunstock warclub	ガンストック・ウォークラブ	槍托棍	▶ 180 ③
gupt kard	グピト・カルド	古普特・卡德	▶ 92 ③
gupti	グピティ	印度杖劍	▶ 280 ④
gupti aga	グピティー・アガー	印度貴族杖劍	▶ 76 ②,282 ①
gurz	グルズ	印度釘頭錘	▶ 180 ②
gusbar	グスバー	象戟	▶ 268 ②
gysarme	ギサルメ	英式鉤矛	▶ 130 ④

H

hachiwari	鉢割（はちわり）	鉢割	▶ 308 ①
haddad	ハッダド	馬薩力飛刀	▶ 248 ①
hakenbuchse	ハーケンビュクゼ	鉤爪火銃	▶ 204 ③,212 ①
haladie	ハラディ	雙頭彎刀	▶ 90 ②
halberd	ハルベルド	瑞士戟	▶ 132 ①
halbert	ハルベルト	瑞士戟	▶ 132 ①,154 ②
half pike	ハーフ・パイク	短步矛	▶ 132 ②
half-basket-guard	半篭状護拳	半籃狀護手	▶ 56 ②
hammer	ハンマー	（日耳曼語中「石頭做的武器」之意）	▶ 200 ②
hananeji	鼻捻（はなねじ）	鼻捻	▶ 182 ①

349

hand and half sword	ハンド・アンド・ハーフ・ソード 一手半剣		▶ **30** ③
hand cannon	ハンド・キャノン	手炮	▶ **212** ②
hand culverin	ハンド・カルバリン	騎兵火炮	▶ **212** ③
handschar	ファンジャル	阿拉伯小刀	▶ **94** ①
hanger	ハンガー	配剣	▶ **30** ④
harpe	ハルパー	蠍尾鉤	▶ **32** ①
harquebus	アークゥイバス	掛肩火銃	▶ **204** ③
hasta	ハスタ	羅馬歩兵槍	▶ **132** ③
hatsurōki	発朗機（はつろうき）	發朗機	▶ **322** ③
hayayari	早槍（はややり）	早槍	▶ **138** ③
hazuyari	弭槍（はずやり）	弭槍	▶ **132** ④
head axe	ヘッド・アックス	頭形斧	▶ **186** ②
heavy military sword	軍事用重剣	軍事用重剣	▶ **16** ①
helbard	ハルバルド	瑞士戟	▶ **132** ①
hendoo	ヘンドゥ	象戟	▶ **268** ②
higoyumi	弓胎弓（ひごゆみ）	弓胎弓	▶ **212** ④
hijikiribō	肘切棒（ひじきりぼう）	肘切棒	▶ **172** ④
Himantes	ヒマンテス	拳撃皮帯	▶ **288** ②
hindi	ヒンディ	北印短弓	▶ **214** ①
hishu	匕首（ひしゅ）	匕首	▶ **84** ④
hitter	ヒッター	刺環連枷	▶ **182** ②
hoero	ホエロア	鯨骨棒	▶ **182** ③
hoko	矛／鉾（ほこ）	矛／鉾	▶ **134** ①
hokoyumi	鉾弓（ほこゆみ）	鉾弓	▶ **132** ④
hong-yi-pao	紅夷炮（こういほう）	紅夷炮	▶ **320** ④
hora	ホラ	骨拳套	▶ **282** ②
horn dagger	ホーン・ダガー	牛角剣	▶ 84 ②
horseman's flail	ホースマンズ・フレイル	騎兵連枷	▶ **182** ④
horseman's hammer	ホースマンズ・ハンマー	騎兵戰鎚	▶ **184** ①
hōtōtachi	方頭大刀（ほうとうたち）	方頭大刀	▶ **32** ②
hu	斧（ふ）	斧	▶ **178** ②
huan-bing-dao	環柄刀（かんへいとう）	環柄刀	▶ **76** ③
huan-shou-dao	環首刀（かんしゅとう）	環首刀	▶ **76** ③
hu-dun-pao	虎蹲炮（こそんほう）	虎蹲炮	▶ **322** ①
hui-hui-pao	回回砲（ふいふいほう）	回回砲	▶ **322** ②
hukibari	吹き針（ふきばり）	吹針	▶ **282** ③
hukiya	吹き矢	吹箭	▶ **206** ③
hun-tian-jie	混天截（こんてんせつ）	混天截	▶ **134** ②
hunting falchion	ハンティング・フォールション	狩獵用刀剣	▶ 34 ①
hunting knife	ハンティング・ナイフ	獵刀	▶ **86** ①,**90** ③
hunting set	ハンティング・セット	狩獵套件	▶ **90** ③
hunting spear	ハンティング・スピアー	獵矛	▶ **118** ①
huo-chong	火銃（かじゅう）	火銃	▶ **214** ②
huo-jian	火箭（かせん）	火箭	▶ **214** ③
huo-lao-shu	火老鼠（かろうそ）	火老鼠	▶ **312** ③
huo-long-chu-shui	火龍出水（かりゅうしゅっすい）	火龍出水	▶ **282** ④
huo-qiang	火槍（かそう）	火槍	▶ **214** ④

kaiken	懐剣（かいけん）	懐中短刀	▶ 108 ③
kakae-no-ōdutsu	抱えの大筒（かかえのおおづつ）	抱式大筒	▶ 216 ④ ,304 ③
kakeya	掛矢（かけや）	掛矢	▶ 186 ①
kakute	角手（かくて）	角手	▶ 286 ③
kalinga	カリンガ	菲律賓戰斧	▶ 186 ②
kallak	カラーク	澳洲擲棍	▶ 252 ①
kamaken	鎌剣（かまけん）	鎌劍	▶ 32 ① ,42 ② ,58 ③
kaman-i-gurohah	カマン・イ・グローハ	印度投石索	▶ 250 ①
kamayari	鎌槍（かまやり）	鎌槍	▶ 136 ④
kamcha	カマチ	卡姆蚩短鞭	▶ 286 ④
kamjo	カムジョ	卡姆瓊短鞭	▶ 286 ④
kampilan	カンピラン	坎比蘭刀	▶ 16 ②
kamtha	カマサ	北印長弓	▶ 218 ①
kanabō	金棒（かなぼう）	金棒	▶ 186 ③
kanamuchi	鉄鞭（かなむち）	鐵鞭	▶ 288 ①
kanasaibō	金砕棒（かなさいぼう）	金碎棒	▶ 186 ③
kanjar	カンジャル	阿拉伯小刀	▶ 94 ①
kantōtachi	環頭大刀（かんとうたち）	環頭大刀	▶ 34 ④
kantschar	カンジャル	阿拉伯小刀	▶ 94 ①
karabela	カラベラ	土耳其彎刀	▶ 36 ①
karatachi	唐大刀（からたち）	唐大刀	▶ 36 ③ ,44 ②
kard	カルド	卡德短刀	▶ 92 ① ,102 ②
kasadachi	筬剣（かさだち）	筬劍	▶ 36 ②
kaskara	カスカラ	卡斯卡拉長劍	▶ 36 ③
kastane	カスターネ	斯里蘭卡獸頭刀	▶ 36 ④
katakamayari	片鎌槍（かたかまやり）	片鎌槍	▶ 138 ①
katana	刀（かたな）	刀	▶ 70 ④
katar	カタール	卡撻短劍	▶ 92 ① ,92 ④
katariya	カタリヤ	印度回力棒	▶ 250 ②
katzbalger	カツツバルゲル	德式鬥劍	▶ 38 ①
kazaridachi	飾太刀（かざりだち）	飾太刀	▶ 36 ②
ke-di-gong	克敵弓（こくてききゅう）	克敵弓	▶ 226 ②
keitōtachi	圭頭大刀（けいとうたち）	圭頭大刀	▶ 38 ②
kelauitautin	ケラウイタウティン	（獵捕小型動物專用多球捕獸繩）	▶ 242 ②
kenukigatatachi	毛抜形太刀（けぬきがたたち）	毛抜形太刀	▶ 38 ③
kerrie	ケリーエ	南非擲棍	▶ 250 ③
kettenmorgenstern	ケッテンモルゲンステルン	接在鎖鏈上的晨星錘	▶ 182 ②
Khama	クマ	喀瑪短劍	▶ 104 ④
khanda	カンダ	犍陀刀	▶ 40 ①
khanjar	クファンジャル	阿拉伯小刀	▶ 94 ①
khar-i-mahi	ハー・イ・マヒ	魚骨棍	▶ 186 ④
khisht neza	キシト・ネザ	北印騎兵飛鏢	▶ 250 ④
khopesh	コピシュ	埃及鎌劍	▶ 42 ②
khora	コラ	尼泊爾鉤刀	▶ 42 ③
khyber gun	ハイバイル・ガン	開伯爾步槍	▶ 216 ①
khyber knife	ハイバル・ナイフ	開伯爾小刀	▶ 58 ②
kidney dagger	キドニー・ダガー	腎形匕首	▶ 94 ②
kikuchiyari	菊池槍（きくちやり）	菊池槍	▶ 138 ②

kusariryūta	鎖龍吒（くさりりゅうた）	鎖龍吒	▶ **290** ①
kusariuchibō	鎖打棒（くさりうちぼう）	鎖打棒	▶ **290** ②
kuse	クーゼ	德式偃月刀	▶ **124** ①
kutar	カタール	卡撻短劍	▶ **92** ①, **92** ④
kutti	クティ	北印單手戰斧	▶ **170** ③
kyū	弓（きゅう）	弓	▶ **210** ②

L

lamang	ラマング	克雷旺刀	▶ **40** ③
lance	ランス	騎兵長矛	▶ **118** ③, **140** ①, **140** ②
lancea	ランシア	（法國人六世紀左右使用的槍）	▶ **140** ①
langdebeve	ランデベヴェ	牛舌槍	▶ **140** ③
langue de boeuf	ラング・デ・ボーフ	牛舌槍	▶ **140** ③
lang-xian	狼筅（ろうせん）	狼筅	▶ **140** ④
lang-ya-bang	狼牙棒（ろうがぼう）	狼牙棒	▶ **188** ②
lang-ya-chui	狼牙錘（ろうがすい）	狼牙錘	▶ **292** ①
lantern shield	ランタン・シールド	複合劍盾	▶ **290** ③
leading staff	リーディング・スタッフ	（艦用短矛的別名）	▶ **132** ②
lian-nu	連弩（れんど）	連弩	▶ **218** ②
li-gong-guai	李公拐（りこうかい）	李公拐	▶ **180** ①
li-huo-qiang	梨火槍（りかそう）	梨火槍	▶ **214** ④
lilia	リリア	百合陷坑	▶ **290** ④
lion's head	ライオンの頭	獅頭	▶ **60** ④
liu-xing-chui	流星錘（りゅうせいすい）	流星錘	▶ **292** ①
liu-xing-chui	流星鎚（りゅうせいすい）	流星鎚	▶ **292** ①
liu-ye-fei-dao	柳葉飛刀（りゅうようひとう）	柳葉飛刀	▶ **252** ②
liver cutter	レバー・カッター	切肝棒	▶ **188** ①
lochaber axe	ロッコバー・アックス	洛哈伯鉤斧	▶ **142** ①
lohar	ロハー	阿富汗戰鎬	▶ **188** ③
long bow	ロング・ボウ	長弓	▶ **218** ③
long spear	ロング・スピアー	長矛	▶ **142** ②
long sword	ロング・ソード	長劍	▶ **44** ③, **44** ④
lucerne hammer	ルツェルン・ハンマー	琉森戰鎚	▶ **142** ③
lu-mi-chong	魯密銃（ろみつじゅう）	魯密銃	▶ **222** ①
luny	ルニー	葛姆克擲棍	▶ **252** ③

M

maange	マーンジ	（坎巴人用來射飛鳥的箭頭）	▶ **232** ④
macana	マカーナ	蓋亞那棍棒	▶ **188** ④
macana	マカナ	（泰諾語中「刀劍」之意）	▶ **46** ②
mace	メイス	釘頭錘	▶ **174** ①, **176** ①, **180** ④, **190** ①, **194** ④
ma-cha	馬叉（ばさ）	馬叉	▶ **120** ②
machaira	マカエラ	希臘短刀	▶ **46** ①
macuahuitl	マクアフティル	阿茲特克石刃刀	▶ **46** ②
madfa	マドファ	中東火銃	▶ **218** ④
madfoa	マドファ	中東火銃	▶ **218** ④

355

musket rest	マスケット・レスト	槍架	▶ 212 ①

naeshi	なえし	鍛棒	▶ **190** ③
nagaeyari	長柄槍（ながえやり）	長柄槍	▶ **144** ④
nagamaki	長巻（ながまき）	長巻	▶ **48** ④
naginata	薙刀（なぎなた）	薙刀	▶ **122** ②, **146** ①
nahar-nuk	ナハ・ナウ	虎爪	▶ **268** ③
naigama	薙鎌（ないがま）	薙鎌	▶ **146** ②
nakamakinodachi	中巻野太刀（なかまきのだち）	中巻野太刀	▶ **48** ④
nanbanbō	南蠻棒（なんばんぼう）	南蠻棒	▶ **136** ③
narnal	ナルナリ	印度投火式火繩槍	▶ **220** ③
nayin	ナイェン	姆蓬威十字弓	▶ **220** ④
neem neza	ニーム・ネザ	波斯長柄騎矛	▶ **146** ④
neza	ネザ	長柄騎矛	▶ **146** ④, **148** ①
ngalio	ンガリオ	F形擲棍	▶ **254** ①
nga-til	ンガ・ティル	（女性専用的彎頭擲棍）	▶ **254** ②
ngeegue	ンギーグェ	彎頭擲棍	▶ **254** ②
ngindza	ンギンドザ	巨頭槍	▶ **148** ①
niao-chong	鳥銃（ちょうじゅう）	鳥銃	▶ **222** ①
niao-zui-chong	鳥嘴銃（ちょうしじゅう）	鳥嘴銃	▶ **222** ①
nil li	ニリ・リ	澳洲雙尖棍棒	▶ **190** ④
niu-jiao-guai	牛角拐（ぎゅうかくかい）	牛角拐	▶ **180** ①
nodachi	野剣（のだち）	野剣	▶ 38 ③
nodachi	野太刀（のだち）	野太刀	▶ **50** ①
nogodip	ノゴディップ	薩伊葉形短剣	▶ **50** ②
novacula	ノバキュラ	塞浦路斯鎌刀	▶ **100** ②
nu	弩（ど）	弩	▶ **222** ②

ōdachi	大太刀（おおだち）	大太刀	▶ **50** ①, **66** ②
ol alem	オル・アラム	馬賽闊頭劍	▶ **50** ③
ōmiyari	大身槍（おおみやり）	大身槍	▶ **148** ③
onager	オナガー	石弩	▶ **324** ③
ōnaginata	大薙刀（おおなぎなた）	大薙刀	▶ **146** ①
ono	斧（おの）	斧	▶ **192** ①
organ cannon	オルガン砲	管風琴砲	▶ **324** ④
orta	オルタ	西藏投石索	▶ **246** ④
ox tongue	オックス・タング	牛舌槍	▶ **140** ③
ox tongue	オックス・タンジェ	牛舌槍	▶ **140** ③
ōyumi	弩（おおゆみ）	弩	▶ **222** ③

pa	鈀（は）	鈀	▶ **148** ④
pakayun	パカヤン	馬來西亞軍刀	▶ **50** ③
palasz	パラーズ	（直身軍刀在波蘭之稱呼）	▶ **52** ①
palitai	パリタイ	印尼彎柄短劍	▶ **100** ③
palite	パリテ	印尼彎柄短劍	▶ **100** ③
pallasch	パラッシュ	直身軍刀	▶ **52** ①

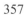

Punjab style	パンジャブ様式	旁遮普樣式	▶ 64 ① ,68 ① ,194 ④

Q

qama	クマ	喀瑪短劍	▶ **104** ④
qamnchi kard	クマチ・カルド	克姆質・卡德	▶ **92** ③
qiang	槍（そう）	槍	▶ **152** ③
qiang-lian	槍鎌（そうれん）	槍鎌	▶ **152** ④
qian-kun-niao- 　gui-quan	乾坤鳥龜圈 　（けんこんちょうきけん）	乾坤鳥龜圈	▶ **298** ②
qillij	キリジ	土耳其軍刀	▶ **40** ②
qing-long-ji	青龍戟（せいりゅうげき）	青龍戟	▶ **126** ②
qiu-mao	酋矛（しゅうぼう）	酋矛	▶ **116** ④
quaddara	カダラ	喀達拉劍	▶ **54** ③
quan	圈（けん）	圈	▶ **298** ②
quarrel	クォーラル	弩箭	▶ **208** ①
quarter pike	クゥォーター・パイク	船用短矛	▶ **298** ③
quarterstaff	クゥォータースタッフ	四角棍	▶ **192** ④
quayre	クゥアイル	庫葉棍盾	▶ **298** ④
qu-dao	屈刀（くっとう）	屈刀	▶ **120** ④
quirriang an wun	クゥリーアング・アン・ワン	澳洲曲棍	▶ **194** ①

R

rabbit stick	ラビット・スティック	兔棍	▶ **254** ③
ram da'o	ラム・ダオ	尼泊爾重頭刀	▶ **54** ④
ranseur	ランシュル	鉤槍	▶ **154** ① ,156 ②
ranson	ランソン	鉤槍	▶ **154** ① ,156 ②
rapier	レイピア	西洋劍	▶ **56** ①
rattan knife	ラッタン・ナイフ	藤刀	▶ **296** ④
reiterpallasch	レイテルパラッシュ	衝鋒直身軍刀	▶ **56** ②
renpatsujū	連発銃（れんぱつじゅう）	連發銃	▶ **224** ③
reticulum	レティクルム	擲網	▶ **300** ①
rhomphair	ロムパイア	長柄逆刃刀	▶ **56** ③
rhonca	ロンカ	鉤槍	▶ **154** ① ,156 ②
ribaudequin	リボドゥカン	排炮	▶ **324** ④
ribauld	リボルド	排炮	▶ **324** ④
ring dagger	リング・ダガー	環柄短劍	▶ **106** ①
ri-yue-qian-kun-quan	日月乾坤圈 　（じつげつけんこんけん）	日月乾坤圈	▶ **298** ②
roentjau	ロンジャウ	馬來彎柄小刀	▶ **80** ③
rokusyakubō	六尺棒（ろくしゃくぼう）	六尺棒	▶ **172** ④
roncie	ロンシェ	鉤槍	▶ **154** ① ,156 ②
rondel dagger	ロンデル・ダガー	圓盤柄短劍	▶ **106** ②
roundel dagger	ラウンデル・ダガー	圓盤柄短劍	▶ **106** ②
ruan-bing-qi	軟兵器（なんへいき）	軟兵器	▶ **278** ①
rumpia	ルムパイア	長柄逆刃刀	▶ **56** ③
runka	ランカ	鉤槍	▶ **154** ① ,156 ②
ryōkamayari	両鎌槍（りょうかまやり）	兩鎌槍	▶ **136** ④

wu-cha	武叉（ぶさ）	武叉	▶ 120 ②
wu-gou	呉鉤（ごこう）	呉鉤	▶ **74** ③
wu-lei-shen-ji	五雷神機（ごらいしんき）	五雷神機	▶ **234** ③

X

xiang-yang-pao	襄陽炮（じょうようほう）	襄陽炮	▶ 322 ②
xian-qiang	筅槍（せんそう）	筅槍	▶ **164** ②
xi-gua-pao	西瓜炮（せいかほう）	西瓜炮	▶ 312 ③
xiphos	サイフォス	邁錫尼短劍	▶ **74** ④
xiu-jian	袖箭（ちゅうせん）	袖箭	▶ **312** ②
xuan-feng-pao	旋風砲（せんぷうほう）	旋風砲	▶ **326** ④
xuan-hua-fu	宣花斧（せんかふ）	宣花斧	▶ 178 ②
xun-lei-chong	迅雷銃（じんらいじゅう）	迅雷銃	▶ **234** ④

Y

yagaramogara	やがらもがら	（袖溺之別名）	▶ 158 ①
yalman	イェルマン	假刃	▶ 40 ②
yang-jiao-guai	羊角拐（ようかくかい）	羊角拐	▶ 180 ①
yan-yue-dao	偃月刀（えんげつとう）	偃月刀	▶ **164** ③
yatagan	ヤタガン	土耳其細身鉤刀	▶ **76** ①
yataghan	ヤタガン	土耳其細身鉤刀	▶ **76** ①
yi-mao	夷矛（いぼう）	夷矛	▶ 116 ④
yi-wo-feng	一窩蜂（いちかほう）	一窩蜂	▶ 208 ②
yokote	横手	横手	▶ 136 ③

Z

zafar nama	ザファー・ナマ	（印度弩在波斯、埃及等地之名稱）	▶ 230 ①
zafar takieh	ザファー・タキエ	勝利之劍	▶ **76** ②
zaghnol	ザグナル	印度戰鎬	▶ **200** ④
zhan-ma-jian	斬馬劍（ざんばけん）	斬馬劍	▶ 136 ②
zha-pao	炸炮（さくほう）	炸炮	▶ 276 ④
zhe-die-shan	摺畳扇（しょうじょうせん）	摺畳扇	▶ 308 ②
zhen-tian-lei	震天雷（しんてんらい）	震天雷	▶ 312 ③
zhi-dao	直刀（ちょくとう）	直刀	▶ 76 ③
zhi-jian	擲箭（てきせん）	擲箭	▶ 264 ③
zhua	抓（そう）	抓	▶ 160 ④ ,164 ④
zhuan-tang-guai	転堂拐（てんどうかい）	轉堂拐	▶ 180 ①
zhua-zi-bang	抓子棒（そうしぼう）	抓子棒	▶ **164** ④
zi-mu-yuan-yang-yue	子母鴛鴦鉞（しぼえんおうえつ）	子母鴛鴦鉞	▶ **312** ④
zirah bonk	ジラハ・ボンク	波斯穿甲短刀	▶ **110** ④
zirah bouk	ジラハ・ボック	波斯穿甲短刀	▶ **110** ④
zupain	ズパイン	叉型標槍	▶ 264 ④
zweihander	トゥヴァイハンダー	日耳曼雙手大劍	▶ **76** ④

後記

「終於結束了。」這是寫完這本書最先（最後？）的一句話。雖說製作上花了三個月左右，但前前後後其實總共花了三年。不過話雖如此，也是因為撰寫本書的途中跑去寫了《武器與防具‧西洋篇》一書的緣故……這樣好像是在自說自話。

說到這本書，其實我是把它算在希望有某人寫好後讓我去買的書種裡面。儘管裡面介紹的一概叫做「武器」，但種類卻極其繁多，為了彙整它們需要龐大的資料。雖然我的本意並不想寫這種再怎麼看都是在自誇的著作甘苦談，不過事實上，如今我的家中四處都被書所淹沒。而在開始書寫之前我先整理了那些相關書籍，結果光在動筆前列出的武器名單上，大約就有二千五百種的「候補者」。之後考量到頁數與分類的關係，千辛萬苦地進行了將項目集中到六百項的艱困作業，其實書中的大半都是在今年才寫出來。儘管我自己也想一口氣寫完，但卻也必須花上了十個月左右才成。當然，並不是一定要執著於非介紹六百多件武器上不可，可是在我的信念裡，若不做到如此的話，這本書就和在它之前出現的「武器事典」沒什麼差別了，這種信念也是原因之一。

最後仍舊要藉著卷末的地方對各位協助者，特別是新紀元社的高松兼二先生至上十二萬分的謝意。另外，此次也承蒙 David Caliver 先生在文獻上給予建言，並承蒙 F.Yamamoto、N（T）.Abe 兩位協助整理資料。另外，還要對僅憑著稀少資訊便配合原物尺寸畫出大量圖像的深田雅人先生、翠鈽先生在此致上謝意。

最後，筆者對於「武器」的講解便在此結束，對於打從《武勛之刃》就開始支持的各位讀者，也在此呈上感謝之意，並衷心期盼還有機會與各位讀者相見。

一九九六年十二月吉日

市川定春

國家圖書館出版品預行編目資料

武器事典／市川定春著；林哲逸、高胤堯合譯. --
初版. --
台北市：奇幻基地出版；家庭傳媒城邦分公司發
行；2005　面：　公分. -（聖典；14）
ISBN 978-986-7576-55-2（平裝）

595.5   93023735

BUKI JITEN
by ICHIKAWA Sadaharu
Copyright © 1996 by ICHIKAWA Sadaharu
All rights reserved.
Originally published in Japan by Shinkigensha Co Ltd,
Tokyo.
Chinese (in complex character only) translation rights
arranged with Shinkigensha Co Ltd, Japan
through THE SAKAI AGENCY.
Complex Chinese translation copyright © 2023 by Fantasy
Foundation Publications, a division of Cité Publishing Ltd.

著作權所有‧翻印必究
ISBN 978-986-7576-55-2
EAN 4717702119690

Printed in Taiwan.

城邦讀書花園
www.cite.com.tw

聖典系列 014C

武器事典（全新封面典藏精裝版）

原 著 書 名／武器事典
作　　　者／市川定春
譯　　　者／林哲逸、高胤堯
企畫選書人／黃淑貞
責 任 編 輯／楊秀眞、劉瑄
版權行政暨數位業務專員／陳玉鈴
資深版權專員／許儀盈
行 銷 企 畫／陳姿億
行銷業務經理／李振東
總 編 輯／王雪莉
發 行 人／何飛鵬
法 律 顧 問／元禾法律事務所　王子文律師
出版／奇幻基地出版
　　　城邦文化事業股份有限公司
　　　台北市 104 民生東路二段 141 號 8 樓
　　　電話：(02)25007008　　傳眞：(02)25027676
　　　網址：www.ffoundation.com.tw
　　　e-mail：ffoundation@cite.com.tw
發行／英屬蓋曼群島商家庭傳媒股份有限公司城邦分公司
　　　台北市 104 民生東路二段 141 號 11 樓
　　　書虫客服務專線：(02)25007718‧(02)25007719
　　　24 小時傳眞服務：(02)25170999‧(02)25001991
　　　服務時間：週一至週五 09:30-12:00‧13:30-17:00
　　　郵撥帳號：19863813　　戶名：書虫股份有限公司
　　　讀者服務信箱 e-mail：service@readingclub.com.tw
　　　歡迎光臨城邦讀書花園　網址：www.cite.com.tw
香港發行所／城邦（香港）出版集團有限公司
　　　香港灣仔駱克道 193 號東超商業中心 1 樓
　　　電話：(852) 2508-6231　傳眞：(852) 2578-9337
　　　e-mail：hkcite@biznetvigator.com
馬新發行所／城邦（馬新）出版集團
　　　【Cite(M)Sdn. Bhd】
　　　41, Jalan Radin Anum, Bandar Baru Sri Petaling,
　　　57000 Kuala Lumpur, Malaysia.
　　　Tel: (603) 90563833 Fax:(603) 90576622
　　　email:services@cite.my

封面設計／萬勝安
排　　版／HAMI
印　　刷／高典印刷有限公司
■ 2005 年 1 月 31 日初版
■ 2023 年 1 月 31 日三版

售價／550 元

104台北市民生東路二段141號11樓

英屬蓋曼群島商家庭傳媒股份有限公司城邦分公司 收

- 請沿虛線對摺，謝謝 -

每個人都有一本奇幻文學的啟蒙書

奇幻基地官網：http://www.ffoundation.com.tw
奇幻基地粉絲團：http://www.facebook.com/ffoundation

書號：**1HR014C**　　　書名：武器事典【全新封面改版】（精裝）

讀者回函卡

謝謝您購買我們出版的書籍！請費心填寫此回函卡，我們將不定期寄上城邦集團最新的出版訊息。

姓名：_____ 性別：□男　□女

生日：西元_____年_____月_____日

地址：_____

聯絡電話：_____ 傳真：_____

E-mail：_____

學歷：□1.小學　□2.國中　□3.高中　□4.大專　□5.研究所以上

職業：□1.學生　□2.軍公教　□3.服務　□4.金融　□5.製造　□6.資訊

　　　□7.傳播　□8.自由業　□9.農漁牧　□10.家管　□11.退休

　　　□12.其他_____

您從何種方式得知本書消息？

　　　□1.書店　□2.網路　□3.報紙　□4.雜誌　□5.廣播　□6.電視

　　　□7.親友推薦　□8.其他_____

您通常以何種方式購書？

　　　□1.書店　□2.網路　□3.傳真訂購　□4.郵局劃撥　□5.其他

您購買本書的原因是（單選）

　　　□1.封面吸引人　□2.內容豐富　□3.價格合理

您喜歡以下哪一種類型的書籍？（可複選）

　　　□1.科幻　□2.魔法奇幻　□3.恐怖　□4.偵探推理

　　　□5.實用類型工具書籍

您是否為奇幻基地網站會員？

　　　□1.是□2.否（若您非奇幻基地會員，歡迎您上網免費加入，可享有奇幻
　　　　　基地網站線上購書75折，以及不定時優惠活動：
　　　　　http://www.ffoundation.com.tw/）

有更多想要分享給
我們的建議或心得嗎？
立即填寫電子回函卡

對我們的建議：_____

_____

_____